CMEC

教育部高等学校机械类专业教学指导委员会推荐教材

中国机械工程学科教程配套系列教材

机械工程简史

张 策 著

U0338414

清华大学出版社

北京

内 容 简 介

本书讲述机械工程的发展历史,是为本、专科生和研究生的选修课(或讲座)编写的学生用书。本书以介绍机械发明、机械科学与技术的发展为主线,也涉及到机械工业的发展。本书将机械的发展分为三个时代介绍:古代(远古至欧洲文艺复兴)、近代(主要包括两次工业革命)和当代(第二次世界大战以后)。本书既注意讲清科技本身的发展,也要揭示出科技背后的推动力:经济的发展、国防事业和人类科学探索活动的需求;揭示出科技与社会、科技与自然的关系。

图书在版编目(CIP)数据

机械工程简史/张策著. --北京:清华大学出版社,2015(2020.12重印)
教育部高等学校机械类专业教学指导委员会推荐教材
中国机械工程学科教程配套系列教材
ISBN 978-7-302-40394-4

Ⅰ. ①机… Ⅱ. ①张… Ⅲ. ①机械工程－技术史－高等学校－教材 Ⅳ. ①TH-091

中国版本图书馆 CIP 数据核字(2015)第 123257 号

责任编辑:庄红权
封面设计:刘 超
责任校对:王淑云
责任印制:宋 林

出版发行:清华大学出版社
  网 址:http://www.tup.com.cn,http://www.wqbook.com
  地 址:北京清华大学学研大厦 A 座   邮 编:100084
  社 总 机:010-62770175   邮 购:010-62786544
  投稿与读者服务:010-62776969,c-service@tup.tsinghua.edu.cn
  质量反馈:010-62772015,zhiliang@tup.tsinghua.edu.cn

印 装 者:三河市龙大印装有限公司
经 销:全国新华书店
开 本:185mm×260mm   印 张:15   字 数:365 千字
版 次:2015 年 7 月第 1 版   印 次:2020 年 12 月第 5 次印刷
定 价:42.00 元

产品编号:064872-03

我的专著《机械工程史》刚刚由清华大学出版社出版。如果有学校开设"机械工程简史"这门选修课,它应该是一本可用的教师参考书。这本《机械工程简史》的篇幅小了一半,是作为学生用书而编写的。

多年来,学界同人普遍认为,应对学生加强科技史方面的教育,加强人文素质方面的培养。我很赞同这种意见。学习一些科技发展史,有利于培养文理渗透、理工结合的人才。我主张为机械类专业的本科生开设"机械工程史"的选修课(学时8~16)或讲座(学时4~8)。这件事目前做起来的难度主要是没有教材。现在,只有个别学校开设了机械史的选修课或讲座。我期望本书的出版能有助于把机械史的教育在稍大的规模上开展起来。

本书编写的宗旨和思路已经在绪论中表达清楚。我特别注意不能就科技论科技,而要把机械工程的发展放到社会的发展、经济的发展和整个科技进步的大背景下加以论述。

和专著《机械工程史》比较,本书删去了两章(毛坯生产、机械工程教育);并在各章中都删减了一些内容,所涉及的事件、人物也都减少了一些。《机械工程史》当然是支撑这本教材的最重要的参考书。本书只在后面列出了最重要的参考文献。读者要对一些史实做进一步了解,则可阅读《机械工程史》,并进一步查阅文献。

书后附录A给出了书中所出现的人物的列表,尽可能地列出了其生卒年、国籍。人物依其姓(family name)的字母顺序排列。政治界、宗教界、文学艺术界人士不出现在这几个人名表中,而直接在正文中列出其姓的原文(对俄文的姓给出其对应的英文)。

本书一般是依照时间顺序分成几个阶段来叙述史实的,但个别地方为出于叙述的完整性等原因,并不严格地遵照这一原则。

机械工程史选修课教材的撰写在中国还是首次尝试,错误和不当之处肯定不少,欢迎大家提出宝贵的修改意见(zhuang_hq@163.com 庄红权,cezhang41@163.com 张策)。

张　策

2015 年 4 月于天津大学新园村

目 录
CONTENTS

第 1 章

概　　论

以铜为鉴,可正衣冠;以古为鉴,可知兴替;以人为鉴,可明得失。

——李世民(唐太宗)

追求科学与艺术、科技与人文之间的关联和均衡,是人的创造力的本能。如何将青年学生的这种潜在的本能发掘出来,是现代大学的重要任务。

——李政道(诺贝尔物理学奖获得者)

机械广泛应用于国民经济、国防和人们的日常生活等一切领域。一个中学生就可以说出很多机械的名称。

全世界在学的机械类专业的学生人数应以数百万计。全世界在机械工业、机械科技和机械工程教育领域工作的人数应以亿计。全世界使用机械的人的数目还要大得多,仅全世界各种汽车的拥有量即已突破 12 亿。机械工业占国家 GDP 的比重,在中国已达到 9%。

本书介绍机械工程的发展历史。机械工程(mechanical engineering,ME)是一个应用学科,它以有关的自然科学和技术科学为理论基础,结合生产实践中的技术经验,研究和解决在开发、设计、制造、安装、运用和修理各种机械中的全部理论和实际问题。

虽然人类自远古就使用了工具和机械,但机械工程学科是在机械工业出现之后才诞生的。讲述机械工程学科的历史,离不开机械发明的历史、机械工业的历史。

在绪论中,我们将介绍如下内容:

(1) 机械发展的历史如何进行分期?

(2) 科学革命、技术革命和工业革命之间有什么关联和区别?

(3) 机械科技发展背后的推动力来自哪里? 机械科技与社会的发展和变革有着怎样的关系? 机械科技、相关技术领域、自然科学基础之间有着怎样的关系?

(4) 机械科技和教育工作者、青年学生为什么要学习一些科技发展史?

1.1　机械发展的历史分期

在人类的历史上,机械的发展可以粗略地划分为三个时代:古代、近代和当代。

1.1.1　古代(公元前 5000 年左右至欧洲文艺复兴)

本书中所称的"古代",是指从铜器时代开始直到公元 14—16 世纪的欧洲文艺复兴运动之间 6000 余年的历史时代。

根据制造工具的材料,古代人类使用工具的历史可以分为石器时代、铜器时代和铁器时代。人类使用石器的时间长达上百万年。公元前5000年左右,埃及人开始冶炼铜,并用铜制造工具和武器。公元前1400年左右,冶铁技术在小亚细亚半岛发展起来。在铜器时代,世界上的铜铸造业集中在埃及和西亚、中国、南部欧洲(主要指古希腊和古罗马)三个地区,这些地区就成为人类古代文明发展的中心,也是古代机械发展的中心。

人类从使用工具进化到使用机械的时间,大体与进入铜器时代的时间相近。因而,本书中所说的"古代"的起点便从埃及在公元前5000年左右进入铜器时代算起。

几千年前,人类已创制了用于谷物脱壳和粉碎的臼和磨,用来提水的桔槔和辘轳,以及车船、武器。所用的动力,从人自身的体力,发展到利用畜力、水力和风力。

古代机械发展的时期对应着原始社会、奴隶制社会和封建社会。古代机械中有很多巧妙的构思和辉煌的创造,至今仍令人赞叹并给人以启迪。但总体上看,古代机械发展速度缓慢。从纯技术角度讲,没有更先进的动力是原因之一。

1.1.2　近代(文艺复兴至第二次工业革命结束)

社会演进的加速、生产力发展的加速,也包括机械发展的加速,发生在资本主义生产方式出现以后。在资本主义生产方式的萌芽已经产生的基础上,公元14—16世纪发生了欧洲的文艺复兴运动。这是一场伟大的思想解放运动,是后来一系列伟大社会变革的序幕。

文艺复兴运动以后,科学和艺术获得了解放。17世纪,出现了以经典力学的建立为代表的近代第一次科学革命。思想解放运动的发展带来了资产阶级革命。革命为资本主义的发展扫清了道路。

在这种背景下,欧洲在18—19世纪发生了两次工业(技术)革命。工业革命要解决的核心问题首先是动力。第一次工业革命使世界进入了蒸汽时代;强大的新动力极大地推动了机器的广泛使用和新机器的发明;铁路和轮船开始把世界连成一个整体。机械发明如火山喷发;机械制造业诞生,并蓬勃地发展起来。第二次工业革命使世界进入了电气时代;汽车和飞机极大地改变了人类的生活。机械是促成两次工业革命的主要技术因素。机械工程,从分散性的、主要依赖匠师们个人才智的一种技艺,逐渐发展成为有理论指导的、系统的和独立的近代机械工程学科。

按照历史的发展,也考虑到叙述的方便,我们将"近代"划分为三个时期:从文艺复兴到第一次工业革命之前,这是为工业革命的发生准备条件的时期;第一次工业革命时期,并下延到第二次工业革命之前;第二次工业革命时期,并下延到第二次世界大战。

1.1.3　当代(19世纪末的新物理学革命以来)

新的物理学革命发生在19世纪和20世纪之交,史学界将此作为划分近代和当代的分界线。新的物理学革命为第三次技术革命奠定了科学基础。"二战"以后,由计算机的发明和广泛应用激发起第三次技术革命。与前两次技术革命不同,这是一次信息化革命。随着人们生活水平的提高,对机械产品性能的需求更高、更全面,世界市场上的竞争也越发激烈。人类探索未知世界的活动以更大的规模开展起来。社会需求推动机械科技和机械工业以空前的速度进一步发展。计算机的发明和相关科技领域的进步则对这一发展给予了强有力的支撑。当代机械工程学科,其内容的广度和深度都远非近代机械工程学科所能比拟。

科学革命和技术革命既依次而出现,又在交错中进行。新的物理学革命发生之际,第二次工业革命还没有结束。20 世纪上半叶,在物理学革命引导下,新的技术革命已经在准备和酝酿;而与此同时,第二次工业革命尚在进行中。例如,20 世纪初叶飞机的发明、汽车技术的发展、汽车工业大批量生产方式的出现等,均属于内燃机的发明带来的技术进步和工业进步,属于第二次工业革命的内容。所以,本书在处理 20 世纪的技术进步时,不绝对地依时间顺序进行论述。

机械工程学科是随着机械的发明和改进,随着机械工业的兴起和发展而诞生和发展的。因此,论述机械工程学科的发展,必须回溯和论述自远古至当代机械的发明和改进的过程;还必须回溯和论述世界机械工业的发展过程。但是,在本书中,对机械工业发展的论述主要是为讲述学科的发展服务,而较少地介绍机械工业作为一个经济部门发展中的各种细节和相关的数据和资料。因此这是一本论述机械学科的发展史,而不是完整的机械工业发展史的图书。

1.1.4　科学革命、技术革命和工业革命

科学革命、技术革命、工业革命,三者既有区别又相联系。

科学革命(scientific revolution)是指人类对客观世界认识上的重大飞跃,它以科学理论突破的形式表现出来。技术革命(technical revolution)是指人类改造客观世界的手段的重大变革,它以科学革命作为基础,又成为工业革命的先导。工业革命(industrial revolution)是指人类在工业生产领域里所产生的飞跃,工业的产业结构发生了根本变革,致使经济、社会等方面出现了崭新的面貌。

牛顿建立经典力学是第一次科学革命的主体内容。瓦特发明蒸汽机是近代第一次技术革命的主体内容。动力的巨大变革、机器的普遍使用、手工业工场被机器生产的工厂所取代、人类开始从农业社会进入工业社会,这是第一次工业革命。

法拉第的发现和麦克斯韦的理论属于第二次科学革命的内容。电机的发明是第二次技术革命开始的标志。世界进入电气时代,电力工业、钢铁工业、汽车工业崛起,工业结构发生了巨大的变化,这是第二次工业革命。

第一次技术革命和第一次工业革命,第二次技术革命和第二次工业革命都是紧密相连、密不可分的。在本书中,因袭传统,只采用第一次工业革命和第二次工业革命的提法。

新的物理学革命开启了一次新的科学革命。“二战”以后,发生了以航天技术、原子能技术、计算机技术、新材料技术、生物技术和新能源技术等为主要内容的第三次技术革命。

第三次技术革命也引发了第三次工业革命。计算机发明在先,但很快就在机械制造业中应用起来,不但引起了制造技术的进步,而且影响到制造业的组织和管理的全面变化。新能源、新材料已不仅只是技术,也已经成为工业。因此,我们已经处身于第三次工业革命之中。

第三次技术革命尽管还在进行中,但它的整体面貌已清晰地展现出来。第三次工业革命也已经开始,但它的基本面貌毕竟还没有展现得十分充分。因此,本书中暂不采用第三次

工业革命的提法,而顺从目前多数文献的说法,仅称之为第三次技术革命。

1.2　自然、社会、科学和技术间的几个重要关系

科技史有两种撰写模式:内史和外史。所谓"内史",就是撰写科学技术本身的发展史;所谓"外史",就是在撰写科学技术发展的同时,还要写出该项科技与当时社会发展的关系。本书采用后一种模式。

学习机械工程的发展史,要注意了解四个重要关系:

(1) 社会、科技和自然间的关系;

(2) 科技发展背后的推动力:经济发展、国防建设和对未知世界的科学探索;

(3) 科技发展与社会的发展和变革之间的关系;

(4) 机械科技与自然科学基础和相关科技领域之间的关系。

认识这些关系,可以提高我们的自觉性,而这种自觉性,在教学工作和科技工作中都不无裨益。

1.2.1　社会、科技和自然

人类社会在自然中生存,就要避害趋利——既要开发、利用自然以获得和改善人类的生存条件;又要躲避、抵御自然之害,保护人类的生存条件。用自然之利、避自然之害,都首先要认识自然。在认识自然中建立了科学,又靠科学去进一步认识自然。利用自然和抵御自然靠技术,而引领和支撑技术的,还是科学。科学技术首先是在认识自然、利用自然和抵御自然的历程中获得发展的。在与自然长期相处的过程中,人们终于也认识到:为了人类社会的长期生存,还应该保护自然。保护自然也要靠科学技术(图 1-1)。

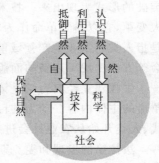

图 1-1　社会、科技与自然

1.2.2　科技发展背后的推动力

在科技发展的背后有三个推动力:社会的经济发展、国家的国防建设,以及人类对未知世界的科学探索。

在遥远的古代,社会的经济发展很直接地与人们的衣食住行相连接。人们制造工具,制造简单的织布机、破碎和粉磨谷物的臼和磨盘,建造房屋、车船,都和衣食住行紧密相连。武器的制造则是为了保卫自己族群的衣食住行。

工业革命从英国的纺织业开始;蒸汽机的发明首先是为了给矿井中的排水泵提供动力,它又带来了铁路交通;内燃机带来了汽车和飞机——机械发展的背后是经济的推动,是更高水平的衣食住行需求在推动。

"二战"以后,机械工业大发展的主要原因是全球市场形成,竞争空前激烈。竞争背后的动因是人们的需求更高、更苛刻、更全面。

人类自古以来就睁大眼睛观察着外部世界,探索着日月星辰的运行。"二战"以后,世界维持了大范围的和平,这使得人类有条件开展更多的科学探索活动。潜入深海、飞往外层空间,这当然需要科学技术的支撑。航天器属于最高端的机、电、液复合系统,其中集成了许多科技领域的尖端成果。多种特种机器人也是在科学探索活动中应运而生的。

即使在经济不发达的古代,也并不是在任何一项科技发展的背后都直接地和衣食住行挂钩。探索未知世界既是人类要维持生存并发展自身所必需的,也是人类求知的天性使然。探索未知世界的成果终将会造福于人类,但是也绝不一定能那么快地立竿见影(数论中的一些问题,天文学中的很多问题,都属于这种情况)。20 世纪 60 年代,人们开始研究微型机械。人们是从集成电路的刻蚀制造工艺联想到,可以用同样的方法来制造微型的传感器和电动机。这是一种科学探索。微型机械出现以后,人们才畅想了它可能的广泛应用。与技术和经济的紧密关系相比,科学和经济发展拉开了一定的距离。科学有它自身的体系,有它自身的发展规律,并非在每一步的发展背后都能找到经济发展的直接推动作用。

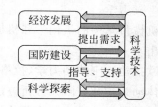

图 1-2　科学技术发展背后的推动力

社会的经济生产、国家的国防建设和人类的科学探索活动向科学技术提出了需求;反过来,科技的发展则对这三者的发展给予指导和支持,使之提高(图 1-2)。

1.2.3　经济、科技的发展和整个社会的发展、变革密不可分

那么,在经济生产、国防建设、科学探索活动和各领域科技发展的背后,又是什么?

是整个社会的发展和变革。

导致机械制造业诞生的英国工业革命,还能发生得更早些吗?不能。1640 年英国资产阶级革命爆发,1688 年才建立了稳固的资产阶级政权,废除了封建制度。有了资本、劳动力和国内市场,资本主义经济才得到迅速发展,在这种背景下,才兴起了第一次工业革命。

资产阶级革命还能更早地发生吗?不能。在沉闷的中世纪,岂能突然爆发革命?革命发生的前提是资本主义生产方式的萌生、资产阶级力量的逐步强大、整个社会的精神解放和革命的舆论准备。

为什么在"二战"结束后,经济竞争和科学探索活动能如此蓬勃地发展起来?其背后是新时代的社会状况:世界大范围内的和平,经济的快速发展,人民生活水平的提高,也还应该包括冷战和竞争。

在一般情况下,社会的发展推动着科学技术的发展。在某些特定时期和特定地域,社会的状况也会导致科技发展的缓慢和停滞,例如欧洲的中世纪、明清以来的旧中国。

反过来,科学技术对社会也具有变革功能。马克思认为,科学是"最高意义上的革命力量"。科学技术促进了生产力的发展,就或迟或早地会引起生产关系和社会制度的变革。

因此,机械工程的发展史绝不是卓越发明家的传记和一堆发明专利的合订本。在机械工程历史的宏伟画卷背后,还有一个更加宏伟的社会发展史的画卷。

1.2.4 自然科学基础与相关科技领域的作用

机械工程是一个应用学科,它以有关的自然科学和技术科学为理论基础。

与机械科学相关的自然科学主要包括数学、物理学和系统科学;相关的技术科学有计算机科学和控制科学等,力学、电学、热学向结合工程实践方向的发展也使之日益兼有技术科学的性质。力学是机械工程最主要的理论基础。

牛顿创立的经典力学开辟了科学发展的新时代,奠定了力学发展的基础,也奠定了机械工程、土木工程等技术科学发展的基础。今天,一切机械运动分析与力分析的理论,全部都源于牛顿力学。

机械科学中的机构学和机械设计最早都寄寓于力学的门下,在19世纪才从应用力学中独立出来。

欧拉建立刚体动力学、拉格朗日建立分析力学、柯西建立弹性力学,一直到"二战"后建立多体动力学和有限元分析方法,在力学的发展进程中所取得的每一次新的突破,都从源头上给机械科学的进步注入新的活力。

相关科技领域的进步对机械科技的发展也给予了很大的影响。19世纪中叶电磁学的进步和电机的发明对机械的影响已毋庸赘言。"二战"后计算机的发明、控制论的发展不仅推动了机械科学的发展,而且全盘地改变了整个设计技术和制造技术的面貌。

"二战"后兴起的第三次技术革命以信息技术为统领,涉及到新能源技术、生物技术、空间技术、新材料技术、海洋技术等多个领域。机械科技和这些领域都存在着密切的互动关系(见第8、9章)。

机械科技的发展也向自然科学基础和相关领域科技提出需要解决的理论问题,甚至促使产生新的科学分支。例如,多体力学的诞生就适应了车辆、航天器、机器人、机构甚至人体都成为动力学的研究对象这种现实。推动数值计算领域发展的动力也包括日益复杂的机械动力学计算的需要。

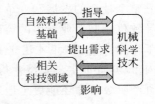

图 1-3 机械科技与自然科学基础和相关科技领域的关系

机械科技的发展与自然科学基础和相关技术领域的关系如图1-3所示。

本书在叙述机械科技发展的同时,力求讲清上述的四个重要关系,展现出机械工程历史画卷的每幅图画背后的社会发展背景、经济生产背景和整个科技领域发展的背景。

1.3 为什么要学习一些科技发展史?

对于从事机械工程教育和机械科技研究的人员,也包括学习机械工程的本、专科生和研究生,了解一些机械发明、机械工业和机械工程学科的发展历史是很有必要的。

1.3.1　扩大知识面要从横向和纵向两个方向进行

从事机械类专业教学工作的教授和副教授,至少应能讲述归属于某一个二级学科领域的两三门课程,还要开展研究工作。为此,他不能把自己的知识局限在这两三门课程的范围内。例如,讲授某一、二门机械制造类课程的教师,为了指导学生的实习和毕业设计,他对整个机械制造专业的知识也应该做到全面了解、大部掌握;对于机械设计及理论、机械电子工程专业的知识也应当有所了解和一定程度的掌握;必要时,还应把追求知识的触角伸到计算机、控制论、力学等相关科技领域。

此外,教师还应当了解过去和未来:机械工程学科(至少是自己所从事的二级学科)的历史沿革和发展前景。

科技课程的教学应该捎带介绍一下相关的科技史。在讲授机械原理的动力学部分时,要提及飞轮和离心调速器都是瓦特在蒸汽机的发明中所用。在讲授齿轮的范成法加工时应提及当时机床工业、汽车工业发展的背景。这样,机械原理才不是冷冰冰的公式和理论,而是和历史紧密结合的、活生生的一门科学。

俗语说,"要想给学生一杯,自己必须有一壶"。教师应该从横、纵两个方向扩大自己的知识面(图1-4)。这样,才能古今中外融会贯通,讲得生动有趣,富有启发性,才不会是"照本宣科"。

今天的学生就是明天的教师。

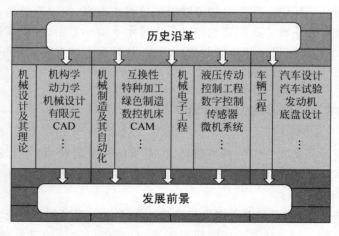

图 1-4　机械工程学科

1.3.2　回溯历史,了解社会,理工结合,文理渗透

一个科技工作者要开展科学研究与技术开发工作,要选择课题,要组织队伍,要学习基础理论,要把科研成果转化为生产力。要做好这些工作,应该对前面讲述的自然、社会、科技之间的几个重要关系有所了解。

《中国机械工程发明史》一书的序言中正确地指出:"研究中国机械发明史的目的已经

不完全是为了对青年学生进行爱国主义教育,而是在进一步理清科学史实的基础上,给青年学生提供更多的理性思考,着重探讨工程技术与科学、社会制度的相互关系,为中国现代科技的发展提供借鉴和反思。"

在古代机械的发展历程中,中华民族有过辉煌的纪录。在近代的工业文明中,不见了我们的踪影。在隆隆的机器轰鸣中,崛起了大不列颠和德意志。在"二战"后科技空前的大发展中,美利坚独占鳌头。改革开放的中国正在起飞。"以铜为鉴,可正衣冠;以古为鉴,可知兴替;以人为鉴,可明得失"。一个民族,在凄风苦雨中要振奋精神,在振翅高飞时要保持清醒。善于分析历史,才能深入思考、总结经验,才能沿着正确的道路阔步前进。

近年来,中国教育界热烈地讨论着创新型人才的培养。众多有识之士指明:创新型人才必须提高人文素质,做到理工结合、文理渗透。这是完全正确的。创新型人才,他不是一般的匠人和技术员,他要了解技术,了解科学,了解科技发展背后的推动力——经济发展、国防需求和科学探索,以及其后的社会变革和发展。总而言之,了解1.2节所述的几个重要关系。在这几个重要关系中,就鲜明地体现着理工结合、文理渗透的精神。我们要培养这样的创新型人才,那么一个优秀的科技带头人、教育工作者当然应该首先自己要成为理工结合、文理渗透型的人才。

中国的高等机械工程教育需要增加一些科技发展史和机械发展史方面的内容。中国的古代机械虽然非常辉煌,但是近代以来社会加速发展,机械工程的水平已经远远地超越了古代。中国当代绝大部分机械技术的基础都来源于国外。我们的机械工程教育只注意技术本身的知识——公式、图表、设计步骤,以及各种技术细节;而对于每一个技术问题,却很少,哪怕是简单地回溯一下历史。我们只知道欧美的技术水准高,但很重要的、埋藏在技术下面的历史积淀却很少有人注意。我们要想与世界先进水平缩小差距,就应该认真地去学习、整理先进国家机械发明、机械设计和机械制造的历史,这样我们才有可能从根本上真正追赶上先进水平。

1.3.3　回溯历史,激发创新精神

科学技术史展示了文明古国的科技曙光,古希腊的科学启蒙,科学与宗教的猛烈碰撞,牛顿力学带来的革命性的变化,蒸汽机和电动机奏响的两次工业革命的乐章,信息化革命开启的人类前进的新时代。

当代科技日新月异,需要具有创造性思维能力的人才。而对创新性人才,非常重要的是要有强烈的创造冲动。创造性方法的掌握属于智商,而创造冲动的迸发则属于情商。回溯历史,追忆科技巨匠的伟大创造,我们会在胸中升起一股奔腾前行的强烈冲动。

阿基米德、希罗、张衡、马钧、苏颂、达·芬奇、伽利略、牛顿、欧拉、瓦特、惠特尼、巴贝奇、拉格朗日、奥托、福特、莱特兄弟、泰勒……这一系列卓越的人物都是创新型人才。今天,我们要培养创新型人才,他们就是榜样。在本书中,将用一些笔墨对他们加以描绘。

第 2 章

古代机械的发展

如果诺贝尔奖在中国的古代已经设立,各奖项的得主,就会毫无争议地全都属于中国人。

——坦普尔(R. Temple):《中国,文明的国度》

2.1 概 述

本书中所称的"古代",是指从人类进入铜器时代直到公元 14—16 世纪的欧洲文艺复兴运动之间大约 6000 余年的历史时期。

2.1.1 古代人类使用工具的三个时代

人类与动物的区别在于能够制造和使用工具。根据所使用的工具的材料不同,古代人类相继经历了石器时代(Stone Age)、铜器时代(Bronze Age)和铁器时代(Iron Age)。

人类使用石器的时间长达上百万年。石器时代所使用的各种石斧、石锤和木棒等工具尽管简单、粗糙,却是后来几千年机械发展的远祖。在新石器时代,人们已经使用天然铜。

公元前 5000 年左右,埃及人开始冶炼铜,并用铜制造工具和武器。公元前 3500 年左右,今伊拉克东南部的苏美尔人已掌握青铜的冶炼技术。中国进入青铜时代在公元前 1800 年左右。

公元前 2500 年左右,埃及人已从陨石中得到铁,出现了极少量的铁器使用。大约在公元前 2000 年,印度南部也出现了铁器。但真正意义上的铁器时代开始于公元前 1400 年左右——小亚细亚半岛上的赫梯王国掌握了冶炼铁的技术,开始大量地生产铁,并在很多场合用铁代替了铜。中国在公元前 6 世纪出现了生铁制品。

2.1.2 古代机械发展的三个主要区域

古代机械的发展与人类文明的发展同步。

在铜器时代,世界上的铜铸造业集中在埃及和西亚、中国、南部欧洲(主要指古希腊和古罗马)三个区域(图 2-1)。这些区域就成为人类古代文明发展的中心,古代机械方面的发明和创造也主要集中在这三个区域。铜器时代大体上与奴隶制社会的时代相对应。

人类文明在埃及的出现远远地早于中国和欧洲。埃及也是人类使用工具最早、创造了"简单机械"的地区,但发展缓慢。到了公元后,关于它在工具和机械的发展方面的记录就几

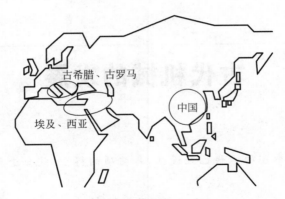

图 2-1　古代机械发展的三个主要区域

乎没有了。公元 7—15 世纪,西亚又出现了一次高峰——伊斯兰文明达到她的黄金时代,出现了以库尔德族学者雅扎里(Al-Jazari)为代表的机械发明家。1206 年,雅扎里写出了著名的《精巧机械装置之书》。

中国比埃及起步晚千余年。在欧洲文艺复兴运动之前,中国的机械发明长期在世界上居于领先地位。古代中国的机械发明和工艺技术种类多、涉及领域广、水平高,涌现出了一批卓越的发明家。

欧洲起步更晚,曾出现过古希腊文明和古罗马文明。从公元 5 世纪起,欧洲陷入发展缓慢的"中世纪"达千年之久。直到文艺复兴运动之后,欧洲才崛起,世界进入近代。

希腊、罗马、埃及,以及部分西亚地区都濒临地中海。通过基督教的传播、频繁的商贸往来和十字军东征等战争,这几个古代人类文明的中心在文化和科技方面早有交流和渗透。由于交通不便,中国和西方在很长一个时期中基本上是互相隔绝的。

2.1.3　中国的辉煌与落伍

在商代和西周时期,中国出现了桔槔、辘轳、鼓风器等工具;春秋末年,中国进入铁器时代。

历史进入公元后,埃及从创造的前沿淡出,而这时中国机械方面的发明创造进入了黄金时代。从东汉到宋元时期,中国的机械技术在世界上长期居于领先地位。中国的机械发明涉及很多领域:农业、纺织、冶铸、兵器、车辆、船舶、天象观测等。

东汉、三国时期出现了两位卓越的发明家:张衡和马钧。张衡发明了浑天仪。马钧是一个在机械方面有多项创造的能工巧匠。他改进了织机,提高工效 4～5 倍;他发明了用于农田灌溉的龙骨水车。

宋、元时期,中国古代科技发展到高峰。毕昇发明活字印刷术。它对世界印刷术的发展有巨大的影响,是中国古代最重要的技术发明之一。

1405 年,明朝太监郑和率领庞大的船队(240 艘海船、27400 名船员,主船长 137m)访问了 30 多个西太平洋和印度洋的国家。到 1433 年,郑和共进行 7 次远航。郑和船队航行时间之长、规模之大、范围之广,达到了当时世界航海事业的顶峰。当然,这也反映出中国当时的制造水平。

1637 年,明朝末年的学者宋应星所著的《天工开物》出版(图 2-2)。它系统而全面地记述了中国农业、工业和手工业的生产工艺和经验,也包括金属的开采和冶炼、铸造和锤锻工艺,工具和机械的操作方法,船舶、车辆、武器的结构、制作和用途等。《天工开物》早就被译成多种文字,是一部在世界科技史上占有重要地位的科技著作。

图 2-2　宋应星和《天工开物》

郑和船队和《天工开物》可以被看作是两个标志,标志着中国古代科技最后的辉煌。

近代研究中国机械发展史的第一人刘仙洲指出:"大体上在 14 世纪以前,中国的发明创造不但在数量上比较多,而且在时间上多数也比较早。但是在 14 世纪以后,……,一般的我们都逐渐落后于西洋。这种现象的基本原因是和社会制度有关。"

中华民族是十分智慧的民族,但是封建统治者长期"重农抑商",不重视工业、手工业技术的发展,技术发明常被视作"奇技淫巧"。到了明代,科举考试愈发僵化,以八股取士使得一般的读书人不讲究实际学问,对科技毫无兴趣。

郑和的船队只到了非洲东海岸,他没有看到欧洲。他发现,所到之处都比中国落后。他的海外见闻助长了统治者和国人的唯我独尊观念。

明朝中后期开始实行"闭关锁国"政策,到清朝则更变本加厉,严格限制对外交往和贸易。统治者对西方出现的社会变革和发展起来的科学技术几乎一无所知。闭关锁国政策使中国丧失了对外贸易的主动权,隔断了中外科技文化的交流,阻碍了资本主义萌芽的发展。

而此时,欧洲已经历了文艺复兴运动。从思想的解放,发展到科学的解放、生产力的解放,欧洲很快就崛起了。

2.1.4　欧洲发展中的曲折

比埃及晚 2000 年,欧洲的巴尔干半岛在公元前 3000 年开始使用铜制工具——铜斧。公元前 1000 年时,铁器传遍欧洲。

公元前 600 年至公元 400 年,是希腊古典文化的繁荣期,出现了一批著名的哲学家和科学家。公元前 4 世纪时亚里士多德(Aristotle)的著作《论天》是现存最早的研究力学的文献。

阿基米德(Archimedes of Syracuse)是公元前 3 世纪人,他对科学有着多方面的贡献,是古希腊数学、力学、天文学的集大成者。他发现了阿基米德原理:物体所受之浮力等于它所排开的水的重量。

随着古希腊、古罗马衰亡,灿烂的欧洲古代文化也归于沉寂。从 5 世纪(西罗马帝国灭亡)至 15 世纪(文艺复兴运动兴起)这 1000 年,史学家称之为欧洲的"中世纪"(medieval)。中世纪的欧洲各国没有强有力的世俗政权,封建割据带来频繁的战争。罗马天主教廷严格控制科学思想的传播,并设立了宗教裁判所来惩罚异端,学校教育也都要服务于神学。瘟疫蔓延欧洲,14 世纪的黑死病导致 30% 的死亡率,欧洲人口急剧下降。封建割据、神学统治和瘟疫蔓延,这三大因素造成了中世纪欧洲科技(包括机械技术)和生产力发展的缓慢。

在中世纪后期,随着农业和手工业的发展,同时吸收了中国、伊斯兰的先进技术,欧洲的机械技术开始恢复和发展。

在经历了漫长的中世纪黑暗之后,14世纪,在意大利首先出现了资本主义生产方式的萌芽。经济基础的变化带来了上层建筑的变革。在几百年间,欧洲陆续发生了文艺复兴等一系列的思想解放运动,世界进入近代。

2.2　各种古代机械发展简介

古代机械的发明几乎涉及人类生活的所有领域。机械的发明首先是为了人类的衣食住行:农耕、谷物的磨碎、灌溉、纺织、车与舟。为了农业,要懂得天象,这就出现了天象观测的仪器。制造工具和机械需要金属,为了冶炼,就出现了鼓风机。要保卫自己族群的衣食住行,就出现了武器……

2.2.1　简单机械

众所周知,杠杆、滑轮、轮轴、斜面、螺旋和尖劈被称为6种"简单机械"。它是古代人类从使用工具的实践中总结出来的,也是后来机械发展的根基。

石器时代人们使用的石斧就是简单机械中的"尖劈";提水用的桔槔就是一个"杠杆"(图2-3);用于农田灌溉的辘轳,就是一个"滑轮",它是后来矿井和施工中所用的绞车的雏形。

简单机械首先出现在埃及。公元前2600年左右,埃及开始修建金字塔(图2-4)。用于建造金字塔的巨石重达数吨、数十吨,而且要从地面提升百余米高才能运到塔顶。据分析,搬运和提升巨石时应该是使用了滚木(即轮子)、用土堆起的斜坡(斜面)、撬棍(杠杆)等简单机械。

图2-3　古埃及的桔槔取水　　　　　　　　图2-4　修建金字塔

虽然埃及最早使用了简单机械,但对其进行归纳的任务却是由古希腊学者完成的。而较深入的理论分析则到文艺复兴时期才出现。

关于简单机械的数目,说法并不一致。"简单机械"一词源于阿基米德(图2-5)。他定义的简单机械只包括杠杆、滑轮和螺旋三种,他还揭示了杠杆中的机械增益。众所周知的阿基米德的名言"给我一个支点,我就可以举起地球",就是从对杠杆的研究中产生的。

后来,公元 1 世纪的古希腊哲学家希罗(Hero of Alexandria,图 2-6)在简单机械中又加进了轮轴和劈,在其著作《力学》中描述了 5 种简单机械的制作和应用。

图 2-5 阿基米德　　　　　图 2-6 希罗

在简单机械中加进斜面,是后来文艺复兴时期的事。但实际上,劈、螺旋都是斜面的变形,将斜面缠绕在圆筒上就成为螺旋。

2.2.2 鼓风器

人类冶炼金属,鼓风器的发展起了重要作用。有足够强大的鼓风器,才能吹旺炉火、获得足够高的炉温,才能从矿石中炼得金属,才能锻打出优质的工具和武器。公元前 1500 年在欧洲,公元前 900 年在中国都出现了冶铸用的鼓风器。手动鼓风器(俗称皮老虎,图 2-7)应该说是现代空气压缩机的远祖。后来逐渐从人力鼓风发展到畜力和水力鼓风。

东汉初年,中国出现水排(图 2-8)。它在当时已经是很先进的水力驱动的冶炼鼓风机。用现代机构学来分析,它是一个由绳轮机构、空间四杆机构和平面四杆机构组成的串联式组合机构。

 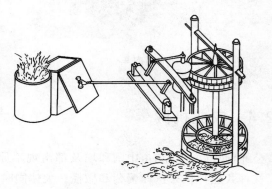

图 2-7 皮老虎　　　　　图 2-8 东汉时期的鼓风机——水排

2.2.3 舟与车

最早的舟是独木舟,出现在公元前8000—前6000年的石器时代。

公元前3500—前3000年,埃及首先出现了帆船、锚和最早的轮子。几百年后,美索不达米亚(在今之伊拉克境内)人才把轮子安装在轴上——这就是车辆的诞生。

公元前1200年左右,腓尼基(现黎巴嫩一带)已经有了人力划桨的战船(图2-9)。

中国特殊车辆的发明是全世界的古代机械研究专家都极为感兴趣的问题。

指南车是中国古代的一项卓越发明。指南车无论向何方行进,其上之木人永远手指南方(图2-10)。"指南车是黄帝大战蚩尤时所发明"——这只是一个传说。据考证,指南车最早是西汉时期所发明,但已失传。张衡、马钧都曾利用纯机械结构,再创了指南车,但又失传。宋朝再造,载于《宋史》,其中应用了复杂的齿轮系。英国著名的中国科技史专家李约瑟(J. Needham)将指南车评价为"一切控制论机械的祖先之一"。

图2-9 公元前1200年的腓尼基战船

记里鼓车分上下两层,上层设一钟,下层设一鼓(图2-11)。有小木人高坐车上。车走10里,木人击鼓1次;击鼓10次,就击钟1次。记里鼓车的发明人或为张衡,或为马钧,说法不一。记里鼓车也和指南车一样,造了又失传,到宋朝再造,并载于《宋史》。

图2-10 指南车

图2-11 记里鼓车

2.2.4 农业机械

公元前3500年左右,中国和埃及都出现了原始型。公元前15—前14世纪,欧洲人使用了杠杆式压榨机来压榨葡萄和橄榄。大体同时,埃及出现了最早的原始磨房,进行谷物的粉碎,并使用了水车;美索不达米亚出现了原始的播种工具。

中国在秦汉时期已推广使用能连续完成开沟、撒种、覆盖三项操作的耧犁。最迟到西汉时期,已使用扇车——一种用风力清选粮食的扬谷器。晋代出现了用畜力驱动的连磨(图2-12),其中使用了齿轮系。

埃及、西亚地区缺水而多风,农业对灌溉的依赖很大,出现了利用水力和畜力的水车。风车的使用也首先出现于伊斯兰地区,被用于磨粉、抽水和压榨甘蔗。

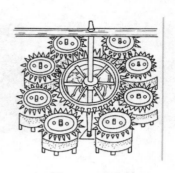

图 2-12   连磨

2.2.5   纺织机械

公元前 5500 年,美索不达米亚人就开始纺线了。公元前 4400 年,埃及已经使用粗糙的织布机来织造亚麻布,相应地,当然也应该出现了亚麻线的纺机。中国在秦汉时期出现了手摇纺车。

宋末元初,黄道婆发明了脚踏多锭纺车。在 1313 年刻印的《农书》中曾描述了长 2 丈、阔 5 尺的 32 锭大纺车和水转大纺车。中国的纺织机械居于当时世界的最高水平,水转大纺车比英国工业革命时期发明水力精纺机早了 4 个世纪。

中国在新石器时代已出现原始的织布机——腰机。腰机没有机架,卷布轴的一端系于腰间,双足蹬住另一端的经轴并张紧织物。商周时代已有固定机架的织机。战国时期以后一直到明清时期,中国的织布机一直是世界上最先进的。

欧洲在 6 世纪才出现脚踏织机,其后 1000 年间没有太大的变化。直到英国工业革命前夜,飞梭的发明掀起了一场织机的革命,迅速将英国的纺织工业带到了绝对领先的地位。

2.2.6   计时器与天文仪器

在 1 万年前,人类就通过计时来确定一年中最好的种植季节。人类曾长期利用天文现象和流动物质的连续运动来计时(圭表、日晷、水钟、沙漏等)。机械计时器在 14 世纪才出现在欧洲。

由于天文历法方面的需要,人类很早就研究制作了天文仪器,其中有的还兼有计时器的功能。本书不讨论古代历法,只简单提及历史上几个有代表性的发明,为进一步的阅读提供线索。

1. 安提基特拉机构

图 2-13 是于 1900 年在希腊安提基特拉岛(Antikythera)附近的沉船里发现的一种古代青铜仪器的残骸,因此被称为"安提基特拉机构"。据考证,其制作年代约在公元前 87 年左右。它被发现后一直让科技史专家好奇而又疑惑。很多学者投入了对它的研究,证实它是一个预测天体位置的太阳系仪。

安提基特拉机构是世界上已知的最早的齿轮装置,其中有 30 个齿轮保存至今。

安提基特拉机构告诉我们,古代机械的发展历史中现在有、将来也还会有很多的谜等待我们去破解。

2. 浑天仪

东汉时期张衡发明了浑天仪(图 2-14)。它是一种构造复杂、能演示天象的仪器。它利

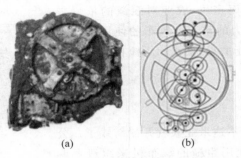

图 2-13　安提基特拉机构

(a) 主体碎片；(b)对其结构的一种分析和猜测

用漏壶的等时性，以漏水为动力通过齿轮系使浑象（仪器中表现天体运动的演示部分）每天等速旋 1 周。其主体是直径 4.6 尺的圆球，球体可以绕南北极的极轴转动。球面上画出了赤道、黄道、24 节气等。浑天仪的详细结构已不可考。

图 2-14　张衡和浑天仪复原图

张衡是东汉时期伟大的天文学家，为中国天文学、机械技术、地震学（他曾造候风地动仪）的发展作出了不可磨灭的贡献。一颗小行星就是以他的名字命名的。

3. 水运仪象台

11 世纪末叶，北宋宰相苏颂（图 2-15）等人用 7 年时间制作了"水运仪象台"。它是集观测天象、演示天象、计量时间和报告时刻于一体的综合性观测仪器。

水运仪象台高约 12m，宽约 7m（图 2-16）。在机械结构方面，采用了水车、桔槔、凸轮和天平秤杆的原理。下层中安排有许多木人，它们各司其职：每到一定的时刻，就会有木人自行出来打钟、击鼓或敲打乐器，报告时刻、指示时辰。在木阁后面放置着机械传动装置，用漏壶的水冲动机轮，驱动传动装置，各个报时装置便会按部就班地动作起来。

苏颂在担任官职的 9 年中，博览密阁中藏书，回家默写出来，积累了渊博的知识。他在天文、机械和药学方面都有杰出的成就。

国际上高度评价水运仪象台，认为它是现代天文台跟踪器械的祖先。其中首创的擒纵机构是后世钟表的关键部件，因此李约瑟认为它"可能是欧洲中世纪天文钟的直接祖先"。

图 2-15　苏颂　　　　　　　图 2-16　水运仪象台的复原模型

2.2.7　起重机械

要进行建筑,就必须有起重机械。埃及、中国和欧洲很早就开发了起重装置。从公元前8—前5世纪开始,希腊就出现了原始的起重机(图 2-17)。阿基米德将许多滑轮组合起来使用,将人力增大了几十倍。他曾经只靠一人之力用滑轮装置将岸边的船拖到沙滩上。希罗也曾设计了单柱和双柱的起重机,柱的顶部安装着滑轮。

阿基米德曾用螺旋将水提升到高处(图 2-18),后来罗马的城市供水就用了这类螺旋式输水机,它就是今天的螺旋式运输机的始祖。

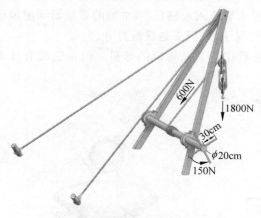

图 2-17　古希腊时期的起重机　　　　　　图 2-18　阿基米德的螺旋输水机

2.2.8 兵器

自古以来,人类在制作机械上的每一个技术进步也都应用于格斗、杀戮、战争和革命。

最早发展起来的武器都是"冷兵器":刀剑、弓弩、矛和盾等,能够算得上是机械的有战车、发石车、连弩等。

战车的使用始于公元前 3000 年的美索不达米亚。古罗马曾使用过射箭机和投石机,其中都使用了弹性元件。中国在春秋时期出现了弩。三国时期出现了一弩十矢的连弩、引燃火箭等。投石车利用杠杆原理抛射石弹,春秋时期已使用,隋唐以后成为城池攻守的重要兵器。

中国发明火药具有划时代的意义,这是兵器领域的革命性变革。一般认为,10 世纪初(宋代)火药开始用于实战。以后陆续出现了火炮和喷射火箭等武器。1332 年,元朝军队装备了青铜火铳(口径 10.5 厘米,前装式火炮),它是迄今所知世界上最早的火炮。火药经蒙古人传播到阿拉伯和欧洲。随后欧洲的热兵器发展很快,各种火枪、火炮陆续出现。

火药西传后,资本主义的兴起使火药兵器发挥了革命性的作用。最终导致"市民的枪弹射穿了骑士的盔甲,贵族的统治跟身披铠甲的贵族骑兵队同归于尽了"(恩格斯)。资本主义制度的胜利更促进了枪炮的改进。中国却是另一番情景:封建经济长期发展迟缓,统治者闭关锁国,火器的研制和生产停滞不前,从落后到挨打,沦落到半封建半殖民地的境地。

2.2.9 礼仪与娱乐性机械

1. 希罗的趣味机械

古希腊学者希罗曾研制了多种用于宗教礼仪或纯娱乐性的机械装置。

他制造了神殿大门启闭机构(图 2-19)。信徒点燃神殿前祭坛的火(A),祭坛内部的空气压力增加,挤压着空心球 B 里储藏的水通过水管流入水桶 C,当水桶的重量渐渐增加而向下沉坠时,就会拉动盘绕在殿门旋转轴 D 上的绳子,殿门于是缓缓打开。

希罗还制造了简单的蒸汽涡轮,它可以被看作是蒸汽轮机的鼻祖。但是它没有什么实际应用,只能算是一个玩具(图 2-20)。

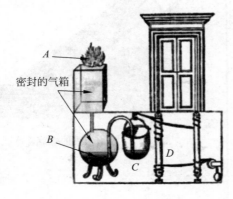

图 2-19 神殿大门启闭机构

图 2-20 希罗的蒸汽涡轮

2. 马钧的"水转百戏"

三国时期的马钧（图 2-21）曾研制"水转百戏"。以水力推动一个大木轮旋转，木轮上层陈设的木人就都作出很复杂的动作：击鼓、吹箫、跳舞、耍剑、骑马。它只是一个受命于皇帝而制作的娱乐装置，但可看出，马钧能巧妙地利用水力、各种机构和传动。水转百戏已经失传。

图 2-21　马钧

2.2.10　各种机构与传动

中国在战国末年出现了金属齿轮；东汉时期已使用棘轮和人字齿轮。希腊的安提基特拉机构和中国的指南车中使用的齿轮系均已相当复杂。

蜗杆传动是从古代简单机械之一的螺旋演化而来的。人们很早就注意到它的大减速比、增力作用和反向自锁功能。起初，帆船的舵是用缠绕在鼓轮上的绳索来驱动的。帆船转向时，需要几个船工来拉动绳索。用蜗杆传动来控制船舵是帆船发展史上的一大进步。

苏颂在水运仪象台中使用了世界上最早的链传动。

记里鼓车要产生击鼓运动，应是使用了凸轮机构。但最早描述了凸轮机构的文献则是 1206 年库尔德族学者雅扎里的著作。1276 年，中国元代制成的用来自动报时的"大明灯漏"中，已使用了相当复杂的凸轮机构。再过 1 个世纪，凸轮机构才在欧洲出现。

东汉的脚踏纺车上采用了曲柄摇杆机构。雅扎里首次应用了曲柄滑块机构，他还使用了擒纵机构和齿扇。

1430 年，德国的工匠首先使用了飞轮来使旋转更平稳。

2.3　古代的机械制造技术

2.3.1　铸造技术

人类掌握金属铸造工艺的历史已有 6000 多年。它是和金属的冶炼相伴而生的。埃及人最早掌握了铸造技术，并把这些技术首先运用于铜器的制作。

历史上最早出现的铸造方法是砂型铸造。由于所用的造型材料价廉易得，铸型制造简便，对单件、成批和大量生产均能适应，直到现在它仍然是铸造生产中的基本工艺。

公元前 3000 年左右，欧洲人已经能在敞开的铸型中浇铸出形状简单的铜制斧头。公元前，欧洲已能铸造出精制的青铜塑像。到中世纪末，装饰青铜已用于欧洲的教堂和家庭。

中国发现的最早的青铜器铸件所处的年代约为公元前 21—前 17 世纪，相当于夏王朝的时代。虽然比埃及晚了约 3000 年，但发展很快，到商代晚期和西周早期已进入青铜铸件的全盛期，工艺上已达到相当高的水平。商代铸造的后母戊鼎（原称司母戊鼎）形制雄伟，气势宏大,纹饰华丽,工艺高超。它重 832.8kg,是世界上迄今出土的最重的青铜器(图 2-22)。

早期的铸件大多是农业生产、宗教、生活等方面的工具或用具,其中许多铸件艺术色彩浓厚。中国在公元前513 年,铸出了世界上最早见于文字记载的铸铁件——晋国铸型鼎,重约 270kg。在商代和西周时期,中国开始用铸造法制造钱币。

中国古代还出现了泥型铸造、金属型铸造和失蜡铸造等铸造技术。泥型铸造是随着制陶技术而发展起来的。考古发现了战国时代用白口铁的金属型浇铸生铁的铸件和铸型。

图 2-22　后母戊鼎

失蜡铸造是一种精密铸造方法,现称为熔模精密铸造。以失蜡法铸造的器物可以做到玲珑剔透,有镂空的效果。在古代世界的很多地方都出现了这一技术。在以色列南部发现的失蜡铸造制品,用碳 14 作出的保守测定当在公元前 3700 年左右。

欧洲在公元 8 世纪前后出现铸铁件,这扩大了铸件的应用范围。在 15—17 世纪,德、法等国先后敷设了不少向居民供饮用水的铸铁管道。

2.3.2　锻造和其他压力加工技术

锻造的出现比金属的冶炼和铸造还要早。在新石器时代晚期,人类曾利用天然铜。这种自然形态的铜,存在于铜矿的表面。人们在开采石料时,发现这种色泽鲜艳的“石头”非同一般,容易锻打成形,由此产生了最初的切割、弯曲、锻打、退火、磨砺等成形与加工工艺。大约在公元前 6000 年的两河流域、公元前 5000—前 4000 年的埃及,都有用天然铜制成的装饰品。

图 2-23　《天工开物》中描述的锻制千钧锚的情况

明代《天工开物》一书中描述了锻制千钧锚的生产过程(图 2-23)。中国的锻造长期停留在手工操作阶段。

在古罗马时代,已经使用了用人力或畜力将重物举起又使其落下的落锤。14 世纪又出现了水力落锤,这样,人们就可以锻打大件了。

最早的锻模出现于公元前 1600 年,古希腊人用它来把金板和银板精压成首饰。中世纪后期,欧洲已经用锻模来锻造火炮的弹丸。

至迟在公元前 5 世纪,罗马已经用冲压法制造钱币,但在罗马帝国灭亡后失传了数百年。

中国在公元 10 世纪初,由制陶工艺演变出了金属旋压工艺。当时已将银、锡、铜等金属薄板旋压成各种瓶、盘、罐、壶等器皿和装饰品。直到13世纪,这种技术才传到英国和欧洲各国。

2.3.3 焊接技术

公元前3000多年,埃及出现了锻焊技术。锻工连续地反复击打加热了的金属,直至焊合。在金字塔中就发现了一些具有复杂锻焊焊缝的铁器和铜器。

公元前2000多年,中国商朝采用铸焊来制造兵器;公元前200年以前,中国已经掌握了青铜的钎焊和铁器的锻焊工艺。

公元310年制造的印度德里铁柱(图2-24),高达7.25m,直径400mm,是古代世界最大的金属制件,它是用多个小钢坯锻焊而成的(但观察其顶部的花纹,又似乎是铸造成形)。

图 2-24　德里铁柱及其顶部

2.3.4 切削加工技术

公元前6000年,巴勒斯坦人就制作了弓形钻。它是利用弓和弦,把弦缠在带柄的钻头上使之旋转。这可以说是钻床的远祖。公元前1300年,古埃及出现了双人操作切割木制工件的车床:一人用绳索旋转工件,一人手持刀具进行加工(图2-25)。

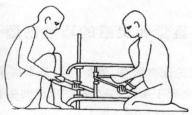

图 2-25　古埃及加工木制工件的车床

公元前8—前5世纪，原始的木制车床在欧洲许多地方开始使用；13世纪出现了脚踏式木工车床（图2-26）。自古至今人类一直在制造螺旋。在许多世纪里，人们是在圆木棒上用手工切出或锉出螺纹。

图2-26   13世纪欧洲的车床

2.4   关于古代机械的几个问题

2.4.1   古代机械的动力

人力是古代的工具和机械最早使用的动力。在纺纱、织布、汲水、驱动车船等领域中，人力的使用甚至一直持续到近代。

公元前15世纪的埃及和公元前3世纪的中国和希腊都出现了水车。人们开始用水作为动力，来驱动磨盘和鼓风器。公元226年，罗马用水车给城市供水。公元3—4世纪，欧洲出现了以水为动力的面粉厂和锯木厂。罗马最大水磨的功率曾达到36kW。

早在公元前4000年，中东地区的人们开始利用畜力来拖曳重物或拉犁耕地。畜力也被用来驱动机械。

迟至7世纪，才有风力的使用：波斯用风车带动磨盘来研磨谷物。14世纪中叶，荷兰人用风车为动力，排除低于海平面的低地中的存水。

无论是人力，还是水力、畜力和风力，都不能产生很大的功率。动力制约了古代机械的发展。近300多年来，也首先是动力的变革推动了机械的飞速发展和广泛应用。

2.4.2   依靠直觉和灵感的巧妙创造

古代，数学理论刚有萌芽，力学理论基本尚未产生，更没有机构学和创新设计的理论。古代机械的产生来源于实践，缺少科学理论的指导。创制古代机械的是一些能工巧匠，他们是依靠直觉和灵感来进行创造的。

依靠直觉和灵感的设计是机械设计历史发展中的第一阶段。直觉和灵感是创造性思维活动中的重要环节,是无论多么先进的计算机和软件也不能完全代替的。数千年来,多少发明家的创造发明实践积累起一个智慧火花的宝库,从这个宝库中才提取出今天的"创造学"。

许多古代机械运动学构思巧妙,以致今天复原起来还不是十分容易。例如,诸葛亮发明的"木牛流马"已失传,到现在也没有研究出一个令人信服的模型。

2.4.3 古代与现代相通

从 2.3 节的叙述可知,在近代和当代我们所使用的机构和机器,很多在古代早就有所应用。车床、汽轮机、水轮机、螺旋输送机这些机械在古代即已有雏形。虽然古代的机械比较简陋,但其原理与今天的机械是相通的。这些古代机械为后世的发明、改进奠定了基础。

机器人的概念也早就出现在古代人类的思想中,在中国的西周时期和公元前 2—3 世纪的希腊都有巧匠制造机器玩偶的记载或传说。

2.4.4 关于中国古代科技的两个深层次问题

古代机械的发展速度很慢。石器时代上百万年,铜器时代数千年,而工业革命至今才300 多年。从古代、近代到当代,社会发展的加速度越来越大。

古代机械的发展,埃及和西亚起步最早,而中国的贡献最大。

在阅读本章的基础上,如果读者愿意进一步探讨,不妨思考如下两个学界已讨论很久的问题:

(1) 许多论者认为,古代中国只有技术而基本上没有科学。涉及机械的一些科技著作主要是当时技术和经验的总结。而古代希腊是产生了科学的萌芽的,阿基米德就是一个杰出的代表。中国古代为什么没有科学? 这是一个涉及东西方古代不同的政治、哲学和思想的复杂问题。

(2) 英国学者李约瑟以中国科技史研究方面的杰出贡献而知名。他在编著的 15 卷《中国科学技术史》中正式提出一个问题:"尽管中国古代对人类科技发展作出了很多重要贡献,但为什么科学和工业革命没有在近代的中国发生?"此问题被称为"李约瑟难题"。很多人把李约瑟难题进一步推广,出现了"中国近代科学为什么落后"等问题的研究,讨论一直非常热烈。这个问题比第一个问题更为复杂,也更具有引导我们思考现实问题的重要意义。

这两个问题都超越了本书的范围。这里,只是把问题摆出来供读者思考,就不再进一步展开了。

表 2-1 为中国主要朝代的起止年,以供参考。

表 2-1　中国主要朝代的起止年

朝　代	起止年代	朝　代	起止年代
黄帝、尧舜禹	约 4000 年前	战国	前 475—前 221
夏朝	前 2100—前 1600	秦朝	前 221—前 206
商朝	前 1600—前 1100	大楚	前 207—前 202
西周	前 1100—前 771	西汉	前 202—8 年
东周	前 770—前 256	新朝	8—23
春秋	前 770—前 476	东汉	25—220

朝　代	起止年代	朝　代	起止年代
三国	220—265	五代十国	907—960
西晋	265—316	北宋	960—1127
东晋	317—420	南宋	1127—1279
南北朝	420—581	元朝	1271—1368
隋朝	581—618	明朝	1368—1644
唐朝	618—907	清朝	1644—1911

第 3 章

工业革命前欧洲社会和科技的进步

> 这是一次人类从来没有经历过的最伟大的、进步的变革,是一个需要巨人而且产生了巨人——在思维能力、热情和性格方面,在多才多艺和学识渊博方面的巨人的时代。
>
> ——恩格斯

3.1 文艺复兴至工业革命期间的社会发展

在送走了漫长的中世纪之后,欧洲经历了一场巨大的社会变革:在几百年间,陆续发生了文艺复兴运动、宗教改革运动、启蒙运动和资产阶级革命。人们的精神获得了解放,科学获得了自由发展的条件。在近代第一次科学革命中,牛顿创立了经典力学。

从文艺复兴开始,世界进入近代。文艺复兴后的社会变革和科学突破为第一次工业革命准备了条件,而这一时期的技术进步与需求更是呼唤着这场技术革命和工业革命的到来。

3.1.1 资本主义生产方式的出现

经济是基础,资本主义生产方式的出现是这一系列社会变革的根基。

中世纪后期的 14 世纪,在意大利首先出现了资本主义的萌芽——手工工场(manual workshop)。当时,仅佛罗伦萨一地就有毛纺工场 3000 多家。威尼斯造船厂每年可造上千艘大型帆船。

受意大利的影响,英、法、德等国也在 15—16 世纪逐渐形成了资本主义生产方式。

资本主义生产方式的出现,一方面,呼唤着从天主教专制下求得人的精神的解放;另一方面,呼唤着先进的科学技术作为新的生产力发展的依托。

3.1.2 地理大发现

15 世纪下半叶,远洋航海事业发展起来。1492 年,在西班牙国王的鼎力支持下,意大利航海家哥伦布(C. Columbus)向西航行到达美洲,从一个欧洲人的角度,发现了新大陆。1522 年,葡萄牙航海家麦哲伦(F. De Magalhães)受西班牙国王派遣,完成环球航行。这两个事件在欧洲被称为“地理大发现”。

地理大发现的出现不是偶然的,新兴资产阶级经济实力增强,商品货币经济的发展需要黄金,需要加强东西方贸易,需要为工业品寻找广大的市场,需要开拓殖民地。此外,其背后也交织着对未知世界的向往、传播基督教的热情等因素。

　　地理大发现改变了人类对地球的认识,从此开始了世界市场的形成过程,对欧洲的社会和经济发展产生了极大的促进作用。此外,当时的航海定位需要天文学知识,因此它也直接或间接地推动了天文学和力学的发展。

3.1.3　文艺复兴运动

　　古希腊和古罗马的文学艺术成就很高,人们可以自由地发表各种学术思想,和黑暗的中世纪形成鲜明的对比。14 世纪,"恢复古希腊和古罗马的文化和艺术"的要求像春风般吹遍意大利,至 16 世纪,形成了一场弥漫全欧的思想文化运动。

　　文艺复兴运动(The Renaissance)以复兴古典文化为手段和口号,但是它的本质是一场思想解放运动。它得以发生的根基深植于当时意大利城市商品经济的发展之中。商品经济中的买和卖,契约和经营都是自由的体现。要想有这些自由,就要有生产资料所有制的自由,而所有这些自由的共同前提就是人的自由。城市经济繁荣,新兴资产阶级事业成功,充满创新进取、冒险求胜的自信。陈腐的欧洲需要一场提倡自由的思想解放运动。

　　这是一次人类从来没有经历过的最伟大的、进步的变革,是一个需要巨人而且产生了巨人的时代。文艺复兴的代表人物有但丁(A. Dante,诗人)、达·芬奇(Leonardo da Vinci,科学家、艺术家、发明家)、米开朗基罗(B. Michelangelo,绘画家、雕塑家、建筑师)、拉斐尔(S. Raffaello,画家、建筑师)。这些文化巨人的诗歌、绘画、雕塑中,体现出了文艺复兴运动的思想内核,这就是:提倡人权,反对神权;提倡人性,反对神性;歌颂世俗,藐视天堂;推崇理性,反对神启。

　　文艺复兴运动为近代的经济发展和近代自然科学的诞生创造了有利的文化氛围。人类社会进入了一个充溢着创造精神的新时代,揭开了近代欧洲历史的序幕。

3.1.4　宗教改革运动

　　宗教改革运动(The Reformation)首先起源于德国。15 世纪末,德国处于封建割据的状态,每年流入罗马教廷的财富数额巨大。德国宗教改革的旗手是神学教授马丁·路德(Martin Luther)。1517 年 10 月,他写出矛头直指罗马教廷的檄文,公开张贴,迅速传遍全德国,得到了普遍的赞同和支持。

　　宗教改革随后席卷了整个西欧。它打击了神权统治,剥夺了罗马教廷在各国的特权,有利于民族国家的发展。如果说,文艺复兴是在文化外衣下的思想解放运动,那么宗教改革则是在宗教外衣下资产阶级反对封建统治和宗教神权的一场思想解放运动和社会运动。

　　宗教改革后,形成了基督教的一个新的教派——新教。

3.1.5　启蒙运动

　　启蒙运动(The Enlightenment)是指发生在 1789 年法国大革命之前近百年间的一场思想运动,法国是启蒙运动的中心。代表人物是一批哲学家和思想家。

　　作家、历史学家和哲学家伏尔泰(Voltaire)主张天赋人权,认为人生来就是自由和平等的,他是启蒙运动的领军人物。思想家、社会学家孟德斯鸠(Montesquieu)反对君主专制,提出"三权分立"学说,是西方现代国家学说理论的奠基者之一。思想家、哲学家狄德罗(D. Diderot)主张唯物主义哲学,是第一部法国《百科全书》的主编。哲学家、政治理论家卢梭(J.-J. Rousseau)主张天赋人权、人民主权,认为法律应以人性为出发点,在法律面前人人平等。

与文艺复兴和宗教改革不同,启蒙运动抛去了文化和宗教的外衣,直接地批判封建专制制度,直接地反对教会的权威。启蒙运动高高地举起自由、平等、人权的旗帜,开启了人的理智力量,号召人民努力构建符合人性的现代社会。

启蒙运动是法国大革命的思想发动和舆论准备。

3.1.6　资产阶级革命

1566—1609 年,荷兰争取从西班牙统治下独立的战争是历史上第一次资产阶级革命。

1640 年,英国资产阶级革命爆发,1688 年建立了君主立宪制的资产阶级政权(史称"光荣革命")。

1789 年,法国大革命爆发。这场大革命张扬了自由、平等、博爱的精神。拿破仑军队的铁蹄践踏了整个欧洲,也把资产阶级革命的精神播撒到整个欧洲。

英国革命是发生第一次工业革命的前提。

3.2　文艺复兴至工业革命前欧洲的机械科学技术

1687 年,牛顿创立经典力学。在牛顿之前,一系列天文学家、力学家为经典力学的出现做了铺垫。这些科学家的贡献将放在 3.3 节中,与牛顿创立经典力学一起来介绍。

在本节中介绍文艺复兴至工业革命前欧洲的机械科学与技术,这方面包括两项内容:一是以列奥纳多·达·芬奇为代表的科学家在机械理论和发明方面进行的一些研究;二是在纺织、采矿、冶金、机械等技术领域出现的一些进展,这些进展所提出的问题成为导致第一次工业革命发生的直接原因。

3.2.1　列奥纳多·达·芬奇

列奥纳多·达·芬奇(Leonardo da Vinci,图 3-1)是文艺复兴精神的杰出代表。

他出生在意大利佛罗伦萨附近的小镇芬奇。他是一个伟大的艺术家,也是一个卓越的工程师和发明家。出于一位艺术家的特质,达·芬奇十分注重观察,他能以极精细的手法描述一个现象,却不是通过理论与实验来验证。他留给后世上万页写得密密麻麻,并配有大量草图的笔记。

他一生设计过许多机械装置的草图:车床、镗床、螺纹加工机

图 3-1　达·芬奇

床、无级变速器和内圆磨床等,其中已有曲柄、飞轮、顶尖和轴承等零件。他设计过多种泵。

达·芬奇是一个博学者的典型,有着不可遏制的好奇心和极其活跃的想象力。他提出了许多著名的概念性构思:直升机、机关枪、畜力拉动的坦克、子母弹、降落伞、潜水艇、机器人、计算器和太阳能的聚焦使用。他还着迷于飞行现象,做了鸟类飞行的详细研究,并策划了几部飞行机器,但他的飞行机器的试验以失败告终。

达·芬奇的发明大多是超前的,在当时只有少数设计被制造出来,而多数设计在当时是不可实现的。

3.2.2　力学和机械理论的若干进展

关于简单机械,希腊人只是做了归纳,理论分析很少。文艺复兴期间,人们开始研究:简单机械能够完成多少有用的工作?这最终导致了机械功这样一个新概念的出现。1586年,荷兰科学家斯蒂芬(S. Stevin)导出了斜面的机械增益。简单机械完整的力学理论是由意大利科学家伽利略(G. Galilei)在1600年完成的,他是理解简单机械只能传递能量而不能创造能量的第一人。

1638年,伽利略通过实验首次提出梁的强度计算公式,这是材料力学的开端。1678年,英国学者胡克(R. Hooke)提出了胡克定律:弹性体的变形与外力成正比。这是弹性力学的萌芽。

关于滑动摩擦的古典定律是由达·芬奇发现的,载于他的笔记中而未发表。1699年,摩擦古典定律被法国科学家阿芒顿斯(G. Amontons)再次发现,并在1785年由法国物理学家库伦(C. de Coulomb)进一步发展。库伦引入了摩擦系数的概念,他用摩擦表面凹凸不平的"机械啮合"理论来解释干摩擦现象。

3.2.3　工业革命前的机械技术

中世纪晚期,欧洲出现了手工工场,机械技术也在缓慢地复苏。第一次工业革命中最重要的机械发明是珍妮纺纱机和瓦特的蒸汽机。这两项发明的背景和工业革命前的一、二个世纪中纺织技术和采矿技术的发展是直接相关联的。

1. 钟表的发明和钟表制造业的兴起

中世纪晚期以后,机械技术发展中的一件大事是钟表的发明和钟表制造业的兴起。

13—14世纪,在英格兰和意大利出现了欧洲最早的钟。15世纪,出现了用发条驱动的钟。

1656年,荷兰科学家惠更斯(C. Huygens)发现摆的频率可以用来计算时间,发明了摆式钟。惠更斯的钟一天的走时误差不超过5分钟,比以前的任何钟表都准确得多。

16世纪中叶,瑞士的日内瓦出现了钟表制造业。

钟表制造业的出现揭开了欧洲近代机械工业的序幕。一方面,由于加工钟表零件的需要,出现了以人力为动力的加工螺纹和齿轮的机床;另一方面,更重要的是,钟表业培养了一大批机械技师。蒸汽机的发明者瓦特、蒸汽轮船的发明人富尔顿等人在青少年时代都做过钟表学徒或钟表匠。

2. 印刷术与印刷机

印刷术发源于中国。11 世纪毕昇发明的活字印刷术是世界印刷史上的巨大进步,13 世纪后传到欧洲。印刷机械却是欧洲人的发明。

文艺复兴期间,对印刷品的需求迅速增长。造纸术在欧洲已经普及。1434 年,德国首饰匠人谷腾堡(J. Gutenberg)开始研究活字印刷术。他发明了铅、锡、锑合金作为铸字材料,又模仿压榨机的结构发明了螺旋加压的、可以双面印刷的平板印刷机。

随后的半个世纪内,在欧洲的 250 个地方建立了 1000 家印刷厂。印刷术成为支撑文艺复兴运动和宗教改革运动的技术手段。谷腾堡的螺旋式手扳印刷机虽然结构简单,但却沿用了 300 年之久。

3. 采矿业的发展呼唤着新的动力

采矿业在中世纪经过了戏剧性的变化和发展。

14 世纪时,对武器、铠甲的需求大幅度地增加。火炮也已开始发展。军事和建筑业推动了对铁的需求。中世纪的采矿业已开采多种金属,包括用来打造饰物和铸造钱币的贵金属。当时英国森林的砍伐速度远高于生长速度,煤作为燃料的作用突显出来,采煤工业发展很快。

中世纪矿井技术的首要问题是排水。起初,许多金属是露天矿开采的,而不用深掘矿井。但地表采完了,就不得不发展矿井开采,而且矿井越挖越深。每挖到一个新的矿层,洪水都成为一个很现实的障碍。

4. 早期的蒸汽机发明

如前所述,当时采矿业发展的瓶颈问题是排出矿井中的水。使用畜力已不能满足要求,对新的动力的需求,首先是从这里开始的。

蒸汽机(steam engine)的发明是一个漫长的过程。

1690 年,法国物理学家巴本(D. Papin)在德国制成了第一个有活塞和汽缸的实验性蒸汽机。1698 年,英国矿山技师塞维里(T. Savery)制造了一台蒸汽水泵,这是一个人工操作、利用蒸汽压力排出管中水的简单装置。赛维里的蒸汽水泵还实现了商业化生产,一直维持到 18 世纪末。英国铁匠纽可门(T. Newcomen)发明了大气压蒸汽机,并于 1712 年有效地应用于矿井排水和农田灌溉,此后曾在英、法、德等国被使用(图 3-2)。

纽可门和赛维里的机器耗煤量大、效率低,而且只能输出往复直线运动,但他们的工作为瓦特改进蒸汽机奠定了基础。

5. 纺织机械的进步

纺织业是当时英国第一重要的工业部门。但是,

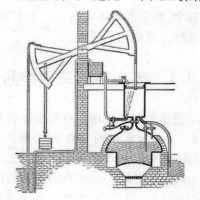

图 3-2　纽可门蒸汽机

脚踏纺车和手工织布机,从中世纪以来就没有什么改进。

1733 年,英国钟表匠凯伊(J. Kay)发明了飞梭(图 3-3),大大地提高了织布机的效率。

到 18 世纪 60 年代,飞梭织布机获得大量应用。一个织布工人所需要的纱,需要 10 个纺纱工人才能供得上。后来,这促发了珍妮纺纱机的诞生,而珍妮纺纱机的诞生则成为第一次工业革命开始的标志。

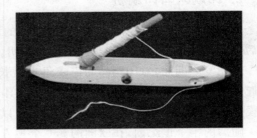

图 3-3　飞梭

6. 钢铁冶炼技术

16 世纪后,欧洲开始用生铁铸造大炮。这一时期出现了用高炉冶炼铸铁的技术,将这种铸铁再用精炼炉脱碳即可得到可锻铁(熟铁)。当时的高炉都建在水流湍急的河流旁,以便利用水车驱动鼓风机进行鼓风提高炉温。

炼铁技术的发展,使得更多的机器零件开始用生铁代替木材来制造。

18 世纪中叶出现了坩埚炼钢法、搅炼法等初级的炼钢方法,一直使用到 19 世纪中叶,才由更先进的方法将其代替。

7. 工程机械

15 世纪,意大利发明了转臂式起重机。这种起重机有一根倾斜的悬臂,臂顶装有滑轮,既可升降又可旋转。但直到 18 世纪,人类所使用的各种起重机械还都是以人力、畜力为动力的,在起重量、使用范围和工作效率上很有限。

3.3　经典力学的创立和发展

文艺复兴这场思想解放运动为近代自然科学的诞生创造了有利的文化氛围。在 16—17 世纪,发生了近代史上的第一次科学革命。以哥白尼的“日心说”为发端,形成了与中世纪神学与经验哲学完全不同的近代自然科学体系。这次科学革命的主要内容有天文学、经典力学、数学和人体解剖学。本节中介绍牛顿经典力学的创立和发展,3.4 节中介绍微积分和微分方程理论的建立。

3.3.1　天文学的突破和科学精神的解放

适应地理大发现后航海事业发展的需要,天文学发展起来,并成为近代科学的第一个突破点,也成为牛顿创立经典力学的时代背景。具有代表性的天文学家是波兰人哥白尼(图 3-4)和德国人开普勒(图 3-5)。

哥白尼(N. Copernicus)是波兰的一名教士,他用毕生的精力撰写了《天体运行论》。他意识到他的学说与天主教会是根本对立的。1543 年,在他去世之前不久,《天体运行论》才发表出来。他所提出的“日心说”标志着科学要摆脱神学的枷锁而独立。

图 3-4　哥白尼

图 3-5　开普勒

开普勒(J. Kepler)曾担任奥国皇家天文学家。他在长期研究火星运动的过程中总结出了"行星运动三定律",于 1619 年发表。

文艺复兴运动只是为自然科学从神学中解放出来创造了必要的社会前提,真正实现这个解放还需要经过激烈的斗争。日心说给天主教廷带来了巨大的恐慌。1600 年,宣传日心说的意大利科学家布鲁诺(G. Bruno)在罗马被焚死。伽利略用他进行天文观测得到的发现扩大了日心说的影响。1633 年,他受到宗教法庭的审判。

尽管如此,坚冰还是被打破了。日心说受到普遍的欢迎,进而初步形成了有利于近代科学发展所需要的社会氛围:言论自由扩大,实验科学受到尊重,认知哲学转变。从 17 世纪初开始,意大利、英国和法国都成立了学术机构。这些学术机构冲破了教会的禁锢,展开自由的科学讨论与交流。一个科学研究与科学发现的黄金时代正在到来。

3.3.2　经典力学创立之前的理论准备

经典力学这座科学的高峰并不是从平原上突兀而起的。在牛顿以前,天文学、力学和数学的发展有如一座座山峰做了铺垫,牛顿力学这座最高峰是在这个科学的高原上崛起的。

在古希腊,曾有一些力学方面的研究成果;但它们零碎而不系统,真理与谬误混杂。只是在文艺复兴运动以后,力学才逐步地真正成为一门科学。

伽利略(图 3-6)生于意大利比萨。他做过修道院里的见习修士,学过医学,最终却成为一位数学家、天文学家和力学家。他最早准确地提出了速度、加速度的概念。他将加速度用于自由落体运动的研究,得出了自由落体运动是匀加速运动的结论。他还最早给出了惯性原理和抛体运动的表述。自由落体和抛体运动已经是牛顿第二定律的特殊情况,即均匀引力作用下的等加速度运动。他还发现了单摆运动的等时性;他还是世界上第一个用望远镜观察星空的人。伽利略既精于理论又关心实际问题,既长于思辨论证又开实验与观察之先河。他被称为近代科学的鼻祖。

图 3-6　伽利略

在伽利略之后,探索物体运动规律成为前沿学者的一种时尚。这一时期所研究的物体运动,局限在天体运动、单摆运动和碰撞等问题,就是后来所称的"质点运动学"。与车辆、机械等受约束系统相比,质点的受力要简单得多。

17 世纪初,开普勒在研究火星运动时引入了角动量定律。

1637—1638 年间,法国科学家笛卡儿(R. Descartes,图 3-7)发明了直角坐标系,开创了解析几何。恩格斯高度评价笛卡儿的贡献:"数学中的转折点是笛卡儿的变数。有了变数,运动进入了数学;有了变数,微分和积分也就立刻成为必要的了。"

1644 年,笛卡儿在研究碰撞问题时引进了动量的概念。1668 年,英国皇家学会提出了碰撞问题的悬赏征文,惠更斯等三人参加研究。正是在这一研究中产生了动量守恒定律的早期表述。

惠更斯(图 3-8)是荷兰科学家,除了碰撞问题的研究,他还研究了单摆的运动,并发明了摆钟。在研究物体的圆周运动中,他引进了离心力的概念,并正确地表述了向心加速度与圆周速度和半径的关系。这离万有引力定律已经不远了。

图 3-7　笛卡儿　　　　　图 3-8　惠更斯

1686 年,德国科学家莱布尼茨(G. Leibniz)提出动能定律。至此,力学三大守恒定律的雏形均已建立。

从哥白尼到莱布尼茨,一系列科学家在天文学、力学和数学领域的研究成果成为牛顿创立经典力学的前期理论准备。

3.3.3　经典力学的创立

牛顿(I. Newton,图 3-9)出生于一个农民家庭。在大学期间他就全面地掌握了当时的数学和光学。30 岁时当选为英国皇家学会会员,这是当时英国最高的科学荣誉。他发现了太阳光的七色构成,提出了光本质的微粒说。他发现了二项式定理,创立了微积分。

牛顿最大的成就是在总结哥白尼、开普勒和伽利略等人研究成果的基础上,进行了全面的分析、综合工作,1687 年,出版了《自然哲学的数学原理》一书,创立了经典力学(classical mechanics)。

牛顿力学包括众所周知的万有引力定律和牛顿三定律。

经典力学的创立,开辟了科学发展的新时代,奠定了力学发

图 3-9　牛顿

展的基础,也奠定了机械工程、土木工程等技术科学发展的基础。今天,一切机械运动分析与力分析的理论全部都源于牛顿力学。

在牛顿之后的 200 年间,经典力学继续发展。一方面是有限自由度问题和一般力学原理的研究,另一方面是连续介质力学,即固体力学和流体力学的发展。

1743 年,法国数学家、力学家达朗贝尔(J. D'alembert,图 3-10)开约束物体运动研究之先河,他将作用于物体上的力分为外力和质点间的内部作用力两类,将静力学中研究平衡的方法与牛顿第二定律相结合,计入惯性力,提出了达朗贝尔原理。达朗贝尔原理后来成为机械动力学分析的一种重要方法。

瑞士科学家欧拉(L. Euler,图 3-11)26 岁就成为彼得堡科学院院士。他是一位科学通才,以他的名字命名的成果有数十项之多。1760 年,欧拉引入了"欧拉角"来描述刚体绕定点的转动。1765 年,他引入了转动惯量的概念,导出了描述刚体绕定点转动的动力学方程,从而将牛顿第二定律从质点扩展到刚体,奠定了刚体动力学的基础。

图 3-10　达朗贝尔　　　　图 3-11　欧拉

在伽利略、斯蒂芬等人的早期研究中,已包含了虚速度原理(虚功原理)的萌芽。1715 年瑞士数学家约翰·伯努利(Johann Bernoulli)给出了虚功原理的初步表述。关于虚功原理的进一步的陈述是由法国力学家拉格朗日(J. -L. Lagrange)给出的。同年,约翰·伯努利还揭示了瞬时速度中心的概念。

3.3.4　经典力学的局限性

1. 经典力学的适用范围

在经典力学的研究中存在着两个不言而喻的基本假定:其一,假定时间和空间是绝对的,长度和时间间隔的测量与观测者的运动无关;其二,一切可观测的物理量在原则上可以无限精确地加以测定。20 世纪以来,由于物理学的发展,经典力学的局限性暴露出来了。第一个假定只适用于远低于光速的低速运动情况;第二个假定只适用于宏观物体。因此,经典力学的定律只是描述宏观物体低速运动的近似定律。

到 19 世纪末,经典力学在解释一些重要问题中无法自圆其说,引发了所谓"物理学上的危机"。这场危机导致了相对论和量子论的产生和发展,形成了一场新的物理学革命。

尽管如此,人类迄今所创造的机械系统的运动速度还远没有超出经典力学的适用范围。

2. 机械决定论的局限性

在 16—18 世纪,力学取得了伟大的成就,而其他科学尚未发展起来,因此人们很自然地就试图用力学原理去解释自然界的一切现象。这就是机械决定论——机械唯物主义的自然观。力的概念被推广到各个领域:电磁学、化学、生物学。牛顿、惠更斯、笛卡儿都存有这样一种观念和相关的语言表述。恩格斯称此为"把一切都归结为机械运动的狂热"。虽然这在一些领域也确实取得了一些成功,但是将高级的复杂运动归结为简单的机械运动,而运动的原因是外力作用的结果,这就否认了事物运动的根本原因在于事物内部的矛盾性。

从 18 世纪下半叶开始,天文学、生物学、化学等领域取得了一系列成就,在形而上学自然观上打开了一个又一个的缺口,为辩证唯物主义自然观的建立提供了重要的自然科学基础。

3.4 微积分理论与微分方程理论的建立

讨论机械工程发展的历史,要追溯到经典力学的建立。了解今天在机械科学中所应用的数学理论和方法,也应该追溯相关数学的发展。经典力学创立的历史时期,也是数学理论大发展的时期,而且力学和相关数学的发展简直就是相伴共生的。

3.4.1 微积分理论的建立

从 16 世纪开始,随着天文学的发展,力学在科学中的地位越来越突出。以力学的需要为中心,出现了大量的数学问题。如下几个方面的问题比较突出,而它们最终导致了微积分理论的建立。

(1) 从距离和时间的函数关系,求物体在任意时刻的速度和加速度;反之,由加速度和时间的函数关系,求速度和距离。

(2) 为确定物体在其轨道上任一点处的运动方向而提出的求曲线的切线问题。

(3) 对行星运动的研究提出了求曲线的长度、曲线围成的面积的问题;求物体重心提出了求曲面围成的体积的问题。

(4) 力学和其他物理科学都提出了求函数极值的问题。

在牛顿之前的 1 个世纪中,许多数学家围绕上述几个问题已进行了很多研究,但有三大问题待解决:

(1) 廓清概念,特别是建立变化率的概念;

(2) 提炼方法,对解决切线、极值、求积等具体问题中的方法加以提炼,使之具有普遍意义;

(3) 改变形式,即抛弃表述切线、速度等问题中的几何形式,建立解析形式,使之具有普遍意义。

完成这三项工作的是牛顿和莱布尼茨。微积分理论是他们在大体相同的时间、各自独立地创立的。

3.4.2　微分方程理论的建立和发展

静力学问题的数学模型是线性代数方程(组)，动力学问题的数学模型是微分方程(组)。

微积分在解决物理问题中显现了巨大的威力，而首要的一步则是建立反映该问题的微分方程。这几乎是紧随着微积分理论的诞生而出现的。

从 1690 年起的数年间，瑞士数学家伯努利兄弟在研究等时线、悬链线和最速降线等有一定力学意义的曲线时，都是先建立微分方程，再积分求解。这是微分方程早期发展的著名事例。

有了物理问题的数学模型——微分方程，紧接而来的就是要对其进行求解。由于问题的困难性，最初人们首先将注意力放在某些特定类型方程的一般解法上。到 18 世纪 40 年代，求解一阶微分方程的问题得到解决，莱布尼茨和欧拉等对此作出了贡献。

二阶微分方程的研究来自振动问题的驱动。1728 年，欧拉将一类二阶微分方程用变量替换化为一阶微分方程。这标志了二阶微分方程研究的开始，至今在二阶微分方程的数值解法、状态空间理论中还起着基础性的作用。欧拉在研究高阶常系数齐次线性微分方程时提出了特征方程和特征根的概念，提出了将微分方程的求解化为代数方程的求解问题。这一概念和方法在振动理论研究中的重要意义是众所周知的。但是欧拉研究的是一元微分方程，所以他没有触及到特征向量的概念。

偏微分方程的出现来自关于弦振动的讨论。1747 年，达朗贝尔讨论了处于振动中的绷紧的弦的形状，得到了一个后来被称为波动方程的偏微分方程。从数学角度研究偏微分方程则是欧拉在 1765 年开始的。

对非线性微分方程研究的主要贡献是在 19 世纪末叶由庞加莱和李雅普诺夫作出的(详见第 6 章)。

1768 年，欧拉提出了最早的求解常微分方程的数值解法——欧拉法。1900 年左右，由德国两位数学家提出的龙格-库塔(Runge-Kutta)法比欧拉法在计算精度上有很大提高，至今仍是一种应用最为广泛的微分方程求解的数值方法。

第4章

第一次工业革命

自从蒸汽和新的工具机把旧的工场手工业变成大工业以后,在资产阶级领导下造成的生产力,就以前所未闻的速度和前所未闻的规模发展起来了。

——恩格斯

4.1 第一次工业革命发展概况

18 世纪下半叶,在英国发生的工业革命使世界开始加速发展。

4.1.1 英国发生工业革命的背景

在英国发生工业革命不是偶然的。英国,只有英国,具备了发生工业革命的条件。

1. 社会背景

1588 年,英国击败西班牙无敌舰队,成为海上新兴的霸权国家,开始不断扩张海外殖民地,成为所谓的"日不落帝国"。英国的商品市场遍布欧、亚、美、非各大洲,积累了大量财富。

1640 年,英国资产阶级革命爆发,它是第一个具有世界性影响的资产阶级革命。1688年建立了君主立宪制的资产阶级政权,废除了封建制度。资本主义的原始积累,海外商业的长期成功,提供了发展大工业所必需的资本。小农经济的消除,为资本主义大工业的发展提供了充分的劳动力和国内市场。

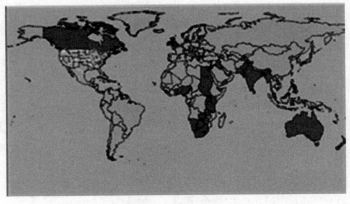

图 4-1　图中深色的部分为当时"日不落帝国"的版图

2. 生产背景

工场手工业的长期发展,为大机器生产的出现准备了初步的技术条件。生产中的两大具体问题成为爆发工业革命的直接原因。

1) 英国棉纺织业发展的瓶颈

这场工业革命首先从英国的棉纺织业开始。棉纺织品价格便宜,市场需求量大。17—18 世纪英国的棉纺织业技术落后、效率极低,不能满足市场对棉纺织品的巨大需求。18 世纪 30 年代飞梭的发明极大地提高了织布机的效率,而纺纱的效率低下这一矛盾变得尖锐起来。

2) 采矿业呼唤新的动力

采矿业的矿井下排水问题是 17 世纪末以来研制蒸汽机的背后推动力。但当时纽可门等人发明的蒸汽机缺点很多。

3. 科学背景

从 17 世纪的中后期开始,英国成为欧洲科技领先的国家。经典力学不仅影响到科学的发展,也为技术革命的发生和发展提供了理论指导。1653 年,著名的马拉半球的实验证明了真空的存在和大气压力的巨大力量。1660 年,英国科学家波意耳(R. Boyle)指出:"当气体在一个密闭的容器中被加热时,它的压力会升高,如果紧接着把这些气体释放出来,它可以驱动一台机器。"这些,都是蒸汽机诞生的科学背景。

在英国工业革命时期,高等工程教育尚未建立。但是,有了科学革命后的普及教育,技师和工匠的素质已不是中世纪工场手工业时期可比。

4.1.2　第一次工业革命概述

1751 年,英国皇家学会提出悬赏,征集对纺纱机械的改进。13 年后的 1764 年,织工哈格里夫斯(J. Hargreaves)发明了珍妮纺纱机,使纺纱生产率提高了数十倍。

纺织业树立了榜样,在冶金、采煤等其他工业部门,也出现了发明和使用机器的高潮。因此,一般将珍妮纺织机的发明作为英国工业革命开始的标志。

在机器使用越来越多的情况下,动力成为制约机器生产进一步发展的严重问题。这导致了蒸汽机的改进和发明。

蒸汽动力,取代了人力、水力和畜力;生产能力大和产品质量高的机器,取代了手工工具和简陋机械;大型的集中的工厂生产系统,取代了分散的手工业作坊。动力、机器、工厂,这三个关键词就是第一次工业革命中最主要的三项变革。

这场社会生产的大变革包括三重内容:蒸汽动力技术革命、广泛使用机器的工业革命和从农业社会进入工业社会的产业革命。

第一次工业革命发端于英国,而后波及到法、美、德等国,从 18 世纪 60 年代开始延续到 19 世纪 20—40 年代。本章的叙述下延至 19 世纪 60 年代第二次工业革命开始之前。

4.2　蒸汽机的发明和交通运输革命

4.2.1　瓦特改进和发明蒸汽机

蒸汽机的发明是一个漫长的过程。在第 3 章中介绍了瓦特之前蒸汽机的发展。

纽可门蒸汽机耗煤量大、效率低，而且只能输出往复直线运动。瓦特的工作主要是在纽可门蒸汽机的基础上进行了一系列的改进。

瓦特(J. Watt,图 4-2)出生在苏格兰,他的父亲是木工和造船工。瓦特少年时当过学徒,自幼爱好技术和几何学,后来在格拉斯哥大学的实验室中工作,接触了纽可门蒸汽机。自 1759 年开始,瓦特开展了一系列改进蒸汽机的试验。

(a)　　　　　　　　　　　　(b)

图 4-2　瓦特和他的蒸汽机

(a) 瓦特；(b) 瓦特的蒸汽机

瓦特对纽可门蒸汽机的改进主要包括如下几项内容:

(1) 采用单独的冷凝器,提高了蒸汽机的效率。

(2) 只能输出往复直线运动是纽可门机的根本局限,瓦特研制出了能输出旋转运动、动力较大的蒸汽机。

(3) 采用了双向作用的汽缸,使效率进一步提高。

(4) 蒸汽给予活塞的推力是周期性变化的,输出的转动就会存在"速度波动",为了使旋转输出比较稳定,瓦特在蒸汽机上增加了飞轮。

(5) 烧煤多少不同,进入蒸汽机的蒸汽量就不同,机器的速度就不同,这样的蒸汽机是难以实际应用的。瓦特在蒸汽机上安装了离心调速器,这样才能自由、稳定地控制蒸汽机的速度,它才可能应用于火车和轮船。

飞轮和离心调速器现在仍然是任何一本《机械原理》教材中都必有的重要内容。

从 1759 年到 1790 年,历时 30 年,瓦特获得了一系列专利,终于完成了蒸汽机发明的全过程。从整体来说,瓦特对纽可门蒸汽机做了全面的改进,但从上述几个方面来说,他的每一个贡献都是一个发明。

瓦特是一个优秀的、有典型意义的创新型人才,他的成才和成功都给人以启迪。

(1) 他在童年时期就形成了强烈的好奇心和求知欲。

(2) 他虽然没有受过系统的正规教育,但不断孜孜不倦地自学。为收集蒸汽机的资料,他学习了意大利文和德文。

(3) 他选择蒸汽机作为研究对象,抓住了时代最紧迫的需要。

(4) 他接触社会,从多方面获取新知。在大学里,他结识教授们,从他们那里学到了很多理论知识。他还参加学术组织,从那里得到了启发。

(5) 寻求帮助与合作。当瓦特试图将其发明商业化时,遇到了极大的财务困难,直到在1775 年遇到了企业家博尔顿(M. Boulton)作为他的终生合作者。通过博尔顿,瓦特找到了一些最好的制造技师,蒸汽机的汽缸镗孔这样一个关键性难题就是在他人的帮助下解决的。

(6) 意志坚定。在 30 年的漫长岁月中,他多次受挫、屡遭失败,但仍坚持不懈、百折不回,终于完成了对纽可门蒸汽机的数次革新。

4.2.2　蒸汽机发明的划时代意义

瓦特改进、发明蒸汽机是对近代技术和生产的划时代的巨大贡献。在瓦特之前,整个生产都依靠人力、畜力和水力。蒸汽机提供了空前巨大的动力。人类进入了崭新的蒸汽时代。它导致了第一次工业革命的蓬勃发展,极大地提升了社会生产力。

蒸汽机的推广使用,极大地增加了对煤炭的需求,促进了煤产量的迅速增长。炼铁高炉的鼓风机有了新的动力,高炉的容量加大,冶炼温度也提高。铁的质量提高,产量也成倍地增长。蒸汽机还解决了矿山排水问题。

有了蒸汽作为动力,极大地鼓舞了各行各业使用机器的热情。不仅传统的工程机械、拖拉机重新用蒸汽机武装,而且世界进入了一个大量发明新机器的时代。

蒸汽机的出现,促进了蒸汽机车和蒸汽轮船的发明,引发了交通运输的革命。这不仅具有巨大的经济意义,也推动了社会的进步和国际交往,世界开始走向全球化。

在蒸汽机出现之前的欧洲就已经有了"铁路",用马拉着车在铁路上奔跑。瓦特成功以后,人们就开始研究用蒸汽机作为牵引动力。1804 年,英国工程师特列维茨克(R. Trevithick,图 4-3)设计的世界上第一台铁路蒸汽机车试运行,该机车负荷只有 15t,速度仅为 8km/h。特列维茨克的成果在当时未被承认,后死于贫病交加。

1814 年,史蒂文森(G. Stephenson)设计了他的第一台蒸汽机车(图 4-4),并试运行成功。1825 年,英国建成了 13km 长的世界上第一条铁路,并开始定时的客货商业运行,史蒂文森的火车头拖着 6 节装煤的货车和 21 节客车车厢,以 15km/h 的平

图 4-3　特列维茨克

均车速前进。此举开拓了陆地交通运输的新纪元,人类交通进入了"铁路时代"。英国迅速掀起一股兴建铁路的狂热。1840年以后,欧洲大陆和美国也相继开始铁路建设。

图 4-4 史蒂文森和他的蒸汽机车

铁路的诞生,引发了一场世界性的交通运输革命。1840年世界铁路营运里程只有0.8万km,到1870年即达到21万km,1913年又达到110万km,欧美各主要工业发达国家先后建成各自的铁路网。1869年,由数万华人参加修建的横贯美国东西的铁路建成,它推进了美国的统一,而且对实现西部大开发发挥了不可替代的作用。

1807年,美国人富尔顿(R. Fulton,图4-5)发明了蒸汽船。他使用从英国进口的蒸汽机,驱动客轮在哈得逊河上航行,揭开了蒸汽轮船时代的序幕。几年后,英国也造出了汽船。

马克思曾经称赞铁路是资本主义的"实业之冠"。工业革命建立了机器大工业,建立起资本主义的物质技术基础。交通运输革命则从根本上改变了地球上各地区彼此隔绝的状态,它迅速地扩大了人类的活动范围,加强了各地之间的交往,并且改变了整个世界的产业链。远洋货轮把英国的消费商品运销到世界每个角落,又运回所需要的各种工业原料,为世界市场的形成提供了条件。

图 4-5 富尔顿

4.3 第一次工业革命中的机械发明

珍妮纺织机树立了使用机器极大地提高工效的榜样,蒸汽机的发明又提供了强大的动力,这极大地推动了机器的普遍使用和新机器的发明。表4-1给出了在第一次工业革命推动下机器发明的实例(机床的发明未列入此表中,见4.4节)。可以看出,新机器的发明主要集中在英国,英国成为世界上第一个"世界工厂"。

美国也开始了工业化。1789年的法国大革命和随后拿破仑席卷欧洲的战争,使英国和法国都中断了和美国的贸易。这样,美国人需要的一切物品就都得自己解决,这激起了美国制造业的发展,也掀起了美国的机器发明热潮。

表 4-1 第一次工业革命期间的机械发明

类别	年代	国家	发明内容	类别	年代	国家	发明内容
交通工具	1804	英国	特列维茨克的蒸汽机车	纺织、缝纫机械	1764	英国	珍妮纺纱机
	1807	美国	蒸汽船		1769	英国	水力纺纱机
	1814	英国	史蒂文森的蒸汽机车		1785	英国	动力织布机
建筑、矿山机械	19世纪初	英国	蒸汽压路机		1790	英国	缝纫机
	1805	英国	蒸汽起重机		1801	法国	自动编织机
	1806		辊式破碎机		1830	法国	改进缝纫机
	1825	英国	盾构机		1846	美国	实用的缝纫机
	1835	美国	蒸汽挖掘机		1859	美国	脚踏缝纫机
	19世纪前期		桥式起重机	信息机械	1822	英国	机械式计算机
	1858	美国	颚式破碎机		1839	法国	照相术与照相机
热力机械	1816	英国	外燃机	农业机械	1784	英国	谷物脱粒机
	1834	美国	制冷机		1793	美国	轧棉机
					1833	美国	收割机
					1850	欧美	蒸汽拖拉机
				其他	1775	美国	潜水艇
					1783	法国	载人热气球
					1860	美国	蒸汽潜水艇

4.3.1 蒸汽动力的广泛应用

瓦特对蒸汽机完整的改进和发明过程还没有完结,蒸汽机就已经开始应用于各类机械。18 世纪末叶的英国,使用蒸汽动力的第一批棉纺厂建立;以蒸汽为动力的轧钢机诞生。

起重机、压路机、挖掘机和拖拉机这样一些原有的机器也都采用了蒸汽作为动力。在 19 世纪的大部分年代里,蒸汽机成为占统治地位的原动机,一直持续到普遍使用三相交流电的时代,它才逐渐被电动机所代替。

蒸汽机的缺点之一是难以小型化,因此,第一次工业革命时期的生产车间里都安装着"天轴"。它由蒸汽机带动,并通过许多平皮带传动将运动和能量分配给各个生产机械(图 4-6)。

图 4-6 英国工业革命时期的纺织工厂

4.3.2　纺织和缝纫机械

纺织工业是当时英国第一重要的工业部门。继哈格里夫斯在 1764 年发明珍妮纺纱机后,英国人又陆续发明了水力驱动和蒸汽驱动的纺机。纺纱生产率上去了,织布又显得落后了。纺纱机械和织布机械的改进交相推进。纺织工业走出了手工业作坊,形成了机械化大生产。19 世纪上半叶,在 30 年间英国的织机数目增长了 100 倍;1851 年,英国的纱锭数占到全世界的一半,英国的棉纺织业长久地称霸于世界。

棉纺工业的飞速发展也触动了毛和麻的制造业。织袜机、梳理机、切布机等机器在 18世纪的最后 40 年间次第出现。

1830 年,法国人提门尼埃(B. Thimonnier)发明了机针带钩子的链式线迹缝纫机,缝制速度比手缝快 10 倍以上。这引起了缝纫店工人的恐慌,先后制造的两台缝纫机都被工人烧毁了。提门尼埃在贫穷中默默死去。后来还有多人发明过缝纫机,甚至获得过专利,但是都没有走向实用。1846 年,美国人伊利亚斯·豪(E. Howe)发明了具有实用价值的缝纫机(图 4-7)。1851 年,星格尔(I. Singer)对其加以改进,并成立了星格尔缝纫机公司。1889 年,缝纫机使用电动机驱动。

图 4-7　伊利亚斯·豪的缝纫机

1801 年,法国纺织工雅卡尔(J. Jacquard)展示了一种程序控制的自动编织机。这种编织机由一系列穿孔卡片来控制,可用来制造带有复杂花样的纺织品。这种穿孔卡片系统可安装在任何一台织机上。尽管他受到了一些织工的武力威胁,但还是在 1810 年将自动编织机投放到市场,很快就成为畅销品。从此,丝绸不再是少数人享用的奢侈品。

这种织布机不仅在早期的程序控制织机的发展中占有重要的位置,同时它也启发了其他的程控机器(如计算机)的发明。

4.3.3　工程机械与矿山机械

1835 年,美国人设计和制造了第一台蒸汽机驱动、铁木混合结构、半回转、轨行式的单斗挖掘机(图 4-8)。挖掘机在 1881 年开始的巴拿马运河开凿工程中大显威力,后广泛应用于矿山、土建等领域。

图 4-8　蒸汽驱动的挖掘机

1825 年,在挖掘穿越伦敦泰晤士河的隧道时,英国工程师布鲁内尔(M. Brunel)发明了盾构机。严格地说,他所发明的只是盾构机的概念,而不是一个完整的机械结构。第一台实用的盾构机是在 1846 年为开凿法意之间穿越阿尔卑斯山的隧道时制造出来的。

蒸汽机的成功极大地增加了对煤和铁的需求。1806 年,发明了蒸汽机驱动的辊式破碎机,主要用来破碎煤和焦炭。

从古代到近代,起重机不断改进,但只有在强大的新动力出现后才出现了近代的起重机。1805 年,为建造伦敦船坞而制造出了第一批蒸汽驱动的起重机。到 19 世纪前期,随着近代工厂的大量出现,又开发出桥式起重机。

早在古罗马时代,就已经有原始的升降机。19 世纪上半叶,欧洲很多工厂都安装了用水力驱动的升降机,但速度太慢。1852 年,美国企业家和发明家艾利沙·奥蒂斯(E. Otis)为了解决使用缆绳的升降机的安全问题,在升降机两侧的导轨上安装了棘轮齿,又将可与此棘轮齿啮合的闸钩装在升降机上。平时有绳索拉着,闸钩和棘轮齿不啮合,升降机能平滑地上下移动;一旦缆绳折断,闸钩即咬住棘轮齿,制止升降机坠落。奥蒂斯在纽约的展览会上公开表演,它的安全性获得了公众的认可。他建立了著名的奥蒂斯公司。早期,奥蒂斯的升降机使用蒸汽作为动力。

在第一次工业革命中,采煤开始从手工生产向机械化生产过渡。以蒸汽为动力的提升绞车、水泵、扇风机,取代了辘轳提升、水斗戽水和自然通风。采煤机、风动凿岩机陆续发明。

4.3.4 农业机械

在世界农业走向机械化的历程中,从第一次工业革命开始到 19 世纪末是初创阶段。谷物脱粒机、收割机、轧棉机和用蒸汽机驱动的拖拉机都是这一时期的发明。

美国的农场主们每年都为收割工作所困扰。当时一个农民每天最多只能收割半英亩小麦。美国和欧洲不同,地广人稀,人工成本太高。1833 年美国人胡塞(O. Hussey)发明了收割机(图 4-9)。1834 年另一个美国人麦考密克(C. McCormick)也独立地发明了收割机。麦考密克的机器第一次试验的收割速度就比人工快了 3 倍。收割的机械化实现了,但使用的还是畜力。

图 4-9 胡塞的收割机

自 19 世纪中至 20 世纪末,美国的农业为美国人民以及全球五分之一的人提供了充足的食物和纤维,1000 多万美国农场工人完成了这项使美国向现代化迈进成为可能的工作。若没有收割机的发明,所需要的农场工人的数目可能是 9000 万人。

英国对原棉的需求量迅速增长。美国南方是向英国供应原棉的重要基地,采摘下来的棉花要用手工将棉絮和掺杂其中的棉籽分开,这是一件工作效率极低的工作。美国发明家惠特尼(E. Whitney)在 1793 年发明了用手工操作的脱籽机,称为轧棉机。由于他的发明,美国南方的棉花产量迅速从 1791 年的 19 万包增加到 1803 年的 4100 万包! 轧棉机的发明是第一次工业革命中的重要发明之一。

4.3.5　流体机械

流体机械最重要的基础元件之一是泵。泵是很古老的机械,至迟在文艺复兴时期的文献中就已有记载。17 世纪就发明了活塞泵和柱塞泵(图 4-10)。

法国物理学家、蒸汽机研制的先驱巴本(D. Papin)在 1689 年最早提出了离心泵的雏形,并在 1705 年制造了出来。巴本泵的叶片是直线形的。1750 年,欧拉(L. Euler)对离心泵的液体流动进行了理论分析,为离心泵的发展奠定了理论基础。1818 年,美国开始批量生产离心泵。1851 年,英国使用了曲线形的叶片(图 4-11)。主要是针对锅炉给水的需要,1905 年开始批量生产多级串联高压离心泵。

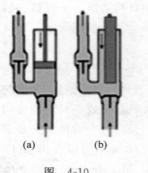

图　4-10
(a) 活塞泵;(b) 柱塞泵

图 4-11　离心泵

在数千年前,人类就使用了压缩空气为冶炼和锻造鼓风。后来冶金的鼓风机使用了水力作为动力。1650 年,德国出现了单活塞的空气泵。机械式压缩机诞生在工业革命中,用蒸汽机来带动。

18 世纪末,人们发现压缩空气也可以作为一种驱动能源。对操作者来说,压缩空气比热蒸汽更安全,因此,压缩空气取代蒸汽成为早期风动凿岩工具的安全动力源。

4.3.6　武器

19 世纪中叶以后,各国大力发展蒸汽机战舰。后来又采用铁代替木材制造军舰,出现了螺旋桨和旋转炮塔。

如果不查一查科技史的资料,很难想象,潜水艇居然是那么早的发明! 1775 年,美国在独立战争期间建造了第一艘军用潜水艇"乌龟号"(图 4-12)。它内部仅能容纳 1 人,用手操纵,用螺旋桨推进,通过脚踏阀门向水舱注水,可潜至水下 6m,能在水下停留约 30min。艇上装有两个手摇曲柄螺旋桨,分别使艇前进和升降。艇内有手操纵的压力水泵,来排出水舱内的水,使艇上浮。人们认识到,潜艇具有私密性和安全性,可用来攻击水面船只,并悄无声息地运送补给品,从而在军事上具有优势。

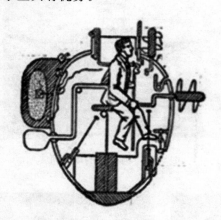

图 4-12 "乌龟号"潜水艇

1831 年,美国人柯尔特(S. Colt)发明快装来复枪。来复枪枪管内的膛线能给子弹一股旋转的力量,因此与滑膛枪相比,它的精确度较高,射程较远。

1847 年,德国克虏伯(Krupp)公司开始生产钢炮。在 1851 年的伦敦世界博览会上,克虏伯公司展示了一个铸钢炮筒,其口径之大前所未有,引起轰动。19 世纪中叶,克虏伯大炮帮助德国战胜了法国和奥地利。克虏伯家族后来成为德意志军国主义的柱石。

4.3.7 信息机械

"信息",作为一个特定含义的技术术语是在"二战"以后才广泛使用的。"信息机械"这个术语出现得就更晚些,它是照相机、打字机、复印机等一大类机械的总称。这类机械做的机械功很小,主要用来处理信息。信息机械虽然是一个新词汇,但一些信息机械早在两次工业革命期间就已经出现。

1839 年,法国人达盖尔(L. Daguerre)获得照相术的专利。照相术的发明不是一个机械问题,有了照相术,自然就有了照相机。在那个时代,照相机是一种精密机器。

18 世纪末的法国大革命带来了全欧洲的启蒙时期,不少国家实现了普遍的义务教育制。人民对书籍、报章的需求增加。印刷术自 15 世纪谷腾堡的发明以后(见 3.2 节),350 年间没有多大的进步。1814 年,德国人柯尼希(F. Koenig)发明了蒸汽驱动的平台圆压印刷机(图 4-13),它使大部分印刷作业机械化,只有递纸、收纸还需手工完成,它的生产率比以往的印刷机高出 4 倍以上,达到 1100 张/h。

18 世纪末,法国数学界调集大批人力编制《数学用表》,但手算存在大量错误。英国数学家和发明家巴贝奇(C. Babbage,图 4-14)立志用机械来计算数学表。历经 10 年,第一台机械式计算机——差分机在 1822 年制成,其运算精度达到 6 位小数,满足了编制数学用表的要求。

后来,巴贝奇又提出了更大胆的设计——能自动解算有 100 个变量的算题的通用数学计算机"分析机"。分析机的设想超出了他所处的时代 1 个世纪!构思固然巧妙,但当时的制造技术不能给他以加工精度方面的支持(车床、铣床刚刚发明,还没有磨床)。

图 4-13　柯尼希的印刷机

图 4-14　巴贝奇和差分机模型

政府撤出了支持,他受到一些人的嘲笑,耗尽了钱财,分析机没能造出来。

然而,巴贝奇构思了机械式的"存贮库"、"运算室",分析机的思想闪烁着天才的光芒,现代电脑的结构几乎就是巴贝奇分析机的翻版。巴贝奇悲壮地失败了,但他仍然是英雄。

4.4　近代机械制造业的诞生和早期发展

4.4.1　瓦特时代机械加工的状况

机器在各个生产领域的普遍使用对机械制造提出了强劲的需求。

蒸汽机发明以前,工程结构中使用的主要材料还是木材。车床和其他少数机床已经有了,但其结构是木制的,用来加工木制零件。金属(主要是铜和铁)仅用以制造仪器、锁、钟表、泵和木结构机械上的小型零件。金属加工主要靠工匠的精工细作来达到所需要的精度。

瓦特蒸汽机使用的材料主要是灰铸铁和铜合金,用碳素钢刀具加工。要避免刀具的快速失效,就要使用很低的切削速度。瓦特蒸汽机的缸体镗削加工耗费了 27.5 个工作日。

正是蒸汽机,要求以从未有过的尺寸精度加工大型金属零件,从而导致了金属切削技术的第一次大发展。真正意义上的机械制造业随着蒸汽机的发明而诞生,此前的钟表制造业只能算一个序幕。

4.4.2　机床的改进和发明

1. 机床的近代概念

在古代的埃及和欧洲就已使用了人力驱动的车床,但那时刀具和机床的进步是非常缓慢的,到了中世纪晚期才出现了机床的近代概念,即:①用来制造金属零件;②用机器引导刀具运动。

蒸汽动力的推广,以及随之出现的矿山、冶金、交通领域大型机械的发展,需要的金属零件数量越来越多,尺度越来越大,要求的精度也越来越高。18 世纪,车床才开始由木结构逐渐改为金属结构。

第一次工业革命期间新发明的机床才真正落实机床的近代概念。

2. 镗床

在瓦特蒸汽机的制造、推广过程中,就已经提出了对加工机械的新需求。1774 年,英国人威尔金森(J. Wilkinson)发明了镗床。他用这台镗床加工瓦特的汽缸时,将刀具安装在一根粗轴上,轴的两端被支承,轴贯通汽缸,用水力驱动这根轴旋转,并使汽缸的毛坯移动。用此方法加工直径约 1.27m 的汽缸,尺寸精度达到 1.6mm。保证了汽缸体的加工精度,才使得瓦特蒸汽机的商业化得以成功。

图 4-15　威尔金森的镗床

3. 螺丝车床

在瓦特以前的那个时代,车床是用脚踏板来驱动工件旋转,工人手持刀具加工工件,精度无法保证,特别是在加工金属工件时。

近代车床是从螺丝机发展起来的。1751 年,法国就出现过完全由金属构成的车床。用于螺丝车床的核心部件,如丝杠、溜板、挂轮等,是在许多个世纪中逐步开发出来的。这里,包括了许多中世纪名字已失传的发明家的工作。达·芬奇等人就曾留下螺纹加工机床的图纸,但未见得被付诸实践。但在 16 世纪的法国确实出现过螺丝机。

只是到了 18 世纪下半叶才把丝杠、溜板、挂轮这些零部件攒到一起,成功地创造出两种机床:螺丝切削车床和木螺丝加工机床。前者适于工具车间式的小批量生产,可以加工不同螺距的螺纹;而后者则是专业化的、可大批量生产廉价的金属制木螺丝的专用机床。

1797 年,英国工程师莫兹利(H. Maudslay,图 4-16)创制了用丝杠传动刀架的车床。他设计了刀架来夹持刀具,刀架安装在溜板上,溜板可沿着精确加工过的导轨移动。溜板从主轴经由丝杠来驱动和定位。1800 年又采用了交换挂轮,可改变进给速度和被加工螺纹的螺距。莫兹利的车床当时被称为螺丝车床。丝杠的应用是机床结构的一次重大变革,有了丝杠,才落实了"用机器引导刀具运动"这一机床的近代概念。此后丝杠被应用于多种机床上。

图 4-16　莫兹利和他的车床

莫兹利的螺丝车床已是现代车床的雏形。在 1800—1840 年间,在螺丝切削车床的基础上形成了普通车床,"螺丝车床"一词就不再使用。

从螺丝切削车床开始,诞生了近代的机械车间,诞生了近代的机械制造业。英国成为第一个"世界工厂"。木螺丝加工机床则启动了现代五金工业。后来五金制造商又开发了专用的全自动机床用于螺丝制造。

这两类机床首次将价格昂贵、手工制造、使用不多的各种螺纹制品变成了廉价且经常更换的商品。与车床的发明相伴随,莫兹利还首创了螺纹参数的局部标准化,用现代语言来说,就是建立了螺纹的"企业标准"。19 世纪初,莫兹利和他的学生还创造了千分卡尺,这使得他的企业所加工的圆柱体内外表面的几何精度远高于同类企业。莫兹利因为他的诸多贡献被称为"英国机床工业之父"。

4. 铣床和其他机床

18 世纪末,美国开始了互换性生产。互换性生产既要求保证加工精度,又要求较高的生产率,而与此同时,又需使用大量不具备熟练技术的工人,这就催生了高精度的机床和测量工具。

关于最重要的机床之一铣床的发明,其说不一。一说认为是惠特尼在 1818 年发明的,而更多的意见是:在 1814—1818 年间,不止一个工程师都在开发铣床,而无法指明确定的铣床发明人。这恰恰说明,铣床的发明是当时机械加工要解决的关键而紧迫的问题。

1836 年,英国的内史密斯(J. Nasmyth)制成刨床,它已经具备今天牛头刨床的基本结构。

1845 年,为适应枪支的大批生产,美国人在普通车床尾架处安装了一个夹持刀具的转塔头,发明了转塔车床。这大幅度提高了生产需要多种刀具的螺丝等工件的效率,也降低了对操作者技能的要求。

1861 年,美国工程师布朗(J. Brown)为解决麻花钻头上的沟槽加工问题,设计了万能铣床,一上市即大获成功。万能铣床的发明是继莫兹利发明螺丝车床后机床方面的又一重要发明。

蒸汽机和更多机器的出现,需要大尺度的锻件。1795 年,英国工程师布瑞玛(J. Bramah)发明了水压机,这是现代流体传动应用于工业的开端。到 1826 年,水压机已被广泛采用。

1839 年,内史密斯发明了蒸汽锤。

19 世纪中叶,车、刨、铣、钻等通用机床已大体齐备。表 4-2 给出了第一次工业革命期间机床和压力加工机械的发明。应该说明的是:很多机床的发明历史都是一个很长的过程,一般都先后有数人作出贡献,常常是经过不断的改进而最后才成为可以真正使用的机床。

1770 年,瓦特发明了螺旋测微器,精度达到 0.014mm。

表 4-2　第一次工业革命期间机床和压力加工机械的发明

年代	国家	发明内容	年代	国家	发明内容
1774	英国	镗床	1840	英国	蒸汽锤
1795		水压机	1841		钻床
1797		金属车床	1845	美国	转塔车床
1817		龙门刨床	1846	德国	万能式轧机
1818	美国	卧式铣床	1847	法国	摇臂钻床
1822		螺旋钻	1855	美国	万能分度头
1825	英国	插床	1861		万能铣床
1836		牛头刨床			

4.4.3　互换性生产的出现

互换性的应用最早可追溯到中国战国时代大量生产的青铜十字弓,而弓的触发器机构的零件是具有互换性的。1104 年,意大利的威尼斯共和国就建立了兵工厂,用制造好的零件在装配线上以每天一艘的速度装配船只。

美国早期的特殊历史:拓荒北美、独立战争、开发西部,造成了美国人对枪支的大量需求。近代的互换性生产即始于 18 世纪末美国的枪支制造。此前,枪支的一个零件损坏,或者需要技术熟练的工人花很长时间修配,或者导致枪支整个被抛弃。

曾经发明了轧棉机的惠特尼已成为美国的名人。他的运货船沉没,工厂发生火灾,在面临破产之际,正是美国同法国作

图 4-17　惠特尼

战的 1798 年,惠特尼接过了军方生产 15000 支步枪的合同。

惠特尼早在制造轧棉机的过程中,就已经开始酝酿互换性的思想。为了制造这批枪支,他设计制作了大量单能机床,发明了快速检验的样规代替卡尺检验,大量使用夹具,采用了新的生产组织方式,开始了互换性生产。1801 年,他将生产的 10 支步枪的零件拿到美国国会去表演,工人可以随便地用这些零件组装起步枪,这使在场的人们大吃一惊。

机床的发展和互换性生产的发展是互相促进的。到 19 世纪中叶,通用机床大体齐备,生产互换性零件的目标才最终得以实现。随着缝纫机和自行车等新的机械产品大批量生产的需要,互换性生产又迅速扩大到一般机械制造业。

互换性生产提高到一个新的水平应归功于柯尔特。在 1849—1854 年间,他组织了左轮手枪的互换性生产。在此之前,复杂零件的大批量生产进展不大。他要在各个零件的各个工序中都采用互换性生产的原则,设计了许多半自动机床,制造了大量量规,更多地使用了专用夹具和定位装置,获得了极大的成功。

由惠特尼开创、由柯尔特发展的互换性生产后来通过 1851 年的伦敦世界博览会传遍欧洲,被称为"美国制造系统"。机床制造业的中心悄悄地从英国转到美国。

4.4.4　标准化的开端

正是适应互换性生产的发展,标准化变得极其重要。在 19 世纪初以前,螺栓和螺母都是成对地使用的,甚至同一台机床制造的螺栓也不能互换。1841 年,英国技师惠特沃斯(J. Whitworth)建议全部的机床生产者都采用统一尺寸的标准螺纹。后来,英国工业标准协会接受了这一建议,以他的工作为基础制定了第一个螺纹标准。这也是机械制造业领域的第一个标准。该标准中的螺纹顶角为 55°,它就是英制螺纹标准的基础。

1864 年,美国提出了顶角为 60° 的螺纹标准,它成为后来通行的公制螺纹标准。

4.5　永动机问题的理论解决

论述物理学和机械学的历史,"永动机"是一个不应回避的问题。正是在两次工业革命交接之际的 19 世纪中叶,这一问题从理论上获得了最终的解决:永动机是不可能实现的。

永动机是一个古老的课题。据说,它的概念发端于印度,在 12 世纪时传入欧洲。在历史上,永动机研究曾经风靡一时,有成千上万的人卷入其中。自英国专利局在 1635 年颁发了第一个永动机专利后,到 1903 年的近 300 年间,共收到过约 600 项的永动机专利申请。

在永动机研究者的行列中,虽然有蛊惑人心的骗子,但也不乏赤诚的大科学家。达·芬奇曾经画出过不少永动机设计的草图,并亲手制作。能量守恒定律的发现者之一英国物理学家焦耳(J. Joule)也曾经是一位永动机的痴迷者。波意耳也提出过永动机的方案,巴本还在杂志上著文参与讨论。他们通过实践都得出了正确的认识。

焦耳吸取了教训,现身说法,告诫人们:"不要永动机,要科学!"他在 1845 年用实验测定了热功当量。在此基础上,德国物理学家赫姆霍兹(H. Helmholtz)在 1847 年提出了对能量守恒定律(即热力学第一定律)的完整表述。

对热力学作出贡献的一位重要人物是法国物理学家卡诺（N. Carnot），他在 1824 年就提出了热机效率的卡诺定理。在此基础上，1850 年，克劳修斯（R. Clausius）确立了热力学第二定律。

承认能量守恒，承认任何机器在运行过程中都不可避免地存在着能量的耗散，就等于说机器不可能永动！热力学基本定律的发现对永动机的不可能实现作出了理论上的宣判，数百年寻求永动机的热潮也随之降温。一些国家对永动机研究不再支持。认识最早的是法国：早在 1775 年，法国科学院就决定，不再刊登有关永动机的通讯。1917 年，美国也宣布不再受理永动机专利的申请。

中国物理学家冯端说："如果要对能量守恒定律的发现论功行赏的话，除了要为那些人所共知的有杰出贡献的科学家树碑立传外，还要建立一座无名英雄纪念碑，其上最合适的铭文将是'纪念为实现永动机奋斗而失败的人们'。虽然他们的奋斗目标是荒谬的，但如果没有他们的彻底失败，就不能建立能量守恒定律。这样他们饱受冷嘲热讽的无效劳动才得到些许报偿。"

今天，有着基本的科学知识的人都已经知道，永动机是不可能实现的。但是，对永动机的"研究"仍没有绝迹。一些明显违背科学知识的宣扬之所以还有市场，就因为科学和教育还需要进一步的普及。

第 5 章

第二次工业革命

资产阶级在它不到一百年的阶级统治中所创造的生产力，
比过去一切世代所创造的全部生产力还要多，还要大。

——马克思，恩格斯

19 世纪下半叶，世界进入了一个前所未有的大变革时代。电力、钢铁、内燃机、汽车和飞机极大地改变了工业的结构，也极大地提升了人类的生活水平。第二次工业革命从 19 世纪 60—70 年代开始，在 19 世纪末 20 世纪初基本完成。本章所叙述内容的时间段下延到第二次世界大战以前。

5.1   第二次工业革命发展概况

5.1.1   第二次工业革命的历史背景

1. 社会背景

19 世纪 50 年代至 70 年代初，欧美主要国家的民族民主运动完成（如美国内战废除了奴隶制，俄罗斯废除了农奴制，德国、意大利实现了统一），封建制度被全面摧毁，资本主义生产方式最终确立，这为第二次工业革命的顺利开展提供了政治前提。

特别是德国，它从 19 世纪初叶便开始了改革和走向统一的过程，经济、科技、教育全面快速发展。自 19 世纪 30 年代起开始工业革命，后来成为第二次工业革命的急先锋。

2. 科学背景

1831 年，英国科学家法拉第（M. Faraday，图 5-1）发现电磁感应原理，这为电动机和发电机的发明奠定了理论和实验基础。1824 年，法国物理学家卡诺（N. Carnot，图 5-2）在总结蒸汽机发明的基础上给出了热机的理论计算，即著名的"卡诺循环"，奠定了热机发展的理论基础。没有这些科学进展，就不会有电机和内燃机的发明。

19 世纪 60 年代，麦克斯韦（J. Maxwell，图 5-3）提出了完整的电磁场理论。麦克斯韦和法拉第为人类进入电气时代奠定了理论基础。

3. 生产背景

第一次工业革命后，蒸汽动力使社会生产力获得极大的发展。在工业进入大规模机械化的时代,它的缺点也变得越来越突出:蒸汽机不便于小型化;天轴这类传动装置降低了机械效率,而且传动的距离也有限;使用机械传动的方式传递能量不能实现流水作业。工业的发展需要寻找更理想的动力,这成为第二次工业革命的突破口。

图 5-1　法拉第　　　　　　图 5-2　卡诺　　　　　　图 5-3　麦克斯韦

19 世纪中叶,发电机和电动机发明,世界进入了电气时代;内燃机、汽车和飞机的发明,开启了新的交通运输革命;炼钢技术的提高,使世界进入了钢铁时代。这些构成了第二次技术革命的主要内容。相应地,电力工业、石油工业、汽车工业、化工工业大发展,改变了第一次工业革命形成的工业结构。

5.1.2　电气时代

第二次工业革命以电力的广泛应用为首要标志。

1. 电机的发明

以法拉第发现电磁感应原理为基础,19 世纪中叶,在多个国家都有人对发电机进行研究和试制,影响最大的是德国人维纳·西门子(W. Siemens,图 5-4),他于 1866 年制成了自激式直流发电机。

美国发明家爱迪生(T. Edison,图 5-5)于 1882 年制造了当时世界上容量最大的发电机,并在纽约建立了第一个直流电的发电站和第一个民用照明系统。

图 5-4　维纳·西门子　　　　　图 5-5　爱迪生

虽然从 19 世纪 30 年代起就有多人试制过电动机,但都没有达到实用阶段。在 1873 年的维也纳世界博览会上,比利时工程师格拉姆(Z. Gramme)展示了他的直流发电机。由于操作者的失误,将两台发电机连接起来,这时,一台发电机发出的电流流进了第二台发电机的电枢线圈,第二台发电机令人吃惊地转动起来。人们突然弄清:原来发电机就这样地变成了电动机! 格拉姆是第一个制造出商业化的、实用的电动机的人。

2. 电气时代

西门子发明发电机是进入电气时代的标志,也是第二次工业革命开始的标志。

电力开始用于带动机器,成为补充和取代蒸汽的新动力。与蒸汽相比,电力的传递速度快,传输损失小,能远距离传送,并能方便地按用户的需要来分配能量,是一种优良而价廉的新动力。它的广泛应用,使人类从"蒸汽时代"跨入了"电气时代"。19 世纪下半叶,电灯、电车、电钻、电焊等许多电气产品和技术如雨后春笋般地涌现出来。爱迪生是一个多产的伟大发明家,他一生拥有千余项发明专利。

电动机出现后,大约从 19 世纪末开始的 20 年间,工厂的面貌有了很大的变化:车间中的天轴被淘汰,每一台机器都安装了独立的电动机。

随着对电能需求的显著增加和用电区域的扩大,直流电机显示出成本昂贵、事故率高等缺点。19 世纪末叶,发明了交流电和交流电机。三相交流电机,至今仍然是应用最多的电机型式。此后,较为经济、可靠的三相交流电得以推广。世纪之交,电动机才大规模地取代了蒸汽机,电力工业的发展进入了新的阶段。

为了提供充足的电力给各行各业,电站发展起来。火力发电的发展使汽轮机发展起来,水力发电的发展使水轮机发展起来,形成了动力机械的新格局。

5.1.3　钢铁时代

19 世纪上半叶,由于建筑和铁路的需要,铁的产量提高极快,但钢产量却裹足不前。英国 1850 年的钢产量不过 6 万 t。由于冶炼工艺的限制,钢的质量也不高,价格昂贵,其用途仅局限于制造工具和仪表。

1856 年,英国工程师贝塞麦(H. Bessemer)发明了转炉炼钢法(图 5-6),一方面提高了钢的质量,另一方面可以实现钢的大规模生产。1850 年,德国人卡尔·西门子(C. Siemens)开发出回热炉;1865 年,法国工程师马丁(P.-É. Martin)将其用于炼钢,这就是著名的平炉炼钢法。由于其成本低,炉的容量大(图 5-7 中的平炉宽度近 11m),钢水质量优良,同时对原料的适应性强,平炉炼钢法一时成为主要的炼钢法。1878 年,卡尔·西门子又获得了电弧炉的专利,解决了充分利用废钢炼钢的问题。

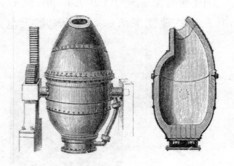

图 5-6　贝塞麦转炉示意图

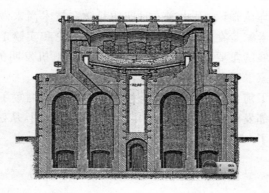

图 5-7　西门子-马丁的平炉

炼钢是一个氧化熔炼过程。当时的转炉使用空气吹入,利用空气中的氧气进行熔炼,而氮气则白白地带走了大量热量。19 世纪末到 20 世纪初,制氧工艺开发成功,人们开始试验用氧气炼钢。"二战"以后,氧气顶吹转炉炼钢成功并获得推广,替代了平炉炼钢。

由于炼钢技术的这些进步,钢的产量急剧增长,质量大幅度提高。钢有更好的韧性和强度,使用寿命长,逐渐代替熟铁,成为机械、铁路、建筑等领域的新材料。钢铁工业的发展如日中天,促使重工业在工业中的比重直线上升,史称"钢铁时代"。一直到现在,尽管各种新材料不断问世,钢铁仍然是制造机械的最主要的材料。

5.1.4　第二次工业革命期间机械发展概况

第二次工业革命期间,电动机和内燃机取代了蒸汽机,成为驱动机器的主要原动机类型。

进入电气时代,汽轮机和水轮机随着电力工业的发展而发展起来。

紧跟着内燃机的发明,出现了汽车和飞机。汽车工业和航空工业的发展对机械设计技术和机械制造技术的发展起着多方面的促进作用。

出现了更多的新机器发明,机器应用于国民经济的绝大多数部门,并开始进入人们的日常生活。

机械日益呈现出高速化、大功率化、精密化和轻量化的发展趋势。

各种机械传动、液压传动取得很大的进步。机械设计进入半理论、半经验设计的阶段。

磨床、齿轮加工机床等各种精密机床走向齐备。大批量生产模式出现。现代管理制度首先在机械企业中建立。

5.1.5　第二次工业革命的特点

第二次工业革命同第一次工业革命相比,又具有一些新的特点。

1. 科学走在前面

第一次工业革命时期,许多发明都来源于瓦特这样的工匠的实践经验,这些能工巧匠并不一定具备深厚的科学理论知识,因此这一时期的科学和技术尚未做到紧密的结合。

而电气时代则是科学家走在了工程师的前面,科学理论和实验走在了技术创新的前面。科学成为推动生产力发展的重要因素。法拉第的发现,是电机发明的理论基础。内燃机的理论基础则是由物理学家卡诺奠定的。

也正因为科学走在了前面,科学转化为直接生产力的时间缩短了。蒸汽机的发明,从最早的试制到瓦特完成全部发明整整用了 100 年。而电机的发明,从法拉第的科学发现到西门子的技术发明仅仅用了 35 年。

2. 全面的工业化

第一次工业革命揭开了资本主义工业化的序幕,其重点是在以纺织工业为代表的轻工业部门中,用机器代替手工生产,实现了手工工场向机械化工厂的过渡。第二次工业革命则将工业化推进到一个新阶段,工业化的重点是重工业,钢铁、煤炭、机械等工业部门获得了巨大的发展,并出现了石油、电气、化工、汽车等新的工业部门。

3. 欧美工业化国家的全面崛起

第一次工业革命首先发生在英国,重要的新发明几乎都出现在英国。第二次工业革命则几乎同时发生在几个资本主义国家,特别是德国和美国在第二次工业革命中崛起。

德国统一后形成了统一的国内市场,根据国情制定了正确的发展战略,重视人才培养,而且以教学和科研并重的洪堡模式发展高等教育,这使得德国的工业化迅猛发展,在很短的时间内便赶上并超过英、法的水平。

独立战争和南北战争打破了约制美国发展的枷锁。美国刚诞生就充满了生机和活力。在第一次世界大战前夕,美国的制造业总产值已经跃居世界首位。

19 世纪下半叶,欧洲的技术和生产方法传播到欧洲以外的国家,首先是 1868 年明治维新以后的日本。

5.2　内燃机的发明和新的交通运输革命

第二次工业革命最重要的主题词和第一次工业革命一样,还是"动力"。蒸汽机的地位下降,取而代之的除了电动机,还有内燃机(internal combustion engine)。没有内燃机的发明,就没有后来以汽车和飞机为代表的新的交通运输革命。

5.2.1　内燃机的发明和进步

在蒸汽机发展的历程中,人们也越来越认识到它的固有缺点:锅炉的体积庞大、笨重,机动性很差;热能要通过蒸汽介质再转化成机械能,效率很低。这些缺点都与燃料在汽缸外部燃烧——"外燃"有关。所以,早就有人开始研究把"外燃"改为"内燃"——把锅炉和汽缸合而为一,让燃气燃烧膨胀的高压气体直接推动活塞做功。

1. 汽油机的发明

1862 年,法国工程师德罗夏(A. de Rochas,图 5-8)给出了四冲程内燃机的原理(图 5-9)。

图 5-8 德罗夏

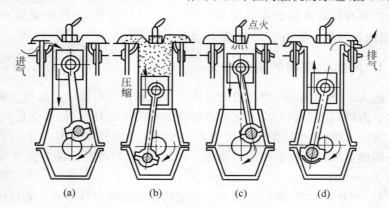

图 5-9 内燃机的四个冲程
(a) 进气;(b) 压缩;(c) 点火;(d) 排气

德国工程师奥托(N. Otto,图 5-10)在报纸上看到德罗夏的建议,立即付诸实践,开始研制。1876 年,他制造出第一台以煤气作为燃料的四冲程内燃机。该机的转速只有 80～150r/min,热效率仅为 12%～14%,质量功率比则高达 272kg/kW。

1885 年,德国工程师戴姆勒(G. Daimler,图 5-11)利用他发明的汽化器形成的汽油雾为燃料,使内燃机转速提高到 800r/min。次年,德国工程师本茨(K. Benz,他的公司名称被汉译为"奔驰",图 5-12)又发明了混合器和电点火装置。他们的发明使奥托的内燃机走向完整。奥托式内燃机便被称为汽油机。

图 5-10 奥托

图 5-11 戴姆勒

图 5-12 本茨

1903 年,飞机发明。适应新的形势与需求,20 世纪初内燃机发展的主题是提高功率和降低质量功率比。这一时期内燃机的转速达到 1500r/min,出现了各种形式的多缸内燃机,使得质量功率比逐步降低到 5.44kg/kW,达到了在飞机上使用的水平。

2. 柴油机的发明

1892 年,德国工程师狄塞尔(R. Diesel)设计了柴油机。柴油机的工作原理与汽油机有些不同。它采用将空气压缩的办法来提高空气温度,使其超过柴油的自燃点,这时再喷入柴油,柴油喷雾和空气混合的同时发生自燃。因此,柴油发动机无需点火系统,可靠性要比汽油机好。柴油机压缩比很高,热效率和经济性都要优于汽油机。但由于工作压力大,要求各零部件具有较高的强度和刚度,所以柴油机比较笨重,另外振动噪声也较大。由于上述特点,柴油发动机一般用于大、中型载重货车。

4. 内燃机发明的重要意义

进入 20 世纪以来,内燃机的应用范围急剧扩大。移动式机械大部分都使用内燃机作为动力。内燃机的发明引发了交通运输领域新的革命性变革,这就是汽车和飞机的发明。

另一方面,内燃机的发明推动了石油开采业的发展和石油化学工业的诞生。石油也像煤一样成为一种极为重要的新能源。1870 年,全世界开采的石油只有 80 万 t,到 1900 年猛增至 2000 万 t。

到 1950 年左右,蒸汽机基本上被电动机和内燃机排挤出工业应用领域。

5.2.2　汽车的发明和早期发展

在内燃机驱动的汽车发明以前,人们曾试图用蒸汽机驱动汽车,但都不成功。

1885 年,德国人本茨研制成功三轮汽车(图 5-13),1886 年初获得专利。在今天看来,本茨的汽车实为一辆三轮摩托车。德国人戴姆勒在 1885 年获得安装汽油机的自行车的专利,在今天看来就是一个二轮摩托车。1886 年,戴姆勒制成世界上第一辆四轮汽车。本茨和戴姆勒被称为"汽车之父",而 1886 年被称为"汽车元年"。

本茨汽车的车速只有 18km/h;而当代超级跑车的速度已达 400km/h,从零速起动加速到 100km/h 只需要 3s。从汽车发明至今的百余年来,世界汽车工业的发展、汽车的普及、汽车技术水平的提高,也都和汽车速度、加速度的增长一样惊人。

到第一次世界大战之前,西方的主要工业国家相继建立起了自己的汽车工业。

美国企业家福特(H. Ford,图 5-14)怀着"制造人人都买得起的汽车"的雄心,在 1914 年建立了世界上第一条汽车流水装配生产线,装配速度提高了 5 倍,汽车成本大大下降,不再仅是贵族和富人的奢侈品,而逐渐成为大众化商品。1924 年,美国每 7 个人就拥有一辆汽车,成为名副其实的汽车王国。

图 5-13　本茨的三轮汽车

图 5-14　福特

本茨和戴姆勒的汽车和当代的汽车相比,无论是结构还是外观,都相差得太远了。操纵早期的汽车,可不是一件省力和愉快的事情:起动发动机要用很大的力气摇手柄;使汽车转弯要用很大的臂力;由于汽车转向不灵敏,险情经常发生;原始的制动系统使得汽车停下来也不容易。

从机械的观点看,汽车不是一个单一的发明,而是许多发明的集合。从"汽车元年"到20 世纪 30 年代,被称为"汽车发明家的时代"。"二战"以前与汽车的行驶、操纵直接相关的部分技术发明与应用详见表 5-1。

在奠定现代汽车的基本结构形式方面,法国作出了较大的贡献。

表 5-1　汽车发明后半个世纪内与汽车的行驶、操纵直接相关的技术发明与应用

年代	国家	内　容
1888	英国	充气轮胎实用化,这对提高汽车的速度和平稳性的意义不言自明
1889	法国	配制成功齿轮变速器和差速器。在转弯时差速器使内外两个后轮具有不同的转速,以避免车轮和路面的滑动摩擦。它是汽车史上的重要发明
1891	法国	奠定了汽车传动的基本结构型式:发动机前置、后轮驱动、专用底盘
1898	法国	雷诺汽车公司首先将万向轴用于汽车传动,此前是用链条带动后轮转动
1900	法国	全金属车身问世(早期汽车是木质结构)
1902	英、法	制动器问世
1902	英国	摩擦式减振器问世
1905	德国	发明涡轮增压器,可提高发动机功率、改善发动机排放、降低油耗
1905	德国	发明液力联轴器
1906	德国	前轮制动器问世
1912	德国	连杆式前轮转向机构问世
1923	加拿大	发明自动变速器
1927	美国	适应汽车速度的提高,在汽车后桥处采用双曲线齿轮,使汽车重心得以降低
1930	德国	液力耦合器用于汽车
1931	德国	采用独立悬架的汽车问世
30 年代	德国	液力变矩器应用于公共汽车。此后,液力传动又在很多车辆上得到应用
1934	美国	采用流线型车身

20 世纪初,内燃机转速达到 $1000 \sim 1200 \mathrm{r/min}$,比 1886 年提高了 1 倍以上。20 年代,又猛增至 $3400 \mathrm{r/min}$。相应地,汽车的车速也从汽车工业的萌芽时期就表现出不断攀升的姿态,到 1920 年车速已超过 $100 \mathrm{km/h}$,比第一辆本茨汽车提高了 5 倍。在表 5-1 的每一项发明中,几乎都可以看到这一时期汽车速度提高的影响。

5.2.3　飞机的发明和早期发展

1. 飞机研究的先驱

翱翔天空是人类自古以来的梦想。在工业革命的时代,人们的飞行热情又被燃起。1783 年,法国实现热气球载人升空,它属于无动力飞行。1894—1900 年,德国设计、制造了装有活塞发动机的飞艇,并实现了载客定期飞行。气球和飞艇都属于比重小于空气的飞行器,这和飞机有本质区别。整个 19 世纪,在英国、德国和法国,有多人进行飞机的理论探讨、

试制和试验。

1886 年后内燃机走向完善,这给了飞机研究一个很大的推动力。

2. 莱特兄弟的核心贡献

1903 年,美国的莱特兄弟(W. Wright 和 R. Wright)制造的飞机试飞成功(图 5-15)。

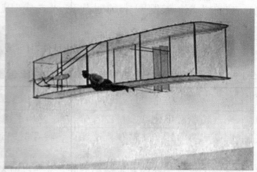

图 5-15　莱特兄弟和他们飞机的试飞

莱特兄弟并不是第一个制造了试验性飞机的人,但却是第一个创造了控制飞行的方法,从而使得固定翼飞机的动力飞行成为可能的人。1896 年德国航空先驱李林塔尔(O. Lilienthal)的遇难对梦想飞行的人是一个打击,但莱特兄弟却认定,人类进行动力飞行的基础实际上已经成熟,李林塔尔的问题在于他还没掌握操纵飞机的诀窍。正是在李林塔尔遇难这一年,莱特兄弟满怀激情地投入了对动力飞行的钻研。

飞机关键的飞行动力学参数是绕通过其质心的三个坐标轴的转角(称为俯仰、侧滚和偏航,图 5-16)。莱特兄弟的主要突破是他们解决了这三个参数的控制,从而驾驶员能有效地使飞机转向,并保持飞机的平衡。三轴控制,成为各种固定翼飞机的设计准则。

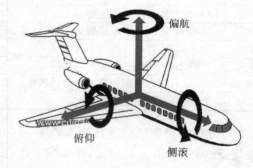

图 5-16　飞机的飞行动力学参数

莱特兄弟原以修理自行车为生,但从小就对机械装配和飞行怀有浓厚的兴趣。与其他飞行设计的爱好者不同,他们很重视理论,顽强地学会了德文,阅读了空气动力学方面的有关文献。

莱特兄弟善于总结前人的经验,注意向别人学习。李林塔尔虽然遇难了,但是他开辟了一条正确的研究途径:从试飞滑翔机开始,先使滑翔机稳定地飞行并能操纵,然后再加上动力。莱特兄弟正是沿着这条道路继续探索的。从 1900—1902 年,他们相继制造了三架滑翔机,并用一个自制的小型风洞进行试验,收集了比前人更为准确的数据,这使得他们能设计、制造出更为有效的机翼和螺旋桨。

1903 年 12 月 17 日,莱特兄弟进行了人类首次有动力飞机的载人飞行。当日的最佳飞行成绩为:续航时间 59s,飞行距离 260m,飞行高度 3.8m,速度 48km/h。

3. 后续发展

莱特兄弟的成功掀起了席卷世界的航空热潮。数年内,欧洲也实现了载人的动力飞行。此后,各主要工业国家的航空工业陆续建立。飞机首先在第一次世界大战(1914—1918)中被用于军事目的,开始只用作侦察,后来也出现了驱逐机和轰炸机。

最早的飞机机身几乎完全由非金属材料——云杉木、竹材和纤维织物制成。1915 年,全铝的金属飞机制成,提高了强度、降低了阻力。

1919 年,建立了国际民航航线,交通运输的新纪元到来。

20 世纪 20 年代后期,双翼机逐渐向单翼机过渡。30 年代,波音 247 客机首先采用了流线型外形。

到 30 年代,活塞发动机的质量功率比降低到 0.68kg/kW,单台功率从 1919 年的 294kW 提高到 30 年代末的 2570kW。

飞机的航程、升限和速度纪录不断被刷新。飞机的可靠性和安全性大大提高。

1939 年,直升机获得改进,渐趋成熟;喷气式飞机在德国试飞成功。30 年代后期,第二次世界大战即将爆发,各国都研制了新的军用飞机。

交通运输业的发展规模和速度直接决定着经济的发展规模和速度,直接影响着一个国家现代化的进程。汽车、飞机的出现是一次新的交通运输革命,它空前地加强了各地之间、各国之间的联系,同时它也改变了人们的生活方式,提高了生活质量。

5.2.4 交通工具方面的其他变革

除了汽车和飞机,电动机和内燃机也开始在其他交通工具上挤掉蒸汽机:电动机车、内燃机车和柴油机驱动的轮船出现。

自行车看似简单,但其发明历史却从 18 世纪末叶开始延续了近百年。几经改进后,一直到 1886 年,英国工程师斯塔利(J. Starley)的自行车才和今天自行车的样子差不多。

19 世纪 60 年代末,曾经出现过蒸汽驱动的"摩托车"。但是,后来只将由汽油机驱动的双轮、三轮车辆称为"摩托车",而认为戴姆勒在 1885 年获得安装汽油机的自行车的专利,标志着摩托车的诞生。摩托车在进入 20 世纪后大量生产。

表 5-2 列出了第二次工业革命至"二战"前主要交通工具的发明。

表 5-2 第二次工业革命至"二战"前主要交通工具的发明

年代	国家	发明内容	年代	国家	发明内容
1879	德国	电动机车	1900	德国	硬式飞艇
1885	德国	三轮汽油机汽车	1903	美国	飞机
1886		四轮汽油机汽车	1904	俄国	远洋轮船
1886	英国	自行车结构基本完善	1915	英国	航空母舰
1888	苏格兰	充气轮胎	1933	美国	波音 247 客机
1897	英国	蒸汽涡轮机轮船	1939	德国	喷气式飞机
1897	美国	汽油机驱动潜水艇			

5.3　第二次工业革命期间的机械发明

如果说,第二次工业革命中的机械发明是一座高塔,那么这座高塔有三块基石:电力、燃油和钢铁。这三项,也正是第二次工业革命的核心内容。

(1) 人类进入了电气时代,电动机、发电机发明,各种电器发明。电力排挤着蒸汽,成为驱动机械的主要动力,对电力的需求急剧增长。火力发电带动了汽轮机的发明和汽轮发电机组的发展,水力发电带动了水轮机的发明和发展。

(2) 内燃机、燃气轮机和喷气式发动机的发明,带来了汽车、飞机和喷气式飞机的发明,也推动了许多不便于使用电力的机器(如拖拉机、采油机械)的发展。

(3) 人类进入了钢铁时代。机器大量使用,需要大量的钢铁。高层建筑业也需要大量的钢铁。采矿工业、冶金工业发展起来;各种采掘机械、破碎机械、选矿机械、起重运输机械发展起来。

(4) 新型动力机械、汽车、飞机的制造推动了许多精密机床和特种机床的发明。

电力、燃油,两块动力的基石;钢铁,一块材料的基石。三块基石上耸立起机械发明的高塔。这一景观又大大地超越了第一次工业革命时期。

5.3.1　动力机械

第二次工业革命期间是动力机械蓬勃发展的时代(表5-3)。除了5.1节和5.2节中介绍的电动机和内燃机以外,还有几种动力机械的发明和发展也非常重要。

19世纪80年代,电力工业发展起来。初期的火力发电站用蒸汽机作为原动机。电力工业需要高效率、高转速、大功率的原动机。19世纪80年代出现了汽轮机,也出现了适应各种水力资源的水轮机。水电和火电并举,电力供应系统蓬勃发展。

表 5-3　第二次工业革命至"二战"前动力机械的发明

年代	国家	发明内容	年代	国家	发明内容
1850	美国	反击型水轮机	1893	德国	柴油机
1860	法国	实用的煤气机	1896	美国	冲动式汽轮机
1876	德国	四冲程内燃机	1913	奥地利	轴流螺旋桨式水轮机
1884	英国	多级反动式汽轮机	1930	英国	空气涡轮发动机
1889	美国	冲击式水轮机	1939	瑞士	实用的燃气轮机

1. 汽轮机

汽轮机是将蒸汽的能量转换为机械能的旋转式动力机械。公元1世纪,希罗记述的蒸汽涡轮(参看第2章)可以看作是汽轮机的雏形。近代汽轮机出现在19世纪末期,它的发明、发展直接与电力工业的崛起密切相关。

贡献最大的是英国工程师帕森斯(C. Parsons),他在1884年制成了第一台10马力的多级反动式汽轮机。帕森斯以极特殊的方式宣传了他的发动机:他造了一艘装有 3 台汽轮机的游艇,在 1897 年 6 月庆祝维多利亚女皇钻石婚的海军检阅仪式上,在受检阅的舰队旁往来穿梭,受命驱逐他离开的快艇没有一艘能追得上他。

与往复式蒸汽机相比,汽轮机中的蒸汽流动是连续、高速的,因而能发出较大的功率,很快得到极其迅速的发展,并达到高度完善的程度。帕森斯的发明使生产大量的廉价的电力成为可能,也给船舶运输和海军舰艇带来了革命性的变化。

图 5-17 所示为现代汽轮发电机组。

图 5-17　汽轮发电机组

2. 水轮机

欧洲在中世纪就使用水车驱动磨粉机、纺织机和机床。后来,蒸汽机在很多场合代替了水车。但是蒸汽机体积较大,在煤的运输不方便的地方,水车还有用武之地。随着电气时代的到来,水力发电需要具有较大功率、较高效率的水力机械,水轮机成为研究的热点。

在前人工作的基础上,三位发明人的水轮机获得较多的应用。

1850 年,英国人弗朗西斯(J. Francis)在美国设计了反击型水轮机。它安置有两圈叶片,外圈是固定叶轮,内圈是转动叶轮,水从外圈流向内圈。这种水轮机至今仍在使用。

1889 年,美国人佩尔顿(L. Pelton)制成冲击式水轮机。一系列吊桶沿水轮的圆周布置,喷嘴喷出的水沿轮子的切线方向冲击这些吊桶,使水轮旋转。它适用于水量小而落差大的地方。

1913 年,奥地利人卡普兰(V. Kaplan)发明了轴流螺旋桨式水轮机(图 5-18)。水流 1 从轴向冲击螺旋桨 2,使之旋转,并带动上方的发电机转子 3。其螺旋桨的角度可以根据水的流量的变化而调整。它适用于水量大而落差小的地方,现在也能用于落差达 70~80m 的场合了。

汽轮机、水轮机的出现推动了电力工业的发展,到 1940 年,全世界的年发电量达到 1900 年时的 3 倍。

3. 燃气轮机

往复式内燃机速度的进一步提升受到惯性负荷的制约,

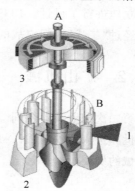

图 5-18　卡普兰水轮机

而燃气轮机是一种使用旋转叶轮的内燃式发动机,它的发明为电站和飞机提供了速度和效率都更高的动力装置。

从 19 世纪 70 年代至 20 世纪上半叶,英、德、法、俄等国的工程师提出并试制了各种类型的燃气轮机,但均因未能脱开起动机独立运行、效率低等原因而未获得实用。原因在于:①压气机的效率太低;②还没有能够承受 700～800℃高温的合金。

20 世纪 30 年代中期,随着空气动力学的发展,出现了效率达 85% 的轴流式压气机。与此同时,在高温材料方面,出现了能承受 600℃以上高温的铬镍合金钢等耐热钢,因而能采用较高的燃气初温。燃气轮机终于得到成功的应用。

瑞士在 1939 年制成了 4MW 发电用燃气轮机,在 1941 年制成了燃气轮机机车。1947 年,英国制造的装备燃气轮机的舰艇下水。此后,燃气轮机在更多的行业中获得应用。

4. 喷气发动机

自 17 世纪起,就有人尝试使用蒸汽动力实现喷气发动机(图 5-19),但均以失败告终。

图 5-19　喷气发动机

1921 年,法国出现了第一个喷气发动机的专利。1923 年,美国国家标准局发表报告,认为喷气发动机对于当时的低空飞行没有什么经济价值。

1928 年,英国也出现了新的喷气发动机设计,但因燃料泄漏故障试验没有成功,英国政府便没有了兴趣。

英国人做了理论和试验,却把实用化留给了德国人。德国工程师奥海因(H. Ohain)完全独立地进行了设计。1939 年,人类历史上第一架喷气式飞机在德国制造并试飞成功。

经过“二战”期间空战的考验,航空器迅速转向喷气时代。

5.3.2　矿山机械

第二次工业革命期间除动力机械和机床外的其他各类机械的发明见表 5-4。

世界进入钢铁时代。机械工业的大发展大幅度地增加了对钢铁的需求,从而推动了矿山机械的发展。

表 5-4　第二次工业革命期间其他机械的发明

类别	年代	国家	发明内容
矿山机械 与工程机械	1848		机械传动式跳汰机
	1858	美国	颚式破碎机
	1860	法国	多斗挖掘机
	1863	英国	截煤机
	1868 后	英国、美国	带式、螺旋输送机
	19 世纪 70 年代以后		压砖机、挖土机、塔式起重机、压路机、装料机、推土机、皮带运输机等
	1881	美国	圆锥破碎机
	19 世纪 80 年代		用蒸汽为动力的冲击钻机钻凿成功数百口油井
	1896		摇床
	1900		塔式起重机
	1907		用牙轮钻机钻凿油井
	19 世纪与 20 世纪之交		球磨机、分级机、选矿设备
	20 世纪上半叶		电钻、凿岩机、链板输送机、装载机等矿山机械
	1949	匈牙利	掘进机
电梯类机械	1880	德国	电力驱动的电梯
	1892	美国	电动扶梯
离心机、 压缩机	1877	瑞典	离心机
	1878		螺杆式压缩机
	1879		离心分离机
	1900	法国	离心式压缩机
信息机械	1845	美国	轮转印刷机
	1868		有实用性的打字机
	19 世纪 80—90 年代	美、法	电影机
	1938	美国	静电复印机
农业机械	1892	美国	内燃机驱动的拖拉机
武器	19 世纪		火炮向多样化方向发展
	1883	英国	机枪
	1916	英、法	坦克
	1918	英国	第一艘航空母舰
	1926	美国	液体燃料火箭
	1939	德国	喷气式战斗机

1. 采掘机械

采掘机械包括钻炮孔用的钻孔机械,挖装矿岩用的挖掘机械和装卸机械,钻凿天井、竖井和平巷用的掘进机械等。

19 世纪 80 年代,美国使用以蒸汽为动力的冲击钻机钻凿成功数百口油井。1907 年,又使用牙轮钻机钻凿油井和天然气井。

钻孔机械分为凿岩机和钻机两类。凿岩机自古就有,只是随着时代的进步,其动力也从蒸汽进步为风动、内燃、液压和电力,其中风动凿岩机应用最广。

随着采煤技术的进步,20 世纪初到 40 年代后期,陆续出现了截煤机、风镐、电钻、皮带运输机、链板输送机、气动装岩机、电动装载机、自动卸载矿车等采掘设备和大功率的电动绞车、水泵、扇风机等装备。

在露天采煤方面,19 世纪 70 年代出现了勺斗容积为 $3\sim4m^3$ 的动力铲和以铁道或汽车配合使用的采、装、运设备;20 世纪 30 年代,发展了能力大、效率高的连续开采新工艺,50 年代得到推广。

2. 选矿机械

随着对矿物原料的需求增大,19 世纪末至 20 世纪 20 年代,选矿技术实现了从古代的手工作业向工艺技术的转变。近代大部分的选矿工艺与设备都属于这一时期的发明。选矿是一个将有用矿物和脉石分开的工艺过程,最常用的选矿方法包括重力选矿(重选)、浮游选矿(浮选)和电磁选矿(磁选)。从机械结构的角度看,浮选和磁选设备都极为简单,复杂一些的主要是跳汰机、摇床等重选设备。

跳汰机在历史上首先用来选煤。1848 年,发明了连续运转的机械传动式跳汰机。它用一个曲柄滑块机构带动活塞运动,活塞鼓动水流上下运动(图 5-20)。活塞室设在跳汰室旁侧,下部连通。跳汰室内的筛板由冲孔钢板或编织铁筛网做成。水流通过筛板进入跳汰室,使床层升起不大的高度并略呈松散状态,密度大的颗粒沉降到底层,密度小的颗粒则转移到上层。分层后的矿物和脉石分别排出。

1896 年,美国工程师维尔弗雷(A. Wilfley)发明了摇床。床身在纵向做往复摇动,床面在横向略倾斜(图 5-21)。矿泥由床面之一角送入,冲洗水由横向的高端给入,铺满倾斜的床面,形成均匀的薄层水流。在纵向摇动的惯性力、重力和水的冲力的联合作用下,比重不同的有用矿物微粒和脉石微粒走出不同的轨迹而被分开。摇床广泛地用于选煤、选金,后来也用于其他金属的选矿。

3. 破碎机械

在选矿之前首先要将矿石破碎、粉磨到很小的粒度。在蒸汽机和电动机推广之后,近代的破碎机械相继创造出来。1858 年,美国人布雷克(E. Blake)设计制造了世界上第一台颚式破碎机。颚式破碎机是美国工业化过程中的重要发明之一,至今仍在广泛应用。后来,又发明出旋回破碎机、球磨机,以及可将矿石和建筑材料磨碎的各式各样的磨机。图 5-22 所示为两类颚式破碎机工作示意图。

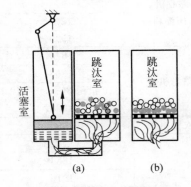

图 5-20 跳汰机的工作原理
(a) 跳汰过程;(b) 跳汰后

5.3.3 工程机械

近代工程机械的发展,始于蒸汽机发明之后。19 世纪初,欧洲出现了蒸汽机驱动的挖掘机、压路机、起重机等。

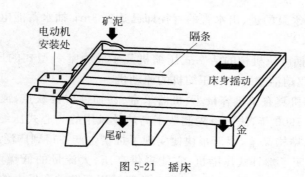

图 5-21　摇床

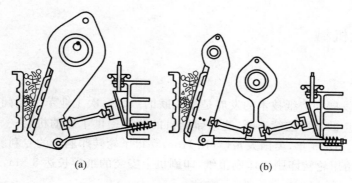

(a)　　　　　　　　　(b)

图 5-22　颚式破碎机

(a) 复摆式；(b) 简摆式

　　19 世纪 80 年代，美国经济的迅速起飞导致大城市中心的地价飙升，从而促使美国开始建造高层建筑。1888 年，芝加哥建造了世界上第一座摩天大楼。这一建筑风潮的物质和技术基础就是 19 世纪 70 年代以后工程机械的发明与进步，例如机械式压砖机、重型挖掘机、可移动的塔式起重机、压路机、装料机、履带式推土机、皮带运输机等陆续被发明出来。

　　1867 年，法国发明了钢筋混凝土。1900 年发明的混凝土搅拌机推动了钢筋混凝土的大规模应用。

　　内燃机和电动机的发明推动了建筑机械行业在 20 世纪初形成，并取得了快速的发展。

　　1880 年，德国发明家维纳·西门子抛弃了蒸汽驱动，制造了由电力驱动的名副其实的电梯。这正是美国建造高层建筑的时代，要求提高电梯的速度和安全性，为此增加了楼层控制、电梯的加速度和安全控制。

5.3.4　泵和压缩机

　　有史以来，人们就创造了泵。细数泵的发明史，泵的种类比齿轮的类型、滚动轴承的类型还要多。大浪淘沙，现在仍然在广泛使用的泵只不过数种。在液压系统中使用的泵是容积泵（见 7.5 节），作为水泵使用的主要是离心泵。

　　在 20 世纪初，已开始批量生产多级串联高压离心泵。其后几十年间，离心泵的功率增加了几百倍，扩大了使用范围，成为世界上使用最广泛的机器之一。在 20 世纪上半叶，大型灌溉泵站和电站冷却水泵的进、出水管的直径即已达到 3m；抽水蓄能电站的大型水泵的驱动电机功率达到 75MW。

19 世纪，使用曲柄滑块机构的活塞式压缩机几乎成为唯一型式的压缩机，内燃机普及之后，被广泛地用作驱动活塞式空气压缩机的原动机。

由于活塞式压缩机具有单机容量小、机器笨重、易损件多等缺点，离心式压缩机和螺杆式压缩机发展起来。1900 年，法国首先制造了高炉鼓风用的离心式压缩机。离心式压缩机单机容量大、质量小、结构简单，因而很快便实现了批量生产并得到广泛应用。

1878 年，瑞典发明了螺杆式压缩机，它能提供高压、大流量的低噪声压缩空气，但是到 20 世纪 30 年代才得到迅速发展，从 40 年代开始广泛用于航空和发电的燃气轮机。

5.3.5　信息机械

1. 印刷机

印刷技术的发展和造纸技术的发展是相关联的。第一次工业革命期间，造纸实现了机械化。造纸机生产的纸带连续不断，这给印刷机的改进提供了新的机会——繁琐的逐张给纸成为多余的了。1845 年，美国人霍伊（R. Hoe）获得了轮转印刷机的专利。

1866 年，开始用轮转印刷机印刷报纸，印刷机上安装的纸卷长达 8 km，以 4m/s 的速度送进，能在 1h 中印制 25000 份报纸。

到"二战"前，各工业发达国家都完成了印刷技术的机械化。

2. 电影机

电影的原理在于利用了人眼的视觉暂留现象。电影的发明有三个环节：①把运动着的物体的一系列相隔一个短暂时间的瞬间姿态拍摄下来；②发明有相当长度的可供连续拍摄的胶卷；③能把胶卷的画面一格一格地放映在屏幕上。前两个环节加起来就是电影的摄影；第三个环节就是电影的放映。

从 1881 年开始，10 余年间有多人为发明电影机而努力。1885 年，赛璐珞胶卷发明，美国发明家爱迪生立即将这种胶卷用于电影摄影机。

法国的卢米埃尔兄弟（A. Lumière 和 L. Lumière）也独立地研制成功电影机。1995 年，他们在巴黎第一次公开放映电影。

1912 年，爱迪生发明了有声电影。1927 年出现了宽银幕电影，40 年代出现了彩色电影。

3. 静电复印机

美国工程师卡尔森（C. Carlson）在 1938 年获得了静电复印机的专利。在此后 10 年的时间里，卡尔森为了生产他的复印机，找了 20 家公司，没有人感兴趣，直到 1949 年才得到 Xerox 公司的支持，1950 年制成产品投放市场。Xerox 公司因复印机而成名，公司的名字居然成了英语中"复印术"一词（xerography）的词根。

5.3.6　武器

1. 机枪

从 14 世纪开始,就有多管枪和连发枪问世。

1883 年,英国人马克辛(H. Maxim)获得"马克辛机枪"的专利权。它的特点是:利用子弹的后坐力把弹壳顶出,子弹装在帆布带上输入机枪,用充水套冷却枪管。这种机枪在日俄战争和第一次世界大战中大显威力。

后来,又有轻机枪、冲锋枪等轻武器问世。

2. 坦克

由于机枪和碉堡的大量使用,造成攻守力量的不平衡,需要有一种兼具矛和盾两种功能的攻击性武器。坦克是在"一战"中由英、法两国各自独立地同时开发出来的。研制时出于保密的目的,一直称之为"tank"(英文原意为"容器"),这一称呼便沿用至今。从机械的角度看,坦克最大的特色是履带,它吸取了 1907 年发明的履带式拖拉机的成果。

3. 舰艇

有了蒸汽动力,有了钢铁,就有了近代的战船,称为舰艇。

1903 年飞机发明后,首先应用于军事领域。不少人提出:能否将飞机与军舰结合起来,发挥更大的作用呢?

航空母舰发明的第一步是进行飞机从军舰的甲板上起飞和降落的试验。英国和美国都进行了这种试验。

在"一战"中,英国军方提出要搭配保护水上侦察机的战斗机。1918 年,英国建成"百眼巨人"号航空母舰(图 5-23)。

图 5-23　英国的"百眼巨人"号航空母舰

日本善于向强国学习,善于跟踪最新浪潮,一旦看准就会不惜血本地大力建造。1922年年底,日本建造了"凤翔"号航空母舰。美国也于 1934 年造出航空母舰。

4. 火炮的进步和多样化

17 世纪时,英、法军队普遍使用的是迫击炮和榴弹炮。19 世纪以来,火炮向多样化方向发展,开发出了炮管长径比大、射程远且可平射的加农炮。"一战"中军用飞机已显示出威力;战后发明了高射炮。过去,火炮采用刚性炮架,这种炮架在火炮发射时受力大,发射时影响瞄准。19 世纪末出现了弹性炮架,可吸收发射时产生的后坐力,还能在发射后把炮管复归原位,有效地提高了火炮的发射速度和威力。

这一时期开发出的武器还有鱼雷等。20 世纪上半叶,各种武器已发展得相当完备。"二战"前夕,军备竞赛日趋激烈,为人类历史上空前的大厮杀准备好了物质基础。

5.3.7　其他机械

1. 农业机械

1892 年,美国制成了实用的内燃机驱动的拖拉机。1907 年,制成了履带式拖拉机。随后,农具悬挂系统、液压悬挂系统相继问世,极大地改善了拖拉机的使用和操作性能。

从第一次工业革命到 19 世纪末,是农业机械化的初创阶段。进入 20 世纪前半叶,是发展和推广阶段。20—30 年代,拖拉机有几项重要的改进:使用充气轮胎,采用柴油为动力,采用液压伺服三支点悬挂装置。内燃机驱动取代了蒸汽机驱动。

1924 年,出现了依靠拖拉机动力输出轴驱动的联合收割机。

19 世纪,机械也开始应用于畜牧业,出现了割草机械、饲料粉碎机械和剪羊毛机械等。

2. 包装机械

包装过程包括充填、裹包、封口等主要工序,以及与其相关的前后工序,如清洗、堆码和拆卸等。包装机械的动作比较多,结构也比较复杂。使用机械包装产品可提高生产率,减轻劳动强度,适应大规模生产的需要,并满足清洁卫生的要求。

1850 年世界纸价大跌,纸包装开始用于食品。1852 年,美国发明制纸袋机,出现了纸制品机械。1861 年,德国建立了包装机械厂,并于 1911 年生产了全自动成形充填封口机。

从 20 世纪初开始,一直持续到"二战"以后,在医药、食品、卷烟、日用化工等工业部门实现了包装作业的机械化。

3. 洗衣机

19 世纪下半叶美国也出现了手动的机械式洗衣机,并具备了现代洗衣机的雏形。1906 年,第一台电动洗衣机诞生。

5.4　第二次工业革命期间的机械制造业

随着从蒸汽动力发展到燃油动力和电力,机器的运行速度不断提高。汽车和飞机出现。大幅度地提高生产率和加工精度是 19 世纪下半叶到 20 世纪上半叶机械制造业的中心课题。刀具材料取得巨大的进步,各种通用和专用的切削机床趋于齐备,大批量生产模式出现,标准化、系列化逐步走向完善。机械制造业走出草创时期,开始迈向现代化。

5.4.1　机床的发展

在 19 世纪的大部分年代里,机械车间中的机床是由蒸汽机通过天轴、带传动驱动的。从 70 年代开始到世纪之交,电动机逐渐取代了蒸汽机。最初,电动机还安装在机床以外的一定距离处,后来则直接将电动机安装在机床内部。

19 世纪末叶和 20 世纪初叶,是机床的操纵系统和传动系统迅速发展的时期。汽车工业和航空工业成为机床工业的主要顾客,机床设计也便受到这两个部门工艺过程需要的强烈影响,磨床、滚齿机、插齿机、自动机床、组合机床发明,精密机床出现,形成了完备的金属切削机床系列。机械制造业的心脏——机床工业已初具规模。

表 5-5 列出了第二次工业革命期间机床和刀具的主要发明。

表 5-5　第二次工业革命期间机床和刀具的主要发明

年代	国家	内容	年代	国家	内容
1864	美国	外圆磨床	1902	美国	应用液压传动
1868	英国	合金工具钢			拉床
1873	美国	自动车床	20 世纪初		多螺旋线铣刀
1874		锥齿轮机床	1910		铣床完善
1875		万能外圆磨床	1911		组合机床
1877		平面磨床	1905—1920	瑞士、美	坐标镗床
1890		立式镗床			加工复杂零件的专用铣床
1897	德国	插齿机	1913	瑞士	齿轮磨床
		滚齿机		美国	螺旋锥齿轮机床
1898	美国	电磁离合器	1922	美国	无心磨床
		高速钢刀具	1923	德国	硬质合金
1900		高精度磨床	20 世纪初	英、苏	陶瓷刀具

1. 自动车床

从螺丝车床到转塔车床的发展进程(见 4.4 节)与螺纹紧固件的大批量生产有关,但是还需要进一步使螺纹件的制造变得更价廉、更普遍,自动车床就是在这种背景下出现的。

19 世纪 70 年代,转塔车床的部分切削循环实现了凸轮控制的自动化。首次开发出这样一台机床的是美国发明家斯宾塞(C. Spencer)。由于他的专利代理人的失误,恰恰是其专利的关键部分——凸轮鼓(斯宾塞称其为机床的"大脑")没有被保护好,于是许多人很快就吸取了他的构思,进一步发展了全自动车床。

这一时期的自动车床(图 5-24)所实现的自动化,是以凸轮为核心的机械式自动化。这是机械制造自动化发展的第一阶段。"一战"前后,由于军火、汽车等的生产需要,以凸轮为特征的各种自动车床和专门化车床迅速发展。

图 5-24   1921 年的自动车床

2. 磨床的出现和发展

19 世纪 30 年代,为了适应钟表、缝纫机、枪械中零件的淬硬后加工,英、德、美等国都分别研制出使用天然磨料砂轮的磨床。这些磨床是在已有的车床、刨床上加装磨头改制而成的,它们结构简单,但刚度低,易产生振动,加工精度则强烈地依赖于操作工人的技术。

1875 年,美国制造出万能外圆磨床,它首次具有了现代磨床的基本特征。两年后,又出现了平面磨床。

19 世纪 90 年代,人们合成了碳化硅,又发现了氧化铝的磨削价值。这两种磨料的采用给磨削技术带来了革命。为了充分发挥新的磨削材料的功能,1900 年,美国人诺顿(C. Norton)发明了可加工大工件、具有高的精度和生产率的磨床。它被认为是继螺丝车床和万能铣床之后,第三个重要的机床发明。

1902 年,美国首次将液压传动及其控制应用于磨床,这对磨床的发展有很大的推动作用。随着汽车工业的发展,曲轴磨床、凸轮轴磨床、行星内圆磨床、活塞环磨床等各种不同类型的磨床相继问世。磨床的发展使机械加工技术进入精密化阶段。

3. 铣床和镗床的进步

20 世纪初,由于汽车、飞机和发动机制造对精度的要求,不仅需要磨床,也需要精密的和操纵更方便的铣床。在很长时期内只使用单刃铣刀,易于产生振动而导致粗糙度不高,这限制了铣床的发展。美国辛辛那提(Cincinnati)铣床公司发明了多螺旋线刀刃的铣刀,克服了单刃铣刀的缺点,才使铣床成为加工复杂零件的重要设备。1910 年,卧式铣床和万能铣床已基本完善。1913 年开始出现加工汽车和飞机上的复杂零件的专用铣床。铣床在许多场合排挤了牛头刨床和龙门刨床。

20 世纪初期,由于钟表仪器制造业的发展,需要加工孔距精度较高的设备。1905 年,瑞士制成小型台式坐标定中心机床。在"一战"结束之际,瑞士和美国各自独立地制造出能快速并极精确地确定孔的中心线位置的坐标镗床。

4. 齿轮加工机床

古代齿轮用手工修锉成形。中世纪晚期,钟表业在欧洲兴起,人们开始研究用刀具切制齿轮的方法。第一次工业革命期间有多人在齿轮加工方面获得专利。这些发明中的齿轮切制原理都属于今天我们所称的"仿形法"。

19 世纪末叶,机床工业和汽车工业蓬勃发展,对齿轮制造的生产率和加工精度都提出了更高的要求,仿形法就显得不再能适应新的形势,齿轮制造革新的黄金时代到来了。1897年,德国人普福特(R. Pfauter)发明了直齿轮和斜齿轮的滚齿加工方法和相应的机床——带有差动机构的滚齿机。滚齿加工所生成的轮齿齿面是刀具曲面族的包络线。这就是今天我们所称之的"范成法"。

同在 1897 年,美国人费罗斯(E. Fellows)发明了直齿轮的插齿加工方法和插齿机。瑞士的马格(Maag)公司在 1913 年发明了齿轮磨削方法。这两种加工方法也都属于范成法。

5. 其他加工设备

拉削的历史可以追溯到 19 世纪 50 年代初。当时只是用来切出齿轮、带轮孔中的键槽。1902 年,美国制造出拉床。

1911 年,美国制成最早的组合机床,用于加工汽车零件。

随着电动机的发明,19 世纪末出现了电力驱动的机械压力机和空气锤。

5.4.2　刀具材料的进步和切削速度的提高

自工业革命以来,通过提高切削速度来提高生产率始终是机械加工领域的一个重要主题。

金属切削刀具,如铣刀、丝锥和板牙,是在 18 世纪后期,伴随着蒸汽机等机器的发展而快速发展起来的。那时的刀具是用整体高碳工具钢制造的,切削速度仅为 6～12m/min。

19 世纪 60 年代,由于炼钢技术的发展,钢的产量大大地超过了熟铁。钢的切削加工比熟铁困难得多。要维持一个可以接受的刀具耐用度,不得不把切削速度降得很低,切削加工的费用占总生产成本的百分比变得非常大,这就要求进一步改进刀具材料。

1868 年,英国人穆舍特(R. Mushet)制成含钨的合金工具钢,使切削速度达到 18m/min。

美国工程师泰勒(F. Taylor)制造了含钨 18% 并经新法热处理的合金工具钢刀具。在 1900 年的巴黎博览会上的切削表演中,在刀尖发红的情况下仍能顺利切削,引起极大的轰动。他们的工具钢被誉为"高速钢"。高速钢的切削速度达到 36.5m/min。

1893 年,法国化学家穆阿桑(H. Moissan)发现碳化钨硬质合金。这种材料的硬度接近钻石,但又极脆。1923 年,德国发明含有钴粘结剂的硬质合金,并在 1926 年投入市场。后来又开发出碳化钛、碳化钽,形成能高速切削钢材的多种硬质合金刀具材料。硬质合金的切削速度比高速钢又提高了 2～4 倍,达到 100m/min 以上甚至更多,加工出的工件的精度和表面质量也大大提高。

20 世纪初叶,英国、苏联开始使用陶瓷刀具。

从 20 世纪 20—50 年代,切削速度几乎每 10 年增加 1 倍(图 5-25)。切削速度的提高当然地就带来了金属切削机床的高速化,加大了机床发生振动的危险,也产生了更多的切削热,机床各部分的强度、刚度都相应地要作出改进,以适应机床速度的提高。在加工的精度分析中就要计入热变形的影响。

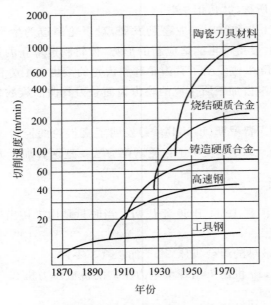

图 5-25　车削钢件所用切削速度的发展

5.4.3　测量水平的提高

随着近代机床的出现,特别是互换性生产的出现,人们就注意改进量具、提高测量水平了。

在 1851 年的巴黎博览会上,英国工程师惠特沃斯(J. Whitworth)展出了他制造的塞规和螺旋测微装置,揭开了精密量具制造和应用的序幕。1851 年和 1867 年,美国人布朗(R. Brown)先后发明了游标卡尺和千分尺,精度达到 0.025mm,并能成批生产。19 世纪末,这两种量具在英、美等国已成为车间中通用的量具。

对表面粗糙度的要求也日益提高,但关于粗糙度测量的仪器出现得较晚。从 1930 年起,机械车间中已规范化地使用了机械比较仪、自准直仪、轮廓投影仪、光学平面仪等仪器。

机械工业的进一步发展对几何量以外的各种物理量的测量也提出了更高的要求。为了监测一个机械装置或一个生产过程,要求测量的物理量日益增多,如位移、速度、加速度、力、力矩、应变、压力、流量等。由于电测技术具有一系列的优点,许多非电量的测量采用了电测技术。其中,应用最广、最普遍的电测技术当属应力测量的电阻应变片,它是在"二战"期间由美国研制出来的。

5.4.4　泰勒的科学管理制度

发明高速钢的美国工程师泰勒更重要的角色是科学管理的创始人。他从一名学徒工开始,逐步被提拔为工长、总工程师。从实践中他认识到,缺乏有效的管理手段是提高生产率的严重障碍。泰勒从车床工人的操作开始,重点研究企业内部具体工作的效率。他不断在工厂实地进行试验,系统地研究和分析工人的操作方法和动作所花费的时间,逐渐形成其科学管理的体系。泰勒认为科学管理的根本目的是谋求最高的劳动生产率,这是雇主和雇员达到共同富裕的基础,重要手段是用科学化的、标准化的管理方法代替经验管理。

泰勒科学管理理论的主要内容包括:工作定额原理、能力与工作相适应原理、标准化原理、差别计件付酬制、计划和执行相分离的原理。

泰勒的成就巨大。总结起来,至少在以下几个方面的影响延续至今,成为现代管理理论的智慧根基:①首先采用实验方法研究管理问题;②开创单个或局部工作流程的分析;③率先提出经验管理法可以为科学管理法所代替;④率先提出工作标准化思想;⑤首次将管理者和被管理者的工作区分开来,管理首次被审视为一门可研究的科学;⑥首次提出管理转变必须考虑人性。

泰勒是科学管理的奠基人。科学管理在后续的发展中逐渐形成了一门新的学科——工业工程,所以,泰勒也被奉为"工业工程之父"。

5.4.5　福特首创的大批量生产模式

亨利·福特从小就对机械感兴趣,12岁时他建立了一个自己的机械作坊,15岁时亲手造出了一台内燃机,16岁时离开家乡去底特律做学徒工。

图 5-26　福特的汽车装配线

1896年,福特制造出他的第一辆汽车。1908年福特公司推出了T型车("T"只是他开发的车型的一个序号)。1918年,在美国行驶的汽车的半数都是T型车。1914年,福特公司开发出世界上第一条流水线,将原装配底盘所需的12h30min减少到2h40min,生产效率大大提高,到1927年一共生产了1500万辆T型车。

1914年,福特首创了工人日工资5美元的标准,比一般工厂高出1倍多,而车价由每辆850美元降为360美元。T型车的足迹遍布世界每个角落,福特也被称为"为世界装上轮子的人"。

福特流水线采取的技术措施主要有:①对加工过程进行了分析,将其分解为一系列的单一工序作业；②按加工作业顺序排列机床，缩短材料的搬运距离；③用特殊的专用机床代替通用机床；④实行零件的互换性生产；⑤在机床之间和装配线上采用传送带。

这是继 19 世纪美国的枪支生产中首创大批量生产方式之后，首次在大型产品上实现大批量生产。福特的大批量生产模式是以刚性自动化为其特征的。所谓刚性自动化，就是产品固定、工序固定、设备固定，在较长的时期内不做调整。

福特具有很强的平等意识和博爱精神。想找工作的人们纷纷来到底特律，不仅因为福特公司的工资高，而且因为福特专门帮助安置外来的移民，还雇用那些一般企业不愿录用的残疾人。

1999 年，《财富》杂志将福特评为"20 世纪商业巨人"，以表彰他和福特汽车公司对人类工业发展所作出的杰出贡献。

社会经济的发展，对机械产品的需求猛增。大批量生产方式迅速普及到其他产品的制造过程。泰勒提出的科学管理制度和福特首创的大批量生产模式，从 20 世纪初开始在一些国家广泛推行，这不仅对机械工业的发展起到了巨大的推动作用，而且对社会结构、劳动分工和经济发展都产生了很大影响。

大批量生产带来了速度和效率。两次世界大战进一步强化了对速度和效率的追求。美国高效率地大批量生产武器是反法西斯战争能取得胜利的因素之一。

5.4.6　标准化、系列化的发展

在第一次工业革命期间，首先出现了第一个机械制造标准——螺纹标准。

国际度量衡标准的制定和统一是实现标准化的条件。法国大革命促进了以厘米-克-秒制和十进位制为计量基本标准制度的建立，并于 1799 年制成米原器和千克原器作为长度和质量计量的标准。但是，主要是由于欧洲政治的分裂，直到近百年之后的 1872 年，它才被承认为国际计量标准。

19 世纪 70 年代，法国军事工程师勒纳尔（C. Renard）提出了"优先数系"的概念，它是系列化的基础。20 世纪 20—30 年代，优先数系被一些国家和国际标准化组织纳入到标准之中。此后大规模的尺寸标准化、系列化工作才开始，由企业发展到国家，由国家发展到国际。

20 世纪初，汽车工业迅速发展，形成了现代化大工业生产。由于批量大和零部件品种多，必须将专业化的集中生产和广泛的协作相结合。工业标准是实现生产专业化与协作的基础。1901 年，英国建立了世界上第一个标准化组织——工程标准委员会。1902 年，英国纽瓦尔（Newall）公司编制出版了"极限表"，这是世界上最早的公差与配合标准。

在两次世界大战之间，实现了材料性能、尺寸和形状、公差配合、机器零件和部件，以及机床主轴转速和进给量的标准化，减少了设计和计划的工作量，降低了制造成本。

国际标准化活动最早于 1906 年开始于电子领域。其他技术领域的工作由成立于 1926 年的国家标准化协会国际联盟（ISA）承担，重点在于机械工程方面。由于"二战"，ISA 的工作在 1942 年终止。1947 年 2 月，为了促进国际合作和工业标准的统一，国际标准化组织（ISO）成立，总部设在瑞士的日内瓦。

5.5 机械产品发展的若干趋势

在本节中,分析在两次工业革命中表现出来的机械发展的若干趋势:高速化、大功率化、自动化、精密化和轻量化。这些趋势一直持续到"二战"以后和现在。认识这些发展趋势,才能理解机械设计技术、机械制造技术,以及机械理论为什么会走出这样的发展轨迹。

5.5.1 机械和运载工具的高速化和大功率化

由于不断提高生产率的需要,机器速度的提高是 200 多年来从未遏止的趋势。动力的变革、材料性能的提高和加工手段的进步,全面地推动了机械制造业的迅速发展,使大幅度提高机器的速度和功率成为可能。机械的高速化和大功率化,始终是机器理论发展的重要推动力之一。

在使用蒸汽机通过天轴来驱动机器的时代,蒸汽机要带动多台机器,载荷已经比较大,因此速度就不宜太大。同时,车间中密布传动皮带,出于安全方面的考虑,速度也不宜太高。在电动机出现以后,每台机器都实现了单机驱动,就解除了对提高速度的这个约制。

1825 年史蒂文森列车的平均速度为 15km/h。1885 年,横贯加拿大东西的大铁路上的平均车速近 40km/h。而到"一战"时,已经出现了速度达 161km/h 的蒸汽火车,比史蒂文森列车的速度高出 10 倍。

1876 年,奥托发明的第一台内燃机的转速仅为 157r/min。而戴姆勒内燃机的转速则一跃而达到 600～920r/min。世纪之交,德国奔驰公司使内燃机的转速达到 1000～1200r/min。现在,汽油机的最高转速可达 10000r/min 以上。

随着电力应用的日益广泛,汽轮机发展历史的主线一直是增大单机功率。20 世纪初,火电站汽轮发电机组的单机功率已达 10MW。20 年代,美国纽约等大城市的电站尖峰负荷已接近 1000MW,若单机功率只有 10MW,则需要装机近百台。因此 20 年代时单机功率就已增大到 60MW,30 年代初又增大到 208MW。单机功率的增大一方面是为了减少机台数,另一方面是为了提高汽轮机的热经济性。

5.5.2 机械的精密化

新型原动机的出现和其速度的不断提高,要求提高加工精度,因而也就不断地要求加工机器的机器——金属切削机床提高精度。于是,磨床、拉床、坐标镗床等精密机床陆续出现。

图 5-27 表示出在近 200 年间切削机床和测量手段的发展、材料性能的提高,以及各时代出现的一些代表性的机械和零件。在瓦特时代,有低碳钢和铸铁为材料,有专门为制造蒸汽机而制造的镗床保证了 1mm 的加工精度,才使蒸汽机的商业化推广成为可能。到内燃机出现的时候,加工精度已经达到 0.01mm 的数量级,而且转炉炼钢法已经可以提供较好的钢材。进入 20 世纪后,千分表和千分尺出现,制造精度达到微米级。到"二战"结束前的百余年间,加工精度提高了至少两三个数量级。战后进步的速度则更快。

机械的精密化还要求抑制高速下的振动,这是隔振、减振、平衡等技术发展的背景。

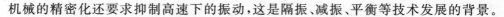
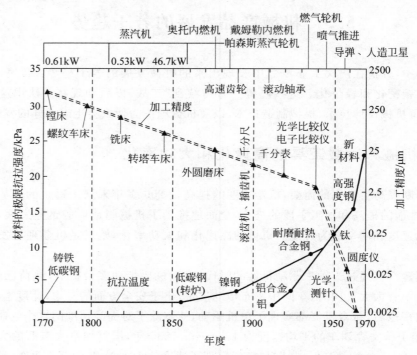

图 5-27   机械、材料的发展和机床、加工精度、测量手段的历史演变

5.5.3   机械的轻量化

节约材料、节约能源要求减轻机器的重量,特别是车辆和飞行器的重量,这也一直是机械设计追求的目标之一。材质的改善使得机械的轻量化成为可能。内燃机发明后的几十年间,降低质量功率比是改进内燃机设计的主要追求之一。从 1876 年奥托内燃机的 272kg/kW 降低到 20 世纪 20 年代航空发动机的 0.68kg/kW,轻量化方面的进步是惊人的。

图 5-28 是英国著名的 Radicon 蜗轮减速器在 80 年间尺寸的变化。

图 5-28   Radicon 蜗轮减速器 80 年间体积的变化

轻量化的要求推动了冶金工业的发展——推出高强度的金属材料。由图 5-27 可以看出,到"二战"结束前的百余年间,材料性能提高了数倍。

但是,在相当长的历史时期内,机械设计中在节约材料和能量方面的考虑主要是一种市场竞争行为的结果,是利益的驱动,而不是认识的提高。人们认识到全球资源的有限性则是

20 世纪 60 年代以后的事了。

轻量化和高速化是机械中振动问题研究、弹性动力学研究的动因。

5.5.4　机械的半自动化

近代的机械自动化有两方面的内容：机械的自动调节和机械各运动部件的程序控制。

古代中国的指南车以及 17 世纪欧洲的钟表都是一些原始的自动装置，它们对自动化技术的形成起到了先导作用。

1788 年瓦特在蒸汽机中安置了离心调速器，构成对蒸汽机转速的闭环自动控制系统，这开创了近代自动调节装置的新纪元，对后来控制理论的发展有重要影响。人们开始采用自动调节装置，对机器和工业生产过程进行控制。这些调节器都是一些跟踪给定值的装置，使指定的物理量保持在给定值附近。

为了以高的生产率制造标准件，1895 年制造了多轴自动机床。在自动机床中，用安装在所谓"分配轴"上的多个凸轮来控制纵向刀架、横向刀架等各部件的运动（参看图 7-7）。这是以纯机械的方式实现的程序控制。

液压元件正规的工业生产是在 19 世纪和 20 世纪之交的 20 年间建立起来的。"一战"后液压传动才被广泛应用。

20 世纪 20～30 年代出现了继电接触器控制。

电、液两类元件的发展，推动机械制造技术在 20 年代全面进入半自动化时期。继电器结构简单、价廉、易于掌握和维护，成为机床自动控制的主角。液压传动系统则主要用于磨床中。1924 年，在英国出现了第一条机械加工自动线。1935 年，苏联的汽车发动机缸体加工自动线投入使用。

随后，纯机械式的程序控制和继电器控制在各种轻工业机械中也得到广泛的应用。

进入 20 世纪以后，工业生产中广泛应用各种自动调节装置，促进了对调节系统进行分析和综合的研究工作。这一时期虽然在自动调节器中已广泛应用反馈控制的结构，但从理论上研究反馈控制的原理则是从 20 世纪 20 年代开始的。

"二战"前的机械式自动化是与单一品种的大批量生产模式相适应的刚性自动化。一些古典的程序控制方式现在已不再采用。但在历史上，古典的纯机械式控制推动了凸轮、间歇运动机构的发展，而继电控制则是现代的计算机控制的前身。

第6章

工业革命期间力学的进一步发展

半亩方塘一鉴开，天光云影共徘徊。

问渠哪得清如许？为有源头活水来。

——朱熹：《观书有感》

第4、5两章分别介绍了两次工业革命的概况，但偏重于机器的发明、机械工业的诞生和发展，基本未涉及机械工程学科。第7章中将全面介绍机械工程学科的诞生及其各个分支领域在两次工业革命期间的发展。在此之前，在本章中先介绍一下力学领域的进一步发展。力学的发展为这200多年来机械设计与机械制造的发展奠定了坚实的理论基础。

从1687年牛顿创立经典力学到两次工业革命结束的250年间，力学学科继续发展，主要在分析力学和连续介质力学（包括固体力学和流体力学）两个方面取得了奠基性的成果。

6.1 分 析 力 学

牛顿力学的创立与当时天文学的发展有密切关系，它的主要研究对象是不受约束的自由质点（天体）。到18世纪，随着机器的迅速发展，迫切要求对受约束的机械系统的运动和受力进行分析。当用牛顿第二定律和欧拉公式来研究一个复杂系统的动力学时，要对系统中的各个刚体分别建立方程，这势必会引入不一定需要求解的未知约束反力，而使方程的未知变量数目急剧增加，联立求解变得十分麻烦。

这导致了分析力学（analytical mechanics）的建立。对经典力学的进一步发展作出最大贡献的是法国数学家、力学家拉格朗日（J.-L. Lagrange，图6-1）。1788年，拉格朗日出版了《分析力学》一书，成功地将力学理论与数学分析方法结合起来，构造了具有严谨数学结构的力学分析方法。他在该书的前言中不无自豪地说："本书中无一图，我所要阐明的方法既不需要作图，也不需任何几何或力学的论述，而仅需按照统一规定的步骤进行代数的运算。爱好分析的人将会高兴地看到并感谢我使力学成为分析的一个分支。"

图6-1 拉格朗日

拉格朗日导出了形式极为简明的动力学方程——拉格朗日方程。它是从能量观点上统一建立起来的系统动能、势能和功之间的标量关系。该方程分析的步骤规范、统一，成为研究约束系统动力学问题的一个普遍而有效的数学工具。

分析力学是经典力学发展历程中的一个里程碑，它既是研究对象的扩展，也是一种表达形式上的创新。

在分析力学形成的时期，它就已在天体力学、刚体动力学和微幅振动分析中得到成功的应用，进入 20 世纪后又在量子力学、固体力学和流体力学中得到广泛的应用。分析力学进入工程技术领域则较晚。"二战"以后，分析力学在航天技术、现代控制、非线性力学和计算力学中也得到越来越广泛的应用。目前在复杂机械系统的分析中，已广泛采用拉格朗日方程来推导系统的动力学方程。

6.2　连续介质力学

连续介质力学包括固体力学和流体力学。

6.2.1　固体力学

固体力学研究固体介质在外界因素（如载荷、温度、湿度等）作用下的表现，它包括弹性力学、塑性力学、材料力学和振动理论等分支。

长期以来实践经验的积累和经典力学的建立，为固体力学的发展准备了条件。在 18 世纪，制造大型机器、建造大型桥梁和厂房这些社会需要，成为固体力学发展的推动力。

固体力学基本上是沿着研究弹性规律和研究塑性规律这样两条平行的道路发展的，而弹性规律的研究开始较早。

1. 弹性力学

弹性力学是固体力学中最重要的部分。它研究弹性体在外力作用下或温度等外界因素影响下所产生的应力、应变和位移，从而为解决结构设计或机械设计中所提出的强度和刚度问题奠定理论基础。

在研究对象上，弹性力学和材料力学之间有一定的分工。材料力学基本上只研究杆状构件；而弹性力学则研究各种形状的弹性体。

人类从很早就知道利用物体的弹性性质了（例如弓箭），但是系统地、定量地研究弹性力学是从 17 世纪开始的。弹性力学的发展大体经历了 4 个阶段。

第一阶段还是在牛顿以前。胡克（R. Hooke）于 1678 年提出了胡克定律：弹性体的变形与外力成正比，初步地探索了弹性变形的基本规律。中国东汉时期的郑玄早已发现了此定律，但长期以来被湮没了。

第二阶段从 19 世纪 20 年代开始，是建立弹性力学基础理论的时期。法国的三位学者纳维、柯西和圣维南作出了主要的贡献。

纳维（C.-L. Navier）在 1821 年导出了以位移为未知量的各向同性弹性力学的平衡方程，但是他在公式中只包含了一个弹性常数，而且没有建立起应力与应变的准确概念。

1822—1828 年间，柯西（A.-L. Cauchy，图 6-2）引进了应变

图 6-2　柯西

的概念,建立了应变与位移的关系;引进了应力张量和主应力的概念,讨论了应变张量和应力张量的关系,建立了广义胡克定律(包括各向同性和各向异性材料);得到了以位移表示的弹性体平衡方程和边界条件。这些结果构成了当今线性弹性力学的基本内容,柯西是弹性力学的主要奠基人。

为什么第一阶段中只能提出简单的胡克定律,而到了第二阶段,能够建立起弹性力学的基本理论?这主要得益于牛顿和莱布尼茨创立微积分以后微分方程理论的发展。弹性力学的理论正是通过几组偏微分方程表达的。

第三阶段的主要标志是理论应用于解决工程问题。1855—1858 年间,圣维南(B. Saint-Venant)发表了关于柱体扭转和弯曲的论文,是第三阶段的开始。在他的论文中,理论结果和实验结果密切吻合,为弹性力学的正确性提供了有力的证据。

1882 年,德国学者赫兹(H. Hertz)导出了两个具有曲面的弹性体相接触时在接触区产生的接触应力,从而建立了经典的接触力学理论。1898 年,德国学者基尔施(G. Kirsch)在计算圆孔附近的应力分布时发现了应力集中。这些成就解释了过去无法解释的实验现象,在提高机械、结构的设计水平方面起了重要作用,使弹性力学得到工程界的重视。

从 20 世纪 20 年代起,弹性力学的发展进入第四阶段。在发展经典理论的同时,广泛地探讨了许多复杂的问题,如:各向异性和非均匀体,非线性弹性力学,考虑温度影响的热弹性力学等。这些新领域的发展丰富了弹性力学的内容,促进了有关工程技术的发展。

经典弹性力学成功地解决了一批杆、梁、板类工程构件的应力、变形分析问题。它的理论虽然很完美,但其局限性在于:它要求解几组微分方程组,只有形状简单的一些构件才能得到解析解;它很难处理形状复杂的构件,因此在很多工程实际场合难以直接发挥作用。"二战"后,有限元方法的出现才解决了这一问题。从牛顿创立经典力学到柯西建立弹性力学理论,历时 135 年;而到有限元法出现,又经历了一个 135 年。

2. 塑性力学

塑性力学的研究可追溯到 18 世纪下半叶。塑性变形现象发现较早,然而对它进行力学研究是从 1773 年库仑提出土壤的屈服条件开始的。

到了工业革命时期,钢铁被大量应用,水压机和锻锤被广泛应用,对金属塑性加工中的理论问题进行研究越显必要。

判断物体在复杂应力状态下是否屈服的准则称为屈服条件,它是各应力分量组合应满足的条件。对于金属材料,最常用的屈服条件有两个,即后文将要提到的最大剪应力屈服条件(第三强度理论)和最大形状改变比能屈服条件(第四强度理论)。

塑性力学是机械工程中构件的塑性极限分析,以及锻造、轧制和其他压力加工中金属的成形分析的理论基础。

3. 材料力学

材料力学是从解决实际工程问题中发展起来的。材料力学中采用了一些简化假定,将土木建筑中的梁、桁架,机械中的轴、连杆都简化为杆来处理,因此它的分析和计算都相对简单。

材料力学是固体力学中最早发展起来的一个分支。1638 年,意大利科学家伽利略在实验的基础上首次提出梁的强度计算公式。一般认为这是材料力学发展的开端。

土木建筑中大量使用梁,因此,梁的计算很早就成为材料力学中的重要问题。1750 年左右,欧拉和丹尼尔·伯努利(D. Bernoulli)提出了忽略剪切变形的梁的受力和变形的理论。这种梁被称为欧拉-伯努利梁,至今仍是分析梁的强度、变形和振动的基本模型。欧拉还提出了弹性体的稳定性问题,并解决了压杆稳定性的计算。俄国学者茹拉夫斯基(D. Zhuravsky)在建设铁道桥梁的工作中解决了梁的强度方面的许多问题,如梁内剪应力的研究和组合梁的计算。

法国学者库伦(C. -A. Coulomb)早在 1784 年就研究了扭转问题,并提出了"剪切"的概念。

强度理论是材料力学中的一个重要问题。在历史上主要提出过 4 种强度理论:①由英国工程师蓝金(W. Rankine)最早提出的以最大拉应力为判据的第一强度理论;②最早由法国学者彭赛利(J. -V. Poncelet)提出的以最大伸长为判据的第二强度理论;③特雷斯卡(H. Tresca)在 1867—1878 年间发展而成的以最大剪应力为判据的第三强度理论;④ 1904 年由波兰学者胡贝尔(M. T. Huber)提出的总应变能理论,经过米泽斯(R. Mises)在 1913 年提出的改进,形成了最大形状改变比能理论,即第四强度理论。

这 4 个强度理论构成了结构强度理论的基础,有了它们,汽车、高速铁路、潜艇、飞机、燃气轮机、核电站、航天飞机等大型机器、装置的建造才成为可能。

疲劳强度是材料力学中与机械工程关系相当密切的重要内容。蒸汽机用于铁路机车后运行速度大为提高,但机车车轴常发生意外断裂,引发了关于疲劳破坏问题的研究(详见 7.6 节和 10.5 节)。

在牛顿创立经典力学以后的 1 个多世纪,是力学、数学的昌盛时期,材料力学的几个基本问题——强度、刚度和稳定性都得到了正确的解答。

机械和土建中的构件在载荷作用下的强度和刚度问题,需要一些简单易行的计算方法来解决。因此,尽管有了理论上更为完美的弹性力学,材料力学仍然在解决实际工程问题的过程中逐步充实、壮大。

19 世纪初,开始建造大规模的工程结构。在材料力学知识的基础上,结构力学发展成为一门独立的应用学科。19 世纪下半叶,寄寓于应用力学门下的机械零件设计也独立出去,开始形成机械设计学科。

4. 振动理论

1) 振动理论研究的萌生

振动理论的研究远在工业革命之前就已经开始了。那时,手工工场中机械的动力还使用人力和水力,振动还不是突出问题,早期研究的对象主要是摆钟和乐器。

早在 1602 年,伽利略就曾对振动进行了开创性研究,他发现了单摆的等时性,并计算了单摆周期。惠更斯发明了摆钟,并指出了单摆大幅摆动时对等时性的偏离,这是对非线性振动现象最早的观察和记载。

提琴、钢琴都是用振动的弦发声的;琴的共鸣腔则都使用板状结构。从欧拉、伯努利、达朗贝尔开始,在随后的 2 个世纪中,弦、梁和板的振动一直是力学界研究的热门,这都与对乐器的研究有关。

2）线性振动理论的发展

线性振动理论适用于线性系统，即质量不变、弹性力和阻尼力分别与运动的位移和速度成线性关系的系统。它是在微幅振动的情况下对振动现象的近似描述。

1743—1758年间，达朗贝尔在研究弦的振动时，解决了一个有几个自由度的振动系统微分方程组的解耦，当时还没有矩阵和特征值的概念，他也未能将其上升为一般化的理论。

1788年分析力学建立，微幅振动系统的分析就成为分析力学的主要用武之地之一。19世纪20—50年代，特征值问题被柯西等数学家解决，这奠定了求解多自由度离散系统振动问题的基础。

英国物理学家瑞雷（J. Rayleigh，图6-3）是对经典振动理论贡献最大的科学家。他在1877年出版的著作《声学理论》集前人研究之大成，详细地讨论了弦、管、板等弹性体和气体的振动问题。在此书中已经形成了今天的线性振动理论的主要内容，被奉为弹性动力学和声学方面的经典之作。

图6-3　瑞雷

3）非线性振动理论的发展

实际的振动系统绝大多数都是非线性系统。非线性因素是多种多样的，如作用力（电磁力、弹性力和阻尼力）非线性、运动非线性、材料非线性、几何非线性等。

1939年年底，著名的匈牙利裔美国力学家冯·卡门（T. von Kármán）做了题为《工程师与非线性问题拼搏》的讲演，充分论证了非线性力学将对世界产生的重大影响。

似乎是在给冯·卡门的演讲提供一个有力的例证，1940年11月，美国西雅图附近的Tacoma大桥在大风中发生剧烈的振动而坍塌，见图6-4。事故是由于在设计中未考虑风载的非线性作用而造成的。一直到20世纪90年代，还有讨论这一事故的文献发表。

图6-4　美国Tacoma大桥坍塌

非线性振动的数学模型是非线性微分方程。这类方程迄今没有普遍有效的精确求解方法。线性常微分方程的理论已十分成熟，因此将非线性系统简化为线性系统来进行分析是工程中常采用的方法。但是这有一定的限度，也存在着风险。当非线性因素较强时，不仅计算的结果相差太大，而且用线性理论无法揭示和说明很多非线性振动的特有现象。这些特有现象包括：振动周期不具"等时性"；非线性系统不符合叠加原理；当恢复力为非线性时，系统固有频率与振幅的大小有关；此外，还存在着自激振动、参数振动、复杂的跳跃、谐振现象。至于更复杂的分叉和混沌则是20世纪60年代以后才被普遍认识的现象。

非线性振动的研究迄今经历了三个阶段。

第一阶段是运动方程的定性理论。对非线性方程,常常不能获得精确解,而只能诉诸近似解。但是在求得近似解之前,必须对问题有一个定性的了解。这就引起了运动方程定性理论在 19 世纪末叶的提出与发展。

庞加莱(H. Poincaré,图 6-5)曾担任法国科学院院长,他将从力学得出的微分方程加以数学的提高,提出了动力系统的概念。庞加莱的重要贡献是关于动力学的几何化研究,他首先提出了奇点、相空间、相图等概念,使动力学可借助几何图形来实现直观化。这些重要概念和方法迄今一直是动力学定性研究的重要工具。

李雅普诺夫(A. Lyapunov,图 6-6)在 1892 年完成了博士论文《运动稳定性一般问题》,44 岁成为彼得堡科学院院士。他是运动稳定性研究的奠基人,给出了运动稳定性的严格定义,还给出了两种严格的判定方法,这迄今仍是所有运动稳定性教科书中的主要内容。

图 6-5　庞加莱　　　　　　图 6-6　李雅普诺夫

第二阶段是非线性振动分析的定量方法,从 19 世纪末叶一直延续到 20 世纪 60 年代。

数值积分方法虽然可以用来计算非线性系统振动的时间历程,但是这类方法在分析运动特性对系统参数的依赖关系方面显得不是很方便。因此,近似解析方法陆续被提出,它也常被称为"摄动法"。因为它通常是以线性振动理论得到的精确解为基础,将非线性因素作为一种摄动,求出近似的解析解。1830 年,法国学者泊松(S. Poisson)在研究单摆振动时就提出了摄动法的基本思想,但形成潮流的摄动法研究大体上是从 19 世纪末叶开始的。1892年,庞加莱建立了摄动法的数学基础,后来许多位力学家提出了多种近似解析方法,但是这些方法一般仅限于弱非线性系统,而且目前对高维系统的某些问题尚无法解决。

20 世纪 60 年代以后,混沌现象的发现为非线性动力学的研究注入了新的活力,成为非线性振动研究第三阶段的主题(详见 8.1 和 8.6 节)。

6.2.2　流体力学

人类自古以来就使用水车、水磨、泵和船,流体阻力、扇叶形状等问题早就引起了人们的关切。阿基米德奠定了流体静力学的基础,而流体动力学则是在 17—18 世纪之交开始发展的。

牛顿曾研究了在流体中运动的物体所受的阻力,针对黏性流体运动,提出了牛顿内摩擦定律,为黏性流体动力学奠定了初步的理论基础。

瑞士科学家丹尼尔·伯努利在1738年研究了供水管道中水的流动,建立了流体势能、动能和压力能之间的能量转换关系(即伯努利方程)。欧拉在1755年提出了流体连续介质的概念,建立了流体连续性微分方程和理想流体的运动微分方程(即欧拉方程)。这两个方程的建立是流体动力学作为一个分支学科建立的标志,从此开始了用微分方程和试验测量进行流体运动定量研究的阶段。

1827年,法国力学家纳维在流体介质连续性等假设的基础上,第一个提出了不可压缩流体的运动微分方程组。1846年,英国人斯托克斯(G. Stokes)又以更合理的方法严格地导出了这些方程。后来在引用该方程时,便称为纳维-斯托克斯方程,它是流体动力学的理论基础。

1883年,爱尔兰裔英国人雷诺(O. Reynolds)用实验证明了黏性流体存在两种不同的流动状态——层流和湍流,找出了实验研究黏性流体流动规律的相似准则数——雷诺数,以及判断层流和湍流的临界雷诺数,并且建立了湍流基本方程——雷诺方程。

流体动力学的发展为后来飞机、船舶和近、现代流体机械的发展奠定了理论基础。

第 **7** 章

近代机械工程学科的诞生和发展

社会上一旦有技术上的需要,则这种需要就会比十所大学更能把科学推向前进。

——恩格斯

在第一次工业革命中,机械的发明、机械工业的建立和发展起着主干作用。第二次工业革命的主角虽然是电力,但机械的发明比第一次工业革命时期还要多,机械科技仍然是这次工业革命的骨干。

随着机械发明、机械设计、机械制造等活动的开展,在 19 世纪上半叶,机械工程学科诞生。到 20 世纪上半叶,它的两个主要的二级学科——近代的机械设计及理论学科和机械制造学科基本成形。

7.1　机械工程学科的诞生

机械工程学科的诞生有两个基础。一个出现在英国,这就是随着机械工业的诞生,机械工程师的队伍和力量逐步壮大。另一个出现在法国,在那里,机构学被公认为一个独立的学科。

经典力学的创立为机械科学的发展奠定了理论基础。工业革命以后机械的大量使用和新机械的不断发明向科学理论界也提出了许多需要解决的问题。在这个过程中,逐渐积累了机械工程的知识,开始形成一整套机械工程的基础理论。

7.1.1　机构学的诞生

1. 首先需要提升为理论的是机构学

人类在远古时期就已经使用了机构,但由于缺少理论,在数千年中机构的演进很缓慢。古代机构的众多发明都是依靠直觉和灵感创造出来的,并没有一般化的、系统的机构学理论和设计方法。典型代表人物就是瓦特。这些经验性的工作是机构学发展的根。

从文艺复兴以后,也有少数学者从事机构的研究,例如达·芬奇设计了很多机构,还有数学家欧拉提出采用渐开线作为齿轮齿廓。

在牛顿力学建立之后,甚至在第一次工业革命起步之后的一段时期内,关于机器和机构的研究还属于应用力学研究的一部分,尚未形成一个独立的学科。

蒸汽机发明以后,新机器的发明如雨后春笋。在那个时代,还没有那么多先进的动力可供选择,在控制方面也还基本上未做考虑,因此机器发明中的焦点问题比较单一:选用机构或发明新机构来产生机器所需要的运动。在机械工程学科的各分支中,机构学首先破土出芽,原因即在于此。

另一方面,工业革命后机器的功率和速度都大幅度地提高了,需要认真地进行机器的运动分析和力分析,这就要求将直觉和经验上升为理论,从而推动了机构学学科的发展。

2. 巴黎技术学院首先开设机械课程

启蒙运动为法国科学的勃兴奠定了思想基础。法国大革命中建立的拿破仑政权对科学很重视。18 世纪下半叶,法国科学进展很快,取代英国成为世界科学发展的中心。

受英国工业革命的推动,也是当时战争的需要,在法国大革命期间的 1794 年,法国成立了世界上第一所专门的高等工程学校——巴黎技术学院。1806 年,主政该校的数学家蒙日(G. Monge,图 7-1)决定开设机械方面的课程——机构学。

图 7-1　蒙日

3. 机构学成为独立的学科

早在 18 世纪 60 年代,欧拉等学者就开展了零散的机构运动学研究。到 19 世纪 20—30 年代,又出现了理论运动学学派的研究。在理论思维和数学方面有悠久传统的法国人是这一学派的主力,巴黎技术学院成为研究中心。这一学派研究了旋转瞬时中心、齿轮啮合理论、螺旋理论等问题。

巴黎技术学院设置机械课程,推动了机构学作为一个学科而被承认。

1834 年,法国物理学家安培(A. -M. Ampère)在论述科学分类的文章中,将研究机构及其运动的这一学科分支称为"cinematique"。他根据希腊文杜撰了这个法文单词,到了英文里就变成了"kinematics"。安培当时正是法国科学院多个科学咨询会的成员,他的意见很有影响,从此(机构)运动学形成为一个独立的学科。

机构学是现今的"机械设计及理论"二级学科的核心部分之一,是"机械工程"一级学科中历史最久的组成部分。

随后,法、英、俄等国都有机构学的著作出版,主要讨论机构的组成和机构运动学,涉及的机构类型主要是连杆机构和齿轮机构。

7.1.2　机械工程师学会的成立

在第一次工业革命中,机械制造业作为一个工业部门在英国建立并发展起来,形成了一支机械工程师队伍,并不断壮大。

1847 年,英国土木工程师学会中的一批工程师分离出来,成立了机械工程师学会,这是世界上建立最早的机械工程学术团体。第一任主席就是发明蒸汽机车的史蒂文森。英国机械工程师学会的成立,标志着机械工程作为一个独立的工程学科得到了承认。

机械工程师学会是从土木工程师学会中分离出来的——这一事实在今天看来,简直是匪夷所思! 200 年来学科分化的程度可见一斑。

土木工程和机械工程合在一起时用的名称是"civil engineering"——民用工程。机械工程分离出来以后,土木工程还使用这个名称至今。

长期以来,从事机械制造、使用和修理的人被称为机器匠(machinist),社会地位不高。机械工程的学术组织和行业组织的出现,反映了机械工程界的企业家和技术人员要求自由开展学术交流、维护共同利益、争取提高社会地位的共同愿望。

其后,德国、美国、日本等国也相继成立了机械工程学会。

机械工程学会在推动学科发展方面起到了重要的作用,如组织学术讨论、普及科学技术知识,以及制订指导性技术文件和机械工业标准的工作。

随着机械化向各工业部门延伸,领域不断扩大,机械工程学会成为各国历史最悠久、规模最大的学术团体。

7.2　近代机构学学科的发展

巴黎技术学院开设机械理论课程、安培确定机构学学科的名称、法国理论运动学学派的研究活动,标志着机构学学科的建立和第一波发展。

7.2.1　机构学的德国学派和俄苏学派

到 19 世纪下半叶,出现了机构学研究的第一个黄金时代。能工巧匠的构思上升为科学理论,理论与实践日益紧密地结合,这也加速了机构演进与创新的进程。

机构学在其后的发展历程中,先后形成了三个著名学派。在本章中介绍 19 世纪下半叶形成的德国学派和俄苏学派,在第 10 章中介绍"二战"后形成的美国学派。

1. 德国学派

发明了内燃机和发电机的德国在第二次工业革命中崛起。

在德国学派形成之前,机构学的发展存在着两个问题。

首先,理论和应用两个方面是分别发展的,还没有很好地结合起来。纽可门、瓦特等人都是技师出身,他们发明了蒸汽机,发明了瓦特直线运动机构,但是从未曾想过建立机构的理论。至于欧拉和法国理论运动学学派的数学家、力学家们,有的虽涉足了机械问题,但他们没有实地去接触工程。

其次,在理论方面,机构学的先驱们对机构的概念和组成还没有形成清晰与成熟的理论。

德国机构学学派的创始人是卢莱(F. Reuleaux,图 7-2),他曾担任柏林皇家技术学院院长。1875 年,卢莱发表了《理论运动学》一书,引入了今天被称为"运动副"和"运动链"的概念,并阐明机构的运动取决于机构的这种"几何形式"。这是最初始、最简单的机构结构学理论。他提出了描述各类机构拓扑结构的简洁的符号表示法,并说明它可用来进行机构的分类,甚至进而发明新机构。他说明了一个四杆机构如何能通过转置和改变相对杆长而变异出 12 大类的 54 种机构。他的这些工作奠定了现代机构学的基础。

德国学派的另一位代表人物是开创了运动几何学学派(见 7.2.2 节)的布尔梅斯特(L.

Burmester，图 7-3）。

图 7-2　卢莱　　　　　　　图 7-3　布尔梅斯特

卢莱和布尔梅斯特属于机械原理方面最早的技术科学家。前人已经给他们准备好了必要的力学和数学知识，他们的任务是紧密结合时代的工程需要来发展机构的理论和创造新的机构。

2. 俄苏学派

在 1861 年的废除农奴制改革之后，俄国走上了近代工业化国家的发展道路。

俄国机构学学派的创始人是彼得堡科学院院士契贝雪夫（P. Chebyshev，图 7-4）。契贝雪夫主要是一位数学家，在不等式、多项式等多个领域都有以他的名字命名的成果。他在 28 岁时获得了数学博士学位，29 岁即被选为圣彼得堡大学特级教授。他从 19 世纪 40 年代开始，曾致力于连杆机构设计的研究 30 余年，这实际上比德国学派还要早，卢莱曾将他的著作译成德文。

俄苏学派的另一位著名人物是阿苏尔（L. Assur，图 7-5），他提出了俄苏学派的机构结构学理论（见 7.2.2 节）。

图 7-4　契贝雪夫　　　　　　图 7-5　阿苏尔

此外，在复杂机构的运动分析、空间机构理论、齿轮啮合理论、机构精确度和机械动力学等方面都有俄苏学者很大的贡献。

7.2.2　连杆机构的应用和理论

虽然古代早就使用了连杆机构,但是从理论上进行研究,并发明出更多的连杆机构,将其应用于各类机械中,则是工业革命以来的事了。19 世纪是连杆机构的黄金时代。连杆机构的设计理论到了德国学派的手中才开始走向成熟。

1. 用连杆机构实现特定轨迹

近代连杆机构的应用始自瓦特。在制作他最初的蒸汽机时,为了引导活塞作直线运动,瓦特曾用经验性的方法设计了图 7-6 所示的机构,后来被称为"瓦特机构"。瓦特机构在蒸汽机上并未使用,但是它开创了利用连杆曲线实现特定轨迹的先河。

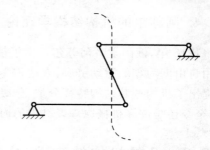

图 7-6　瓦特的直线运动机构

加工一个平面在今天根本不算什么,但在 18 世纪下半叶,铣床尚未发明,要制作出高质量的移动副并非易事。在那个时代,人们费了很多脑筋,想用只包含回转副的连杆机构来生成包含一段近似直线的连杆曲线。除瓦特之外,俄国学者契贝雪夫也曾研究过直线运动机构。

除了实现近似直线以外,实现近似圆弧和其他形状曲线的机构也都有所应用。在没有数控机床的年代,人们曾用特定的连杆曲线来实现对异形零件的加工。

2. 连杆机构的广泛应用

在两次工业革命中发明的很多机器中都应用了连杆机构,而且它常常是机器的主体机构,例如牛头刨床、缝纫机、压力机、颚式破碎机、计算机械、各种液压机构,以及一些纺织机械、工程机械、农业机械等,许多应用实例已被收入到机械原理教科书和各种专著中。除了四杆机构外,多杆机构也有所应用。但是,连杆机构的速度一般还不是很高。

今天,电子技术理所当然地取代了连杆机构在机械式计算机、打字机和自动机床等许多场合中的应用。但是,尽管数字控制的伺服机构已经很普遍,仍有一些运动实现问题只能用连杆机构或凸轮机构来解决。

3. 连杆机构运动分析与综合的理论

俄国学者契贝雪夫在 1869 年就提出了平面机构自由度公式。德国学者到 20 世纪才提出了自由度公式。这些公式无法解释一些特殊情况,一直到今天还在争议、研究并不断发展。

德国学者在 1883 年提出了铰链四杆机构的曲柄存在条件。

到 19 世纪中叶,连杆机构已得到越来越多的应用;而机构运动学还未形成一个清晰的理论框架。19 世纪下半叶,德国学派和俄苏学派都建立了连杆机构运动分析与综合的理论。

布尔梅斯特从 1872 年起开始了机构运动学研究。他归纳出近代低副机构的三个综合问题:实现特定轨迹的综合、实现特定刚体位置的综合和再现连续函数的综合。其中,再现连续函数的问题来源于仪表和计算机构。他曾经研究过用连杆机构来实现平方计算、反比例计算和对数函数的计算。由于电子技术的发展,这一类问题在当代已经很少了。

布尔梅斯特研究了平面图形在其所在平面中运动的有限分离位置,提出了圆点曲线和中心点曲线的理论,和以此理论为基础的机构综合图解法,开创了机构分析与综合的运动几何学学派,使得机构运动学在 19 世纪下半叶成为一个成熟的学科。图解法在设计简单机构时不失为一种简便可行的方法,但对某些应用场合,其精度显然不够。

俄国学者契贝雪夫建立了机构综合的代数方法,并建立了衡量机构综合误差的理论。

4. 阿苏尔的机构结构学理论

1916 年,俄国学者阿苏尔提出了俄国学派的机构组成和分类的理论。他证明:机构可以用自由度为零的运动链(后来被称为阿苏尔组)依次连接到原动构件和机架上来形成。他还提出了机构按其结构特征分类、分级的方法。阿苏尔理论在机构学发展史上占有重要地位,至今还是许多机械原理教材中的内容。

7.2.3 凸轮机构的演进、分析与设计

1. 凸轮机构的演进

虽然古代中国和西亚都很早就应用了凸轮(见 2.2 节),但关于凸轮机构的理论研究出现得很晚。19 世纪末叶发明了自动机床;同时由于轻工业的发展,各种自动化机械相继出现。这一时期,电、液控制还没有发展起来,自动化是靠纯机械方法实现的,凸轮起着关键作用。例如在自动车床中,有一根分配轴(图 7-7),它是机床的灵魂,随着分配轴的转动,其上的多个凸轮指挥着不同的机构和部件按所设计的运动规律运动。

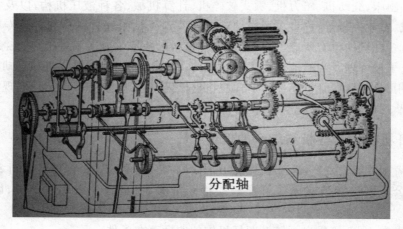

图 7-7 A20 型单轴六角自动车床

但是自动车床中的凸轮机构一般速度并不高。凸轮机构发展的更重要的背景是内燃机中的应用(图 7-8),以及后来在各种轻工业自动化机械中的应用。进入 20 世纪以后,内燃机

和自动化机械速度的不断提高始终是凸轮动力学和凸轮设计发展的直接推动力。

图 7-8　四缸内燃机中的进排气凸轮机构

2. 凸轮机构的力分析

凸轮机构的力分析早在 19 世纪末叶就伴随着内燃机的发展而出现了。力分析的目的主要是：①确定凸轮表面的接触力和从动件系统的受力，以便进行强度校核；②判断从动件是否会跳离凸轮，正确地进行闭锁弹簧的设计。

在 20 世纪上半叶，凸轮的运转速度还不是很高。凸轮设计采用的是静态设计方法，即假定凸轮机构被看成是一个刚性系统，并且主动构件——凸轮作等速回转运动。

3. 早期凸轮机构从动件的运动规律

早期的凸轮设计者主要依靠经验和样机试验进行设计。凸轮廓线的确定主要依靠图解方法而不是解析方法。那个时代还没有能精确加工凸轮曲线的数控机床。

当时，设计者仅从运动学角度来选择或设计从动件的运动规律和凸轮廓线，很少提及动力学概念。错误地使用抛物线运动规律，说明对凸轮机构振动的认识还很不清晰。

20 世纪初，内燃机转速飙升。20 年代起，美、苏、日等国都有凸轮方面的专著和研究报告问世，一般都与内燃机配气机构相关，但还没有人在振动理论的基础上来进行研究。

4. 间歇运动机构的演进

最早使用的间歇运动机构是棘轮机构，但它只能用在速度很低的情况下。后来则广泛应用槽轮机构，国外文献中常称其为"日内瓦机构"（Geneva mechanism），这是因为它是由瑞士制表中心日内瓦的一个钟表匠发明的。槽轮机构广泛应用于机床和轻工机械中，来产生多工位工作台的间歇转动。它还应用于电影放映机中，带动胶片作步进运动（图 7-9）。

当代的高速间歇机构已多数采用分度凸轮机构，这基本上是"二战"以后的事了（见 10.2 节）。

间歇运动机构

图 7-9　电影放映机中的槽轮机构

7.3　机械振动理论与应用的发展

振动理论的萌发与工业发展关系不大(见 6.2 节),但到了工业革命时期,动力增大、速度提高,机械振动就引起了人们更多的注意。它既是振动理论学科的应用部分,也成为机械动力学学科中最早的一个分支。

19 世纪中叶,铁路车辆的速度和载重量都大为提高。1847 年 5 月,刚建成半年的迪河铁路大桥塌垮,英国举国震惊。在 1849 年发表的调查报告的附录中,提出了移动载荷作用下梁的横向振动问题。这虽然只是一个报告的附录,却成为铁路桥梁建设方面的重要文献。移动载荷作用下梁振动问题的研究一直持续到现在,高速列车通过桥梁时的动力学分析仍然是极为重要的工程问题。

在第二次工业革命中,电动机、发电机和汽轮机陆续出现。高速轴一般是传动系统中刚性最薄弱、最易产生振动的环节,高速转子引起的弯曲振动问题变得突出起来,转子动力学诞生(详见 7.4 节)。

20 世纪初叶,汽车工业初建,内燃机速度成倍地提高,这带来了一些新的动力学问题,其中之一是多缸内燃机的曲轴振动。针对机床的复杂运动链,也提出了轴系扭转振动的问题。在这样的背景下,1921 年,德国学者霍尔茨(F. Holz)提出了轴系扭转振动的计算方法。

虽然从 19 世纪末叶起非线性振动理论已开始研究,但 20 世纪上半叶机械振动应用领域的主题仍然是线性振动。到 20 世纪中叶,线性离散系统的理论已趋完整,但还没有电子计算机,能计算的自由度数有限。有限元法未出现时,对连续系统的分析局限在形状很简单的构件。

从惠更斯到瑞雷,从事振动研究的主要是力学家和应用数学家,侧重在对振动现象的揭示和科学地给予解释。第二次工业革命以后,先是由于发动机、车辆和机床的发展,后来是由于航空事业的发展,引发了许多密切结合工程实际的振动问题研究,如:机器的平衡,轴和齿轮系统的扭转振动,透平叶片和透平汽轮的振动,旋转轴的涡动,机器的减振和隔振等。振动问题的研究开始从理论研究转向与实际紧密结合的应用研究。

在这种形势下,就需要系统地给机械工程师补课。铁摩辛柯(S. Timoshenko,图 7-10)

是最早尝试这一教育工作的先驱。他在 20 世纪 20—30 年代在美国西屋电气公司从事应用力学的研究,并为工程师讲授机械振动问题。在此基础上,1928 年,铁摩辛柯出版了影响很大的早期教材《工程中的振动问题》,这本书曾在数十个国家多次出版。

机械振动的危害越发严重,对减振和隔振的要求也日益迫切。到 20 世纪中叶,隔振、减振方法已成为机械振动理论的一个组成部分。

对于机床等要求一定精密度的机械要求减小外界振动对机械的影响,对于锻锤等机械要求减小机械对外界环境的影响,因此分别采用了被动隔振和主动隔振的方法,其原理如图 7-11 所示。

图 7-10　铁摩辛柯

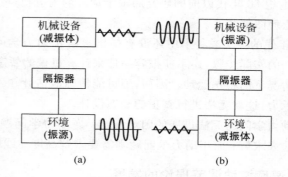

图 7-11　隔振原理图
（a）被动隔振；（b）主动隔振

7.4　近代的机械动力学

7.4.1　机械动力学分析方法的形成

200 年来,先后提出了机构和机械系统的静力分析、动态静力分析、动力分析、弹性动力分析 4 种不同水平的动力学分析方法,其背后的推动力是机械持续不断的高速化、大功率化、精密化和轻量化,尤其是机械的高速化,它是机械动力学发展的第一推动力。

1. 机械动力学分析方法的早期发展

机器要运动,要传递力和力矩。构件之间相互作用力的大小和变化规律是选择原动机、设计运动副的结构,分析支承和构件的承载能力,以及选择合理的润滑方法的依据。因此,最先发展起来的是机构的运动分析方法和机器的静力分析方法。

在发展的早期,机器速度不高,构件的惯性负荷一般忽略不计。制造零件的材质较差,为保证强度,构件的截面不能太小,因此构件的刚性较大。在这种背景下,将机器作为刚体系统,用静力学进行分析是完全可行的。

随着机械速度的提高,开始计入惯性负荷。19 世纪,力学中的达朗贝尔原理被引用到机械的力分析中来,形成了动态静力分析方法。

俄国学者在机械动力学方面的研究起步最早,在 1916 年就出版了世界上第一本《机构动力学》教材。德国学派则建立了机构力分析的系统的图解方法。

从瓦特的蒸汽机开始,飞轮使用得越来越多,频繁启动的机械也越来越多。在机械的过渡历程——启动阶段和停车阶段中,会产生较大的动载荷。所有这些,都需要了解机器的真实运动。动力分析方法的研究就提到日程上来。

2. 早期机械动力学分析方法的局限性

在早期的机械力分析领域取得的一些进展有很大的局限性。

20 世纪 50 年代以前的研究局限于动态静力分析,或称为逆动力学问题,逆动力学的求解基本依赖图解方法。

50 年代的英文教科书中还没有提供求解正动力学问题——根据作用力确定系统真实运动——的实际步骤,还不能很容易地来计算机械的暂态运动,而不得不满足于只求出在安装飞轮情况下的稳态运动。因而,不可能精确地估计在不稳定运动状态下机械部件中的应力和轴承力,这就无法进行真正的动态设计。

正动力学问题无法进展的困难在于:逆动力学问题只归结为代数方程组,因此可以用图解方法来求解;而正动力学问题则需要求解高度非线性的微分方程组。

3. 速度波动调节理论的发展

1842 年出现了蒸汽锤。1858 年出现了颚式破碎机。19 世纪末叶,以电为动力的压力机快速发展起来。这些锻压、破碎类机械的工作负荷变化很大,导致在运转中产生很大的速率波动,同时,由于工作负荷变化很大,用峰值负荷来选择原动机容量也很不合理。速率波动还严重地影响纺纱机、发电机和精密机床的工作质量。

瓦特在改进蒸汽机的过程中为了使输出轴的回转运动更加均匀,便使用了飞轮。对于非周期性的速度调节,以瓦特的离心飞球调速器为代表。调速器是蒸汽机能够普及应用的关键问题之一,同时,它也是人类所应用最早的自动调节装置。

用飞轮和调速器调节机械的速度,德国学派和俄苏学派都对此进行了研究。

7.4.2 转子动力学研究的起步

旋转部件在许多情况下也称为转子。为抑制转子不平衡所引起的振动,平衡问题的研究早已成为机械动力学的重要内容。

1. 刚性转子平衡技术的发展

工作转速低于最低临界转速的转子称为刚性转子。直径远大于厚度的圆盘形转子的平衡——静平衡,在理论和技术上都十分简单。磨削刀具的砂轮机的历史已不可考,但由于砂轮崩裂而导致严重危害的事例却早有记载。因此,伴随着砂轮转速的提高,就应该有静平衡技术了。

随着电机的发明,转子的厚度至少已和直径相当,动平衡问题摆到了工程师的面前。发电机发明后仅 4 年,1870 年,就发明了动平衡技术。1915 年,制成了第一台双面平衡机,并很快占领了世界市场。至此,刚性转子的平衡问题基本获得解决。

2. 转子动力学的早期研究

工作转速高于转轴最低阶临界转速的转子称为柔性转子,最典型也是最重要的柔性转子是大型汽轮发电机组的转子(图7-12)。柔性转子的平衡比刚性转子复杂得多,转子动力学就是专门研究柔性转子的机械动力学分支。

从1869年出现柔性转子研究的第一篇文献,到1919年得到正确的理论结果,就转子的转速能否超过临界转速的争论和研究整整持续了半个世纪。特别是20世纪初,汽轮机速度提高,这一研究就显得更为紧迫。

1919年,英国动力学家杰夫考特(H. Jeffcott)采用了图7-13所示的转子模型,通过分析得出了其振幅随频率变化的曲线。他的结论是:当转子超临界转速运转时,随着转速的增加,转子会有一种自动定心效应,振幅将趋于一个常值。存在着稳定的超临界转速——这是一个重要的观念变革,它为设计转速和效率更高的涡轮机、水泵和压缩机奠定了理论基础。

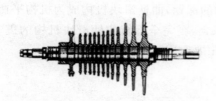

图 7-12　汽轮发电机组的转子

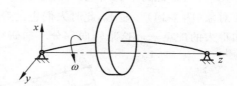

图 7-13　杰夫考特的转子模型

在20世纪20年代,很快便依据这一理论设计出了超临界转速运行的转子,而这正是汽轮发电机组迅速发展的时期。

3. 轴承-转子系统动力学的萌生

柔性转子出现不久,很快就发现了新的问题。美国通用电气公司(General Electric)研制的一种高炉鼓风机,高速运行时出现剧烈的振动,很难将转速提高到临界转速的2倍。1924年,该公司的实验研究报告指出,这是一种前所未见的"自激振动";随后又提出,这种振动可能源起于油膜。

此后,许多学者继续探讨油膜造成的这种特殊振动形式,揭示出:在轻载轴承中,转子涡动的角频率近似等于其转速之半。这就与鼓风机很难将转速提高到2倍临界转速的事实相符合了。

这一事实揭示出:转子的动力学行为不仅取决于转子自身,而且和支承它的轴承有密切关系。因而,通用电气公司的研究标志着"转子系统动力学"的起步。对转子系统动力学的深入研究则是20世纪60年代的事了(详见10.4节)。

转子动力学的发展,来自实践的驱动,也来自理论和实践的交互作用。

7.4.3 关于机构动力平衡的研究

蒸汽机,特别是内燃机速度的提高使得作往复运动的活塞引起的振动、噪声和磨损问题也变得突出起来。这就将机构惯性负荷的平衡问题摆到了科学家和工程师的面前。

由于机构运动过程中惯性力和惯性力矩的作用,机构传给机座一个震动力和一个震动力矩,它们都是周期性变化的。解决震动力的平衡称为机构的静平衡,同时解决震动力和震动力矩的平衡称为机构的动平衡。机构平衡问题,在本质上是一种以动态静力分析为基础的动力学综合,或动力学设计。

关于机构平衡问题的研究是从 20 世纪初开始的,首先研究的是震动力平衡问题。

早在 1902 年,就提出了现已众所周知的著名结论:机构震动力完全平衡的充分必要条件是机构运动构件的总质心保持不动。但是,这似乎只如火光之一闪,关于完全平衡的研究一直到 40 多年后才旧话重提。当时,人们的兴趣都转入到对震动力部分平衡的研究,它成为"二战"以前平衡研究的主流方向。这是因为,从 20 世纪初至 30 年代,内燃机的运转速度提高了几倍,内燃机的平衡问题当然成为压倒一切的课题,曲柄滑块机构成为机构平衡研究的主要对象(图 7-14)。显然,此时人们也已经认识到,要完全平衡曲柄滑块机构的震动力,需要加很大的配重——这是转向部分平衡研究的主要原因。

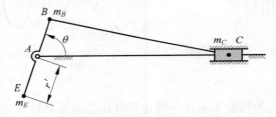

图 7-14 曲柄滑块机构的震动力部分平衡

一般连杆机构的完全平衡,作为一个理论问题,在 20 世纪 60 年代才得到解决。

7.5 机械传动与液压传动的演进

7.5.1 机械传动的演进

蒸汽机的速度比较低,而电动机和内燃机的转速在多数情况下比工作机的转速高。应用在不同场合的传动装置传递的功率和转速不同,并在体积、重量和经济性等方面受到限制。

传动速度的提高和传递载荷的增大,是推动机械传动类型扩展、设计与制造水平提高的主要因素。高速齿形链传动、高速带传动、新型蜗杆传动出现的背景均在于此。

1. 齿轮传动

迄今为止,应用最广泛的机械传动装置始终是齿轮传动。

文艺复兴以后,瑞士的钟表业发展起来。钟表齿轮的速度虽然极低,但是对磨损和表针运动的均匀性有一定要求。同时,为了减小尺寸,开始使用金属齿轮。钟表中使用摆线齿廓。

1765 年,欧拉首次提出用渐开线作为齿轮的齿廓。蒸汽机发明以后机器的速度提高了,要求大力改善齿轮的传动质量。渐开线齿轮能保证齿轮瞬时传动比的稳定性,它的使用极大地改善了机械传动的质量,适应了机械传动速度和功率的不断提高。渐开线至今仍然是使用最为普遍的齿廓曲线。

1841 年,英国学者威利斯(R. Willis)提出了平面曲线啮合定律,确定了高副接触的构件角速度之间的基本关系式。他还指出了渐开线齿轮具有中心距可分性的优点。1842 年,法国学者奥利弗(T. Olivier)建立了齿轮啮合的几何理论;1887 年,俄国学者郭赫曼(C. Gochman)建立了齿轮啮合的解析理论。

适应机器速度的提高,斜齿轮和人字齿轮被大量应用。1899 年,德国人拉斯克(O. Lasche)首先使用了渐开线变位齿轮。

汽车后桥部分有传递垂直轴间运动的锥齿轮传动。随着汽车速度的提高,汽车设计者提出要求:这一传动应能适应较高的速度,并能降低传递运动给后桥的传动轴的位置,以降低汽车的重心。1916年,美国格里森(Gleason)齿轮公司为此作出了贡献——开发出了螺旋锥齿轮及其加工机床。1927 年,该公司的咨询工程师威德哈伯尔(E. Wildhaber)主持开发了准双曲线齿轮,这种齿轮为垂直交错的两轴间的传动(图 7-15),用它来代替锥齿轮传动使汽车的重心有所下降,获得了广泛的应用。威德哈伯尔是齿轮设计与制造领域著名的发明家,他一生共获得 279 项专利。

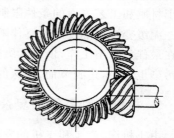

图 7-15 准双曲线齿轮

19 世纪末和 20 世纪初,范成法加工出现,齿轮生产的精度和生产率大幅度提高(见 5.4 节)。没有齿轮加工方法的进步,20 世纪初汽车的大批量生产是不可想象的。

1880 年,德国发明了行星齿轮传动,它以紧凑的结构实现了大传动比、大功率的传动。在 20 世纪,各种类型的行星齿轮传动迅速发展,广泛地应用于汽车、飞机和各种机械中。

19 世纪和 20 世纪之交,随着齿轮传动传递功率的加大,齿轮传动的强度计算方法初步建立起来(见 7.6 节)。

2. 蜗杆传动

随着工业革命时期压力机、输送机、电梯和旋转工作台的出现,蜗杆传动获得了广泛的应用。在用范成法加工的齿轮加工机床中,联系刀具和工件的传动链中有精密的"分度蜗杆传动",它的精度直接影响着被加工齿轮的精度。所以,滚齿机、插齿机的出现,极大地提高了对蜗杆传动的精度要求。

从 19 世纪末开始,由于电梯等较大功率的机械的需要,人们开始研究如何提高蜗杆传动的承载能力和寿命。双包络蜗杆传动的发明就是一个代表。

3. 链传动和带传动的演进

近代链传动的基本构想是由达·芬奇最早提出的,他绘出过滚子链的草图。1770年,法国发明了近代的链传动。1880年,瑞士工程师莱诺(H. Renold)在已有的销轴链和滚子链的基础上将链改进为现今广泛应用的套筒滚子链;1885年,他又发明了齿形链。当时链传动最重要的应用是内燃机中驱动汽门凸轮的正时链。链传动在19世纪末叶的进步恰与内燃机的发展同步。

平带传动在蒸汽机发明以后大量应用于工厂的车间中,将运动和动力从天轴分配到各台机器上。1917年,美国人盖茨(J. Gates)发明了V形带,其初衷是解决平带的滑脱问题,但由于其摩擦力大、传递能力强,并且结构紧凑,很快即获得广泛的应用。

4. 无级变速器的出现

1490年,达·芬奇就曾提出一种无级变速器的概念。1879年,美国工程师瑞夫斯(M. Reeves)发明了一个用于锯床的无级变速传动,1896年他将其用于自己的第一辆汽车。第一个汽车用V形橡胶带式无级变速器的专利是在1886年随着汽车的发明而出现的。进入20世纪后,出现了各式各样的无级变速传动,已经实现工业化生产的不下二三十种。但由于材质和工艺方面的条件限制,"二战"以前的发展并不快。

无级变速器的发展始终伴随着汽车和摩托车的发展,这是因为无级变速器可以使发动机在最佳状态下工作,依靠无级变速来适应汽车的各种速度,可以使发动机燃烧得最好,排气污染也最小,达到节油、环保的目的。

5. 机械传动系统的复杂化

由于机床、汽车和飞机的发展,需要用机械传动实现增速、减速、变速、换向、分路传动、运动的合成和分解等功能,这使得机械传动系统变得更为复杂,也更加完善。

自从车间中甩掉了天轴,每台车床都安装了独立的电动机,机床变速箱也就应运而生了,这使得机床主轴能实现许多级转速,适应各种切削工艺的需要。

汽车诞生不久,就发明了汽车变速箱和由锥齿轮组成的差速器。最早的汽车从发动机到后轮的传动像自行车一样,用的是链传动,1898年才改用万向轴。

滚齿机、插齿机中的传动系统是最复杂的机械传动系统之一,在这里,传动系统的上述功能几乎一应俱全。

7.5.2 流体传动的出现和发展

液压传动和气压传动统称为流体传动,是根据17世纪帕斯卡(B. Pascal)提出的液体静压传动原理而发展起来的一门技术。

1. 近代流体传动的诞生和发展

英国人布瑞玛(J. Bramah)在1795年发明了水压机,被公认为是近代流体传动的开端。

到 19 世纪 20 年代,水压机成为继蒸汽机之后应用最普遍的机械。

由于蒸汽机不能提供小的动力,于是液压中心站发展起来。液压作为动力在英国的港口来驱动起重机等机械,在炼钢生产中应用得也很多,还用来驱动运河闸门和开启式桥梁等。

1860 年左右,出现了用于金属加工的 700~1200t 的液压机,用于机车构件的锻造。1893 年锻造水压机的压力已达 12000t。

但是,由于以水为工作介质,密封问题一直没有很好地解决。而电气传动又发展起来,在竞争中,液压技术一度停滞不前。20 世纪初,石油工业发展起来。矿物油比水的黏度大、润滑性能好、防锈蚀能力强。1905 年,美国人詹尼(R. Janney)首次将水压机的工作介质由水改为矿物油,工作质量得到改善。

采用油做工作介质后,要开发出不同情况下使用的多种油泵。作为油泵使用的都是容积式泵。詹尼等开发出第一台轴向柱塞装置(图 7-16),既可以作为泵,也可以作为马达使用,并于 1906 年用到军舰上来驱动炮塔转位,应用在机床上则较晚。

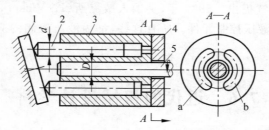

图 7-16　轴向柱塞泵的工作原理图
1—斜盘;2—柱塞;3—缸体;4—配流盘;5—传动轴;a—吸油窗口;b—压油窗口

世纪之交,德国制成了液压龙门刨床,美国制成了液压转塔车床和磨床。

1912 年,液力传动首次在船舶的传动系统中得到应用。在这一过程中,人们对液力传动的性能,如涡轮转速随负载的自动变化、液力元件的缓冲和减振作用有了进一步的认识。这些性能对车辆是极为重要的。20 世纪 30 年代,瑞典人李硕姆(A. Lysholm)设计了液力变矩器,并应用到公共汽车上。此后,液力传动又在很多车辆上得到应用。

2. 液压传动走向大规模应用

但是,一直到 20 世纪初,液压技术还没有走向大规模应用。因为液压元件都是专用的,这极大地限制了液压传动的推广和液压技术的发展。液压元件正规的工业生产迟至 19 世纪和 20 世纪之交的 20 年间才建立起来。这是一个走向标准化、系列化的过程。有了成熟的液压元件,"一战"以后液压传动才被广泛应用,到 20 年代,发展更为迅猛,普遍地应用于机床和各种工程机械。

由于车辆、舰船和飞机等大型机械功率传动的需求,需要不断提高液压元件的功率密度和控制特性。1922年,发明了径向柱塞泵(图 7-17)。随后,多种高性能泵和

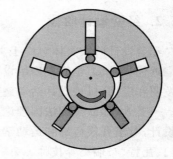

图 7-17　径向柱塞泵工作原理图

液压马达相继出现,使液压传动的性能不断提高。

液压传动用于操纵首先出现在飞机上,当时的战斗机是螺旋桨飞机。"一战"期间的1917年,罗马尼亚科学家康斯坦丁涅斯库(G. Constantinesco)在英国发明了用液压系统控制的"同步齿轮",它巧妙地使机枪刚好在旋转的桨叶的间隙中发射子弹,这就解决了螺旋桨飞机的正面射击问题,取得了惊人的战斗效果,而又不损坏飞机自身。1933年,液压系统用于飞机起落架的收放和襟翼、副翼的操纵。

1927年,液压传动、液压跟踪器、磁带和电磁阀控制应用于铣床,开始了机床的半自动化时期。到1938年,液压系统和电磁控制不但促进了仿形铣床的发明,而且在龙门刨床等机床上推广使用。30年代后,行程开关-电磁阀系统几乎用到各种机床的控制上。

3. 液压控制的早期发展

1922年,美国人米诺尔斯基(N. Minorsky)提出了用于船舶驾驶伺服机构的比例-积分-微分(PID)控制方法。随后,改善放大器性能的负反馈方法、压力和流量的调节方法、判断系统稳定性的准则等陆续提出。1936年,美国人威克斯(H. Vickers)发明了以先导控制压力阀为标志的管式系列液压控制元件。所有这些,都为液压控制的应用奠定了理论基础和元件基础。

7.6　近代的机械设计学科

7.6.1　机械设计发展的几个阶段

自从人类开始使用工具,就有了设计活动。在历史发展的不同阶段,限于人的思维能力和设计方法、设计手段的发展,设计活动先后经历了直觉设计、经验设计、半经验设计和半自动化设计4个发展阶段。

1. 直觉设计阶段

直觉设计阶段与古代机械时期相对应。古代基本没有数学和力学的理论,设计活动与制造活动都集中于发明家一身,他们凭借着长期劳作获得的直觉和灵感进行设计,即便是很复杂的机械也是如此(见第2章)。

2. 经验设计阶段

经验设计阶段大体对应于文艺复兴以后和第一次工业革命期间的机械发展。

近代数学、力学的发展给设计活动提供了理论基础,工业革命的成功极大地推进了机器的发明和应用,机械设计活动蓬勃地开展起来。17—18世纪的机械研究活动主要依靠两类人。一类人,如欧拉和法国理论运动学学派的学者们,他们从事的是研究,而不是具体的工程设计,对渐开线齿廓和运动学的研究发挥的还是数学家和力学家的专长;另一类人,是纽可门、瓦特、布瑞玛等技师。第一次工业革命时期的机械设计主要靠的是这第二类人。

第一次工业革命期间,设计与制造开始分离。19世纪初,机构学开始从力学中独立出来,但此时机械零件设计尚未从应用力学领域中独立出来,关于设计的知识也还没有专门的书籍,机械制造还局限在车间的经验里,尚未上升为理论,尚未成为一个独立的学科。此时的机械设计包含机构的选择和设计、基础零件的设计计算,设计者依靠丰富的实践经验,又学习了一些理论知识,除了直觉和灵感,设计主要依靠设计者的经验和才能。虽然有了力学,但还没有完整的设计理论,设计方法也不完整。

3. 半经验设计阶段

半经验设计阶段大体是从第二次工业革命开始至 20 世纪 50 年代这近 100 年间。这一时期的基本状况是:

(1) 1851 年第一届世界博览会后,出现了大量复杂的机械产品。

(2) 机构学兴起,机械零件的设计方法已大体齐备,但计算方法中尚有不少假定和近似。

(3) 近代的机械工程学科已形成,工程教育大发展,工程师和学者成为设计者的主体。

(4) 图纸设计法出现,开始有组织的标准化活动,提高了设计的效率和质量。

(5) 设计虽尚有一定的经验性,但已对关键零部件开展了试验工作,对各种专业机械产品开展了研究,减少了设计的盲目性。

但此时期尚未将设计本身作为一门学问来研究。

4. 半自动化设计阶段

“二战”以后,随着计算机的发明和普及,机械设计进入了第四阶段——半自动化设计阶段(见 11.1 节)。

7.6.2　画法几何学诞生

画法几何学是由后来成为巴黎技术学院院长的蒙日(G. Monge)在青年时代创立的。

1764 年(恰是第一次工业革命开始的那一年),18 岁的蒙日成为军事学校中的绘图员。筑城术是该校一门重要课程,其中的关键是防御工事要设计得隐蔽,没有任何部分暴露在敌方的直接火力之下,而这往往需要冗长的算术运算,有时不得不把已建成的工事拆毁,再从头开始。蒙日在思考:如何简化这项工程设计的过程? 在这一思考中他发明了画法几何。

按照他的方法,空间立体可以由两个投影画在同一个平面上来表示清楚。这样,有关工事的复杂计算就被作图方法所取代。经过短期训练,任何制图员都能胜任这种工作。蒙日立刻得到一个教学职位,任务是把这个新方法教给未来的军事工程师们。

他被要求宣誓不泄露他的方法。画法几何作为一个军事秘密被小心翼翼地保守了 15 年之久,到 1794 年蒙日才得到允许对社会公开讲授。1799 年,蒙日发表《画法几何》一书,为这门学科奠定了理论基础。画法几何是工程图学的数学基础。没有蒙日最初的发明,19 世纪机械制造业的大规模发展是不可能的。

7.6.3　机械设计从应用力学中独立出来

机构是机器的核心，机构学在19世纪初首先诞生决不是偶然的。

如果说，机构的选择是机器设计中第一个要解决的问题，那么具体的零件和结构设计就是第二个必须解决的问题。机械设计——这已经不完全是力学问题，它涉及到零件的类型、结构、制造、标准化、失效和工作能力计算；而即使是工作能力计算也不完全是力学问题，它还涉及到材料学，还可能涉及到传热学和其他科学。机械设计中的基础性核心内容——机械零件设计该是从力学中独立出来的时候了。

德国机构学学派的创始人卢莱，在机械设计学科的形成中也有杰出的贡献。他当时以企业的顾问工程师兼教授的双重身份而知名。1861年，他出版了《设计者》一书，这是一本包含了各种联接、轴、轴承、联轴器和各种传动的实用手册。这本书在欧洲很受欢迎，被译成了法文、瑞典文和俄文，在30年中修订了4版。直到1894年，它的第4版还被译成英文。

这本书当然地受到时代的局限：全书不涉及动力分析，静力分析采用图解法；齿轮传动基本是几何计算；轴承仅指滑动轴承；转轴的计算只考虑扭转，而未考虑弯扭组合。

20世纪初，有人贬低这本书是"技术处方"，这是不公正的。这本书的意义不在于它有多少学术创新，它应被看作是第一本机械零件教材兼手册，是机械设计学科从应用力学中独立出来的标志。

7.6.4　近代的机械结构强度学

材料力学是机械结构强度学的重要理论基础。机械结构强度学是紧密结合具体的机械构件进行研究的，是机械设计学的一个组成部分，是建立完善的机械设计方法的基础。

1. 关于疲劳破坏的研究

机械零件的破坏中50%～90%是疲劳破坏。

关于疲劳破坏的研究真可以说是第一次工业革命的产物。蒸汽机用于铁路机车和轮船以后，运行速度大为提高。机车、船舶上的高速运行部件，常发生许多意外事故。19世纪60年代，英国因车轮、车轴、铁轨断裂而导致列车出轨造成的事故，平均每年死亡达200人。这些零部件在静载强度试验中却是完全合格的，轮轴的破坏总是发生在轴肩处。自1829年开始就有多人进行了疲劳强度的研究，而且基本上都是围绕着列车车轴的破坏问题进行的。1839年，法国工程界开始采用"疲劳"这一术语，来描述材料在交变载荷下承载能力逐渐耗尽以致最后破坏的过程。

1847年，德国一个机车车辆厂的厂长沃勒（A. Wöhler）开始对金属疲劳进行深入系统的研究。1850年，他设计出第一台疲劳试验机，用来进行全尺寸的机车车轴旋转弯曲疲劳试验。后来，他又采用试样进行了大量试验。1870年，他发表了车轴疲劳试验的结果，系统地论述了疲劳寿命与循环应力的关系，提出了表示应力幅 S 和到失效时的应力循环次数 N 之间关系的 S-N 曲线，提出了疲劳极限的概念，明确指出应力幅是导致疲劳破坏的决定性因素。沃勒被公认为疲劳研究的奠基人。

2. 关于接触问题的研究

1881 年,德国学者赫兹(H. Hertz)发表了关于滚动球轴承的接触应力的论文。1886—1889 年间建立了经典接触力学理论,这一理论对机械工程有特别重要的意义,因为在齿轮轮齿表面、凸轮与从动件的接触表面、滚动轴承的滚子与内外环的接触表面、车轮和铁轨接触的表面间都存在着接触应力,在许多情况下,接触应力是限制这些零件承载能力的主要因素。学界对这种破坏的特征和影响因素进行了深入研究,这些研究的成果都被齿轮和轴承的强度、寿命计算的公式所吸收。

3. 断裂力学的起步

1921 年,英国航空工程师格瑞菲斯(A. Griffith)研究了这样一个问题:"玻璃的实际强度比从它的分子结构所预期的强度低得多。"他认为这是由于材料中普遍存在着显微裂纹,这些裂纹引起了应力集中。他提出了关于裂纹尺寸的断裂准则——能量准则(适用于脆性材料),奠定了断裂力学的基础,他因此被称为"断裂力学之父"。

格瑞菲斯的工作使飞机设计师们受到启发,他们立刻就理解了造成如下事实的原因:尽管所设计的结构强度已经有相当大的裕度,结构还会破坏。他们很快就扭转了工作方向,对金属结构进行光整加工以去除裂纹。这样,在 20 世纪 30 年代出现了一些特别优秀的设计,例如波音 247 大型客机。

但是,这只是受到启发,还不是应用了断裂力学理论。由于格瑞菲斯研究的是玻璃,这种完全脆性的材料在工程中很少见,所以在当时他的理论没有发展起来。断裂力学更大的发展是在"二战"以后。

7.6.5　主要机械零件设计方法的形成

材料力学的建立,特别是疲劳问题和接触问题的解决,使得各种机械零件的设计方法逐渐成形。

1. 齿轮传动

自从蒸汽机带来了空前强大的动力,人们就开始探讨、建立齿轮的强度计算方法。从瓦特开始,18、19 世纪就有不少于 15 人发表过齿轮强度的计算公式。

人们首先注意到了轮齿折断和齿面点蚀是两种最常见的失效形式。1893 年,美国学者路易斯(W. Lewis)提出了基于悬臂梁的轮齿弯曲应力计算公式。1908 年,德国学者威迪基(E. Videky)用赫兹理论建立了齿面接触应力的计算公式。

这两个公式中都包含多个假定,而且许多影响因素都未加以考虑,但是它们毕竟奠定了齿轮承载能力计算的理论基础。在此基础上,1932 年英国建立了世界上最早的圆柱齿轮的强度计算标准。

从 19 世纪 90 年代开始,船舶上的蒸汽机被汽轮机取代,这带来了齿轮传动的高速化和大功率化。高速齿轮在"一战"期间得到迅速的发展。人们注意到:速度提高以后,齿轮传动中的动载荷不容忽视。于是,在 20 世纪上半叶开始了以估算齿轮传动中的动载荷为目的的齿轮动力学研究,但这种研究还是初步的、十分粗浅的。

2. 轴的强度、刚度计算

今天,轴的强度、刚度问题基本上就是材料力学中梁的弯曲、扭转组合变形问题。轴的弯扭组合计算涉及到第三和第四强度理论。

在 1894 年卢莱修改其《设计者》第 4 版之时,要用第三强度理论来校核受弯扭组合作用的轴的强度,条件已经具备。但是他还是只根据扭转强度来估算轴的直径,而没有计算弯扭组合强度。他认为一般轴的弯矩作用可以忽略不计。他指出:一般的轴虽受到弯曲应力的作用,但是要计入这种作用"需要很复杂的计算"。他在轴的刚度计算中也只考虑扭转角。

因此,今天教科书中轴的强度、刚度计算方法应该是出现在 20 世纪的事了。

3. 滚动轴承

公元 1 世纪就出现过推力球轴承的雏形。16 世纪,达·芬奇的笔记和瑞士出版的书中已描述过多种滚动轴承。18 世纪中叶到 19 世纪初叶,英国和法国都批准过滚动轴承的专利。

近代滚动轴承工业是在 19 世纪 50 年代以后才建立起来的,这有两个背景:①自行车已几经改进而且已走向实用,对滚动轴承的需求量大为增加;②转炉炼钢法已能提供质量好的钢材。1883 年,德国人菲希尔(F. Fischer)设计了一种专用的钢球磨床,第一次利用研磨工艺大批量生产出直径均匀、形状准确的钢球。这项工艺和装备的成功被认为是滚动轴承工业的奠基石。同年,菲希尔建立了 FAG 公司,FAG 长久以来一直被公认为滚动轴承技术的先驱。

轴承的主要失效形式是接触应力作用下的疲劳点蚀。疲劳问题在 1870 年已经解决,轴承的接触应力在 1882 年已由赫兹求出;而滚动轴承的寿命计算却解决得不那么容易,其瓶颈是如何计算疲劳累计损伤。1945 年,迈纳尔(A. Miner)完善了芬兰学者帕姆格伦(A. Palmgren)的工作,形成了著名的迈纳尔-帕姆格伦线性累计损伤判据。1947 年,轴承承载能力计算方法才发表出来。

4. 滑动轴承

古典摩擦定律只是针对干摩擦而言。人们自古就知道,润滑剂能大大地改善摩擦状况。但是,只是在工业革命中出现了精密制造的金属零件之后,关于润滑的科学研究才启动。火车速度的提高促使人们考虑降低车轮轴承中的摩擦。1883 年,俄国工程师彼得罗夫(N. Petrov)从对火车车厢轴承的研究中得出了径向滑动轴承中的摩擦力公式。

1886 年,英国流体力学专家雷诺(O. Reynolds)应用流体力学推导出著名的雷诺方程,解释了流体动压形成的机理,从而奠定了流体动力润滑理论的基础。此后建立的所有润滑理论都以雷诺方程为依据。流体动力润滑轴承得到广泛的应用。

1901 年,德国工程师斯特里伯克(R. Stribeck)系统地研究了两个液体润滑表面间的摩擦与润滑油黏度、滑动速度和表面上的负荷的关系。在此基础上,滑动的润滑表面间的摩擦机制被分为固体/边界摩擦、液体摩擦和混杂摩擦三种状态。

7.7　近代的机械制造学科

7.7.1　概述

蒸汽机发明后,近代机器制造业在英国诞生。布瑞玛发明水压机,莫兹利发明全金属螺纹车床,惠特沃兹建立螺纹标准。在这些机械技师工作的时代,还没有机械工程教育的学校,更谈不到机械制造学科。当时机械制造的全部知识都存在于车间里:这些技师、匠人的经验积累,就是后来机械制造学科发展的根。

如果说,19 世纪初机构学学科建立,19 世纪中叶机械设计开始从应用力学中独立出来,那么机械制造从经验跃升为理论的时间则更晚些。

苏联机械制造专家索科洛夫斯基(A. Sokolovsky)在他的教科书的序言中自述了他的工作历程。第一步,他在 1932—1935 年间出版了《机器制造工艺学论文集》共 5 册,收集了许多苏联和外国机器制造经验方面的资料。随后,他将这些资料系统地加以整理,在 1938 年出版了两卷本的《机器制造工艺学基础》,这是第二步——理论著作。第三步——1947 年,他出版了《机器制造工艺学教程》,被苏联高等教育部审定为高等学校的教科书。

在这本教科书的绪论中,作者叙述了在苏联这门课程诞生的原因:"机器制造工艺学成为一门独立的课程,是最近不久的事。日益发展的机器制造工业方面的征询促使这门课程诞生出来。这些部门的工作人员每天都遇到需要书本和学校帮助的问题。"

在此前,苏联高等学校中已设有"金属工学"和"机器工艺学"课程。20 世纪 20 年代末,苏联第一个五年计划一开始,就将这两门课分解为"机床"、"刀具"、"切削原理"、"公差"和"生产组织"等独立的课程。"然而现实的生活要求我们组织一门新的课程,能够直接回答工艺师的质询。1930 年左右,在高等工业学校的教学计划中,列入了一些工艺课程。""从 1934 年起,这门新课在教学计划中的地位就得到肯定,并获得了一个明确的名称——'机器制造工艺学'。"

索科洛夫斯基这段叙述,清楚地写出了在苏联机器制造工艺的知识走出车间、上升为理论,又走进高等学校的历程。在西欧和美国,这一历程出现的时间应该和苏联大体相近。

近代的机械制造学科包含如下内容:金属切削理论、金属切削刀具的设计、机械制造工艺(包含夹具)、金属切削机床的设计、机械加工精度的理论,等等。

近代机械制造技术发展的背后推动力主要是社会对制造的生产率要求和精度要求。

提高机械制造生产率的主要措施是提高切削速度,而切削速度的提高则受制于刀具材料。在工业革命中,刀具材料的进步带动着整个制造技术的进步,从高碳工具钢、合金工具钢,到高速工具钢和硬质合金,刀具材料的每一次进步都推动着金属切削理论迈向一个新的阶段。刀具材料的进步、切削速度的提高还使得切削机床必须提高其最高转速,这加大了机床发生振动的危险,也产生了更多的切削热,这就要求加强机床的结构强度和刚度。

动力的改进使得机器的速度不断提高,这是要求提高机器加工精度的主要动因。机床的精度得到大幅度的提高。机械加工的精度理论逐步建立起来。在加工的精度分析中就要计入切削热变形的影响和振动的影响。

机械制造工艺更多的是对实践经验的总结和提高,而机床设计中大部分内容的基础则是一般机械传动设计和机械结构设计。所以,刀具材料在机械制造学科的进步中处于执牛耳的地位。金属切削理论和精度理论则是近代机械制造学科中的两个独有特色的重要理论。

7.7.2　关于金属切削理论的研究

将金属切削作为一门学科来研究,大致可从1850年算起。19世纪中叶,钢代替铁成为工业中的主要结构材料。高碳钢刀具在加工钢时不耐磨,因而不得不采用很低的切削速度,从而增加了切削加工费用。这就迫切要求提高切削速度,并研究影响刀具耐用度的因素。

金属切削理论百余年来的历史,可以分为以下三个时期。

1. 第一阶段——切屑形成机理与切削力学的初步研究

第一阶段是19世纪下半叶。这一阶段的刀具材料是高碳工具钢和合金工具钢。初期,主要研究切削过程中的切削力和切削能量,探讨了刀具几何角度对切削力的影响。

在这一时期的后半段,主要研究塑性剪切和切屑的形成机理。1864—1872年间,法国工程师特莱斯卡(H. Tresca)在一系列金属挤压实验的基础上提出了最大剪应力屈服准则,这是塑性本构关系实验与理论研究的开始。19世纪70年代,特莱斯卡又提出切屑的形成是工件材料受刀具挤压,从而在垂直切削方向的平面内发生剪切变形的过程。

2. 第二阶段——刀具耐用度和切削可加工性的研究

第二阶段大约1900—1930年。随着汽车、机床、航空工业的发展,切削加工的生产率需要进一步提高。1898年发明高速钢,1926年硬质合金投放市场。

切削速度的进一步提高,带来了许多急需解决的问题,例如刀具的耐用度、加工表面质量、切屑的排除等。这一时期金属切削理论主要的成果有如下两项。

泰勒(F. Taylor)是研究切削速度和刀具耐用度之间关系的第一人。在整整工作了26年、切除了3万t切屑、掌握了10万个以上的实验数据的基础上,1907年,他提出了著名的刀具耐用度公式。由于刀具、机床都在发展中,所以泰勒给出的大量数据已不再直接引用,但是他总结出的耐用度公式在今天仍有重要的指导意义。

20世纪20年代英国学者提出了"切削加工性"的概念。在这一时期,切削加工性主要是指切削速度与刀具耐用度之间的关系,它是与硬度、韧性等有关的一个材料特性。

3. 第三阶段——构建切削理论的完整体系

第三研究阶段从20世纪30年代至今。美国学者是这一时期研究的主体,将切削时发生的现象和塑性变形、破坏的基础理论和热传导理论结合,努力构建切削理论的完整体系。

切削理论的研究在20世纪60—70年代达到高峰。新理论,新方法不断涌现,计算机技术使金属切削机理的研究有了强有力的新工具。

但是,切削是与很多复杂现象纠缠在一起的,所以,以理想化、单纯化的模型建立起来的理论与现实可能相差很远。因此,这些理论在解释部分现象时是有用的,但没有达到给予具体的、定量的回答的程度。

7.7.3　提高机械加工精度的理论与技术

惠特尼在美国用互换性方法制造枪支始于 1801 年；英国纽瓦尔公司编制出世界上最早的公差与配合标准是在 1902 年。这两个与加工精度相关的重要事件整整相隔了 1 个世纪！这说明什么？这说明加工精度的概念、知识和标准长时期内一直在实践中摸索，理论的研究与指导不足，因此进步十分缓慢。

1．公差配合与相关测量技术的早期发展

对于配合的轴和孔，最初都是按"配作"的方式制造的——图纸上只有公称尺寸，没有公差，通过试装和修配来满足配合要求。

后来，为了得到准确的间隙配合，出现了精确制造的标准量规——塞规和环规。有了标准量规，轴和孔就可以分别制造了——每一个孔恰为塞规通过，每一个轴恰为环规通过，就可得到期望的间隙。零件有了互换性，生产率提高了。但标准量规的缺点是对零件的制造精度要求太高，因此其应用受到限制。惠特尼使用互换性生产方法制造枪支时采用的就是这种标准量规。俄国使用标准量规是在 18 世纪 60 年代，比惠特尼还要早 30 多年。

后来发现，轴孔配合的间隙不一定那么准确，只要其变动不超过一定的范围即可——这才有了"公差"的概念。于是标准量规被极限量规代替：塞规和环规都做成两个，即按照极限尺寸制造的通规和止规。这样，对零件的加工精度有了一个合理的要求，互换性生产才蓬勃发展起来。最早使用极限量规的是英、法、德、俄等国家。各企业自己在实践中摸索达到某种配合所需要的零件公差。到 1902 年，英国纽瓦尔公司才编制出世界上最早的公差与配合标准"极限表"，开始使用极限量规的时间不会比这早很多。

20 世纪上半叶，英国、德国、苏联，最后是国际标准化组织 ISO，都制定了公差配合的国家标准和国际标准。

2．形状与位置公差标准的发展

人们对形状和位置精度的认识比尺寸精度要晚得多。在轴孔配作的时代，主要矛盾是尺寸精度，还轮不到考虑形状和位置精度的问题。在使用极限量规、出现了公差标准以后，制造精度提高，人们才开始注意到形位误差的问题。如果只通过收紧尺寸公差的方法来满足形状和位置精度，就会使工艺复杂，制造成本昂贵。随着机床精度的提高，可以靠机床达到形状和位置精度的要求。这时才提出放宽尺寸精度，给定形位公差来保证零件精度的方法。

在图纸上出现形状与位置公差精度是较早的，但到了 1948 年左右，英国和美国才制定为国家标准。

3．对加工误差的认识与分析

机器的速度不断提高，所需要的零件加工精度要求也在不断提高。

要提高工件的加工精度，首先要提高机床的精度。机床的误差是造成工件几何误差和

运动误差的主要来源。

自从金属零件成为切削机床加工的主要对象,切削力和切削热就引起了人们的注意,它们造成了工件的力变形误差和热变形误差。

车间中出现的加工精度问题摆在了工程师的面前,简单的问题工程师就能独立地解决了,并成为工艺经验而贡献于机械制造行业;复杂些的问题就被提交到研究院和高等学校,正如索科洛夫斯基所说:"这些部门的工作人员每天都遇到需要书本和学校帮助的问题。""日益发展的机器制造工业方面的征询促使这门课程(机械制造工艺学)诞生出来。"机械加工精度正是这种为解决生产实践中的问题而建立起来的理论。

从现在掌握的资料看,苏联学者对机械加工精度理论的建立贡献较大。中国机械制造教科书中的内容主要来自苏联的教科书。

大约从"二战"结束后开始,至20世纪60年代,一批苏联学者又运用概率论和数理统计的方法研究零件机械加工的工艺过程。

4. 加工中的振动

高速切削的出现提高了生产率,并使得以前不能加工的工件(如薄壁零件)能够加工。但如果刀具较长、工件较薄,工件-刀具系统的刚度就不足,就会产生加工振动。振动导致噪声、表面质量变坏,甚至刀具损坏。这常迫使机械师不得不降低切削速度。

关于加工振动的研究始于美国工程师泰勒在1907年发表的论文。他将加工振动描述为"机械师所面临的所有问题中了解最少、而又处理起来最为棘手"的一个问题。这一论断在今天也仍然没有完全过时。

虽然用数学模型可以模拟加工振动,但是在实践中避免振动却是一个复杂得多的问题。

一直到20世纪上半叶,人们对加工振动的机理和特点还缺乏深刻的认识。当时机械工程师减小加工振动的主要方法是:①尽可能加大工件、刀具和机床的刚性;②选择激起振动尽可能小的刀具(修正刀具的角度、尺寸,进行表面处理等);③选择主轴速度、刀具齿数等参数时,要计算激振频率,使之能最大程度地限制加工系统的振动。

在工厂里安排加工过程通常还是主要基于传统的技术经验,并用试凑的方法来确定加工系统的最佳参数。按照切削深度、刀具路径、工件布置、刀具几何的顺序逐个研究各个参数,不同的企业会有不同的方法。当振动问题带来的经济损失太大时,则会把专家请来,经过测量和计算作出诊断,修改主轴转速和刀具参数。

线性振动理论解决不了机床振动问题。机床振动的本质特色是自激振动,而机床自激振动的研究在20世纪40年代以后才开展起来。所以,20世纪上半叶加工振动的计算很难说已经走在了正确的道路上。

第 8 章

第三次技术革命概貌

> 我们正在经历的技术革命,就其影响的深刻性而言,远远超过我们所经历过的任何一次社会变革。
>
> ——托夫勒:《未来的冲击》

从第二次世界大战结束至今,全球范围内兴起了第三次技术革命。这次技术革命无论从涉及的领域、卷入的地域,到变革的深度和对现实生活与未来的影响,都是前所未有的。

如果说,前两次技术革命都是动力革命,那么第三次技术革命则是一次信息化革命。

在近代的两次工业革命中,机械工程是主角和骨干。"二战"以后机械工程和机械工业在整个的科技进步中虽然仍起着十分重要的作用,但它已不再处于技术革命的核心位置。讨论新时期机械工程的发展,不能离开社会经济发展和科技进步的大背景。在本章中,概括地介绍一下第三次技术革命——它的科学基础、产生背景和主要内容。

第三次工业革命虽已开始,但它的面貌还没有展现得十分充分。有鉴于此,我们在本书中一般只使用"第三次技术革命"这一术语,而暂不采用"第三次工业革命"的提法。

8.1 第三次技术革命的科学基础

8.1.1 新的物理学革命

从牛顿创立经典力学开始到 19 世纪末叶,以力学、电磁学、化学和热力学为代表的近代自然科学取得了辉煌的成就,指导了蒸汽动力和电力两次技术革命。近代自然科学基本上局限于宏观和低速领域的研究。牛顿力学在揭示一些新的物理现象时陷入困境。

从 19 世纪末叶开始到 20 世纪 30 年代,在物理学界开始了一场新的革命。

1. 深入原子内部的三大发现

在 19 世纪的最后几年中,X 射线(伦琴射线)、铀和镭的天然放射性、电子陆续被发现,这彻底打破了原子不可分、元素不可变的传统物理学观念,揭开了人类对于原子内部世界研究的序幕。

2. 相对论的创立

图 8-1 爱因斯坦

爱因斯坦(A. Einstein,图 8-1)于 1905 年提出光速不变性原理,并建立了狭义相对论。1915 年又创立广义相对论,建立起时空与物质相互联系的科学理论。相对论的创立是划时代的贡献。如果说近代自然科学以牛顿力学为标志,那么现代自然科学就应以爱因斯坦的相对论为标志。

3. 量子力学的创立

从 1900 年德国物理学家普朗克(M. Plank)引入能量子概念开始,经过一系列科学家的努力,到 20 世纪 30 年代,形成了量子力学的完整体系,找到了微观粒子运动的规律。

4. 原子核物理学

1934 年,意大利物理学家费米(E. Fermi)发现铀的核裂变,居里夫妇(P. Curie 和 M. Curie)制造出放射性同位素。在"二战"前夕,欧洲科学家在获取原子能的途径上取得初步进展。原子核物理学为核能的利用奠定了理论基础。

新的物理学革命为第三次技术革命的发生和发展准备了科学基础。没有电子的发现,就没有电子计算机;没有放射性的发现,就没有核能;没有激光的发现,当然也就没有激光加工。

8.1.2 信息论、控制论和系统论的诞生

在 20 世纪 40 年代后期,第二次世界大战的硝烟刚刚散去,科学又取得了新突破——信息论、控制论和系统论诞生。这是三门具有哲学高度的科学,对具体的科学技术有着方法论上的指导作用。

1. 信息论

信息论是研究信息的基本性质、度量方法以及信息的获得、传输、存储、处理和交换的一般规律的科学,它发端于通信工程。

1948—1949 年间美国数学家申农(C. Shannon,图 8-2)建立了信息论。从 20 世纪 70 年代开始,学术界又提出了"信息科学",也即广义信息论。信息科学的研究涉及计算机科学、人工智能、心理学、社会学、经济学等广阔领域的信息问题,但目前还不能说已经成为一门成熟的科学。

信息论指导了信息技术,而信息技术对新时期的机械制造和测试的发展有极大的影响。

图 8-2 申农

2. 控制论

"二战"期间,德国飞机的速度已接近火炮炮弹的速度,直接瞄准的方法已难奏效。美国数学家维纳(N. Wiener,图 8-3)受命参加火炮自动控制系统的研究工作。1948 年,他出版了《控制论》一书,这是控制论诞生的标志。

维纳提出了信息变换和反馈控制这两个控制论中的基本概念,为机器模拟人和动物的

行为和功能提供了理论依据。

在控制论的研究中还创造出了新的研究方法——功能模拟方法和黑箱方法，这些研究方法也跃出了控制论领域，对机械工程学科和其他学科有重要的影响。

1954 年，旅美中国科学家钱学森（图 8-4）出版《工程控制论》，创立了控制论的一个重要分支。

图 8-3 维纳   图 8-4 钱学森

维纳的《控制论》中阐述了机器中的通信和控制机能与人的神经、感觉机能的共同规律，率先提出以计算机为核心的自动化工厂。控制工程对机械工程的影响更无须赘言。

3. 系统论

在古代的中国和希腊，都曾产生过朴素的对系统的认识。而所谓"系统论"，则特指从 20 世纪 40 年代开始的研究系统的内涵、特征及其方法论的理论。美国生物学家贝塔朗菲（K. Bertalanffy，图 8-5）从对生物系统的研究中萌发出对系统的认识，在 1945—1948 年间建立了"一般系统论"。

系统论的主要观点是：要把事物当作一个整体或系统来研究，并用数学模型去描述和确定系统的结构和行为。

在机器的分析中，把一个部件、单个机器，甚至一个复杂的机电液耦合系统作为一个整体，建立其数学模型进行动力学分析——这已经太普通、太广泛了，其理论源头则出自系统论的思想。

图 8-5 贝塔朗菲

4. 横断科学的历史地位

在中国，信息论、控制论和系统论被称为"老三论"，后来进一步提出的"耗散结构论"、"协同论"和"突变论"被称为"新三论"。

"三论"起源于不同的领域，但是它们的基本概念、基本思想是一致和相通的，而且它们都或早或迟地跳出其起源的领域，成为在更宽广的领域内具有普遍适用性的理论。这就是为什么它们被称为"横断科学"的原因。横断科学的出现也体现出在进入现代自然科学的发展阶段以后，科学既高度分化又高度综合的趋向。

横断科学具有世界观和方法论的意义，它们既反映、解释了众多自然科学领域在现代的飞跃发展进程中所提供出的大量鲜活的科学现象,又为科学(包括社会科学)和技术的进一步发展提供了指导思想。这些科学家都不同程度地从哲学的高度来审视这个世界,从本质上说,他们的工作是对辩证唯物主义的证实、充实和推进。

8.1.3　非线性科学的诞生和发展

非线性科学的萌芽首先产生于非线性振动领域。20 世纪 60 年代,随着混沌现象的发现,它便超越了振动领域,而成为对许多领域都有指导作用的一门横断科学。

1. 混沌现象的发现

1961 年,美国数学家、气象学家洛伦兹(E. Lorenz,图 8-6)在对大气对流的非线性微分方程组进行计算机数值仿真时,仿真进程有时被迫中断。他以此时的仿真结果作为初始条件重新开始仿真过程。在输入这一组初始条件时当然会带进很小的圆整误差。使他吃惊的是,正是由于这些微小的初值误差的存在,后来的仿真结果竟完全走了样,"差之毫厘,谬以千里"。他所发现的对初始条件的极其敏感性,正是非线性系统的一种固有特性。洛伦兹发现了混沌(chaos),他由此对长期天气预报的可靠性提出了怀疑。既然初始条件的微小变化,会在以后的发展中酿成轩然大波,那么,"在巴西一支蝴蝶的翅膀拍打,能够在美国的得克萨斯州引发一场龙卷风吗?"洛伦兹的这句名言被称为"蝴蝶效应",成为对混沌现象的通俗解释而流传于世。洛伦兹的发现成为后人研究混沌理论的基石,洛伦兹则被誉为"混沌之父"。

图 8-6　洛伦兹

2. 非线性科学的形成

近代力学、电学中的基本方程都是线性的。线性科学取得了巨大的成功,但也形成了线性的自然观:把线性视为常规现象、正常状态和本质特征,把非线性视为例外情形、病态现象或非本质特征;认为非线性现象没有普遍规律,不能建立一般原理和普适方法;在建立客观世界的数学模型时总是力求线性化,或将非线性视为对线性行为的微小扰动。

在振动、湍流、气象等许多领域,人们早就注意到并研究了许多非线性现象,但在进入 20 世纪以来,科学技术的领域划分越来越细、专家也越来越专,不同领域间的联系与归纳则在很长一个历史时期内被忽略。

美国和苏联是世界非线性科学的研究中心。在洛伦兹之前,1954 年,苏联数学家柯尔莫哥洛夫(A. Kolmogorov)就已经对混沌解的出现作了定性的讨论。20 世纪 60 年代初,经过另外两位科学家的证明和扩展,形成了 KAM 定理。KAM 定理和洛伦兹的发现,一个从数学理论方面,一个从数值计算方面,标志着混沌理论研究的开端。

在确定的系统中发现了混沌现象,极大地激发了人们去探索自然界和社会中存在的各种复杂性问题,同时逐渐改变了人们观察世界的思维方法。人们认识到,非线性因素是这种复杂性问题的集中表现,是导致复杂性的根源。20 世纪 70 年代,人们转向了对各学科中的非线性现象共性的研究。

非线性科学是一门综合性、交叉性的学科,它也和信息论、控制论和系统论一样,属于横断科学,具有普遍的指导意义。非线性科学目前还在形成的过程中,研究的难度很大,到目前还没有系统的处理方法,更多的是集中在典型范例的研究或作某些定量分析。但是,它对工程技术、医学诊断、生态环境、经济发展等迥然不同的各个领域都将产生不可估量的影响。非线性科学的思想目前在力学与机械领域的具体应用主要是关于非线性振动的研究和对非线性微分方程的处理。

8.2　第三次技术革命的背景和概貌

8.2.1　第三次技术革命的背景

第三次技术革命的背景包括两个方面:第二次世界大战对新技术革命的催生作用;战后形成的有利于经济和科技发展的大环境。

1. 第二次世界大战对新技术革命的催生作用

科技是决定战争演变的重要制衡力量。科技支持了战争,战争也极大地刺激了科技的发展。在这一点上,"二战"远非历史上的各次战争可比。新技术革命中的许多技术雏形虽然孕育于战前的和平时期,但如果没有"二战"中军事需求的推动,它决不会急匆匆地降临人间。

1) 原子能技术

"二战"前夕,在获取原子能的途径上已经取得了初步进展,但当时科学家们普遍认为,原子能的利用还是比较遥远的事情。然而,大战的爆发是一个强大的刺激力!

1939 年,种种迹象让科学家们觉察到,希特勒很可能在某一天研制出原子弹。罗斯福总统接受了爱因斯坦等人的建议,决定实施研究原子弹的"曼哈顿工程"。美国和流亡到美国的科学家齐聚纽约曼哈顿,不分种族和信仰,为反法西斯事业与科学事业的伟大结合而奋斗。原子弹的投掷,加速了日本军国主义的灭亡,也拉开了战后和平利用原子能的序幕。

2) 电子计算机

核裂变计算和弹道计算都需要高性能的计算机。1941 年,宾夕法尼亚州立大学电工学院奉命给美国陆军计算弹道数据。用当时的机械式计算机计算,要 200 人计算两三个月才能完成一张火力表。学院方面的莫克莱(J. Mauchly)提出使用电子管计算装置的意见——这实际上就是第一台电子计算机的初步方案,它马上引起美国陆军的高度重视。1946 年 2月,第一台电子计算机 ENIAC 研制成功。电子计算机是由"二战"而加速催生的,虽然它没有赶上在"二战"中进行弹道计算。

3) 火箭技术

纳粹德国建立了由冯·布劳恩(W. von Braun)领导的火箭研究中心,1942 年研制成功V-2 远程液体燃料火箭,一年后 V-2 飞越英吉利海峡,直落在伦敦的泰晤士河畔。苏联的"喀秋莎"、美国的火箭筒,威力都不能和它相比。

联军占领德国,冯·布劳恩向美军投降。127名火箭技术人才和大批资料、设备装了16艘船被运往美国。苏联则运走了研究中心的设备。战后,苏、美两国不约而同地以V-2火箭为基础,研究大型火箭。可以毫不夸张地说,没有V-2火箭,也许航天事业还要滞后好多年。

此外,诸如超音速飞机技术、激光技术、半导体技术、数字通信技术等,都首先是因战争的需要而开发的。在某种意义上说,是第二次世界大战催生了这次技术革命。

2. 战后世界形成了有利于经济和科技发展的环境

"二战"以后的世界,形成了有利于经济和科学技术发展的环境。可以用两个关键词来解释这种有利的环境:和平、竞争。

1) 和平

虽然在"二战"后发生过多次局部战争,但这些战争多数在时间上比较短暂,在空间上都局限在一个不大的范围内,一般卷入的国家也不多。半个多世纪以来,世界维持了大范围内的和平。

在和平的环境中,世界经济总体上保持了较为稳定的增长。有了和平的环境,人类也才有精力、物力和财力去大力地开展科学探索活动——飞向外空、潜入深海。相当多的这种探索活动的目的是着眼于人类的长远发展,而不是立竿见影地来提高自己国家的GDP。

经济的发展导致了生活水平的提高,生活水平的提高刺激了人们的欲望,刺激了他们对产品性能更全面、更高的要求,这是推动技术不断更新、提高的最主要的社会原因。

2) 竞争

世界经济的发展带来了世界市场上日趋激烈的竞争。在激烈的竞争中,企业对生产率和产品质量不断的、更高的追求,是推动技术进步的经济原因。工业产品必须满足人们对性能、成本、造型、舒适性、环保、交货期限等多方面的日益苛刻的要求。

除了市场上正常的商业竞争,还有两种由于政治原因而带来的特殊的竞争:冷战和局部战争。从"二战"结束到20世纪90年代初,美、苏两大阵营虽未发生全面战争,但在经济、政治、军事、外交等各方面都处于对抗和竞争的状态,即所谓"冷战"。两大阵营在军备、原子能利用、航天事业等各方面都展开了全面的竞争,其中最激烈的是军备竞赛。军事部门有政府的人力、财力支持,都建有专门的研究机构,并且总能最快地把各个领域的技术进步集成到武器装备中来。军事工业的进步也带动了民用工业的进步,即所谓技术上的"军转民"。

局部战争带来冲击的典型事例就是"石油危机"。1973年10月爆发中东战争。石油输出国组织采取石油减产、提价等办法,支持中东人民的斗争,其结果是使那些依靠从中东地区大量进口廉价石油的国家,在经济上遭到沉重打击。于是,西方一些人惊呼:世界发生了"能源危机"("石油危机"),这在客观上使人们认识到现有的能源结构必须彻底改变。在机械领域,则加速了汽车等产品的轻量化。

8.2.2　第三次技术革命的概貌

第三次技术革命,是人类文明史上继蒸汽技术革命和电力技术革命之后的又一次重大飞跃。它是以电子计算机技术、原子能技术和航天技术为代表,涉及新能源技术、新材料技术、生物技术和海洋技术等诸多领域的一场技术革命。这次技术革命不仅极大地推动了人类社会经济、政治、文化领域的变革,而且也影响了人类的生活方式和思维方式,使人类社会生活和人的现代化向更高境界发展。

如果说前两次技术革命可以称之为动力革命,那么第三次技术革命则是由计算机技术统领的信息化革命。

伴随着第三次技术革命,科学探索活动以空前的规模开展起来。尤其是对外太空的探索,它带来了航天工业的繁荣。

在这一次技术革命中,机械工程已不像在前两次工业革命中那样担当主角,但是机械工业仍然是国民经济的支柱。第三次技术革命极大地影响和改变了机械工业。在激烈的竞争中,机械进一步向高速化、轻量化、精密化、自动化和大功率化方向发展,并必须满足人们对成本、造型、舒适性、环保等多方面的日益苛刻的要求。与此同时,人类科技探索活动的范围扩大,航天器、机器人等现代机械陆续出现。在计算机技术和控制理论的带动下,机械设计、机械制造的面貌为之一新。

8.2.3　第三次技术革命的特点

和前两次技术革命相比较,第三次技术革命有很多新的特点。

1. 科技开发社会化

在前两次工业革命中,常常是一个发明家独立地完成设计工作,甚至还要包揽整个的制造工作。从 20 世纪中叶起,许多工程或产品,都已变得非常复杂。发明、开发常常不再是某个人的成绩,而是一个团队、一个公司,甚至是几十个学校和公司“大兵团作战”的成绩,例如,“阿波罗计划”先后动员了 120 所大学、2 万家企业,共有 400 万人参加。

中央政府在科技开发中发挥重要的领导和协调作用,是这次技术革命的重要特点。20世纪 80 年代,美国提出了“战略防御计划”,欧共体制定了“尤里卡计划”,中国提出了“863计划”。

2. 技术发展群体化

在现代科技的发展中出现了新趋势:一方面高度分化,边缘学科、交叉学科越来越多,如生物工程、机械电子工程等;另一方面又高度综合,不同学科间的联系越来越密切,科学走向一个多层次、综合性的统一体,技术则由许多单一技术发展为高科技群。例如,机器人技术的研究就必须运用微电子、新材料、软件和精密机械等多种现代技术联合攻关。

3. 科学与技术的结合更为紧密

以往的技术革命,科学和技术是相对分离的,科学研究成果要经历相当长的时间才转化为生产力,或在技术革新后的相当一段时间才有科学理论的概括。蒸汽机发明近百年才得到广泛的应用;而在它发明 30 多年后,才由卡诺总结出热机的理论。

第三次技术革命中,技术突破一般都是在科学理论的指导下实现的,而重大的技术成果,又进一步丰富、充实了科学理论。受激辐射理论与激光技术的产生,原子核物理学的发展与原子能技术的产生,都表现出当代科学与技术的紧密关系远超过第二次工业革命时期。

4. 技术转化和更新的速度加快

蒸汽机、电动机从科技成果转化为生产力各用了数十年,而第三次技术革命中的技术投入应用则快得多。除了科学进步与技术开发紧密结合,科技与生产之间的联系也大为加强。从发现雷达原理到制造出雷达用了 10 年,从原子能的发现到建成世界上第一座核电站用了 15 年,晶体管和移动电话都只有 4 年。电子计算机问世 30 年,已进入第 5 代;而微型计算机诞生后几乎每隔两年就换代一次。

5. 美国在新技术革命中占据绝对领先地位

第三次技术革命首先在美国兴起,多数新技术都发端于美国,美国在新技术革命的发展中始终牢牢地处于领先地位。"二战"后由美国占据这一地位绝非偶然,它有着多方面的原因:

(1) 美国有优越的自然资源和地理环境,国内市场广大。

(2) 美国是世界上第一个民主宪政国家。美国人来自世界各地,融合了各民族的文化传统,具有文化杂交优势,具有蓬勃向上的民族创新精神。

(3) "二战"中,美国本土没有受到大范围的攻击和破坏。

(4) 纳粹的反动政策造成了史无前例的知识分子难民潮,逃难的科技人才基本上都跑到了美国。

(5) 美国政府历来高度重视科技,积极采取措施推动科技事业的发展。

8.3　第三次技术革命的主要内容

8.3.1　概述

第三次技术革命以信息技术、原子能技术和航天技术为代表,涉及新能源技术、新材料技术、生物技术和海洋技术等诸多领域。本节中简单叙述这些领域的发展,并提及它们与机械工程的互动关系。

1. 航天技术

20 世纪初,航天事业的理论研究和火箭技术的研究就已经起步。1903 年,俄国科学家齐奥尔科夫斯基(K. Tsiolkovsky)论证了实现行星际航行、制造人造地球卫星和近地轨道站的可能性。美国在 1926 年,苏联在 1933 年都发射了液体火箭。

"二战"后,苏、美两国好像是商量好了一样,都在德国 V-2 火箭的基础上全力发展大型火箭。冯·布劳恩主导了美国的火箭研究,后来,美国航天事业的许多成绩(如卫星和登月)中都有他的贡献。1957 年 10 月,苏联发射了世界上第一颗人造地球卫星,开创了空间技术发展的新纪元。

此后的半个世纪是人类航天事业蓬勃发展的阶段。苏、美两国长期处于互相竞争、共同

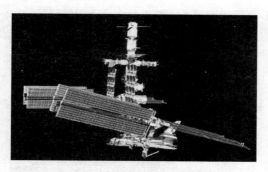

图 8-7　航天飞机与国际空间站对接

领先的地位。

美国在 1969 年实现了人类登月的梦想。迄今,人类已经建立了空间站,向太阳系的全部行星和太阳系外发射了探测器。中国在 1970 年发射了第一颗人造地球卫星,现已实现了载人航天、绕月飞行,跻身于世界航天大国之列。

但是与人类的长远目标相比,当前航天事业的发展还只相当于蹒跚学步的孩童时期。

航天器是非常复杂的机械-电子-流体系统。人造地球卫星的太阳能帆板、抓取卫星的机械臂都是柔性很大的机电系统。航天器的动力学属于非线性动力学,要计入弹性、间隙、流体-固体耦合等许多复杂因素的影响。航天器的制造要求很高的精度。因此,航天事业的发展给机械设计、机械制造提出了许多要求,促进了机械科技的发展。

2. 生物技术

生物技术是用活的生物体(或生物体的物质)来改进产品、改良植物和动物,或为特殊用途而培养微生物的技术。生物工程则是改造或重新创造设计细胞的遗传物质、培育出新品种,以工业规模利用现有生物体系,以生物化学过程来制造工业产品。现代生物工程的核心是基因工程。基因工程(或称遗传工程)就是将不同生物的基因在体外剪切组合,并和载体的 DNA 连接,然后转入微生物或细胞内进行克隆并使转入的基因在细胞或微生物内表达,产生所需要的蛋白质。

生物技术产业是新经济的主要推动力。人类基因测序的完成和公布,是科学史上的又一个里程碑,它令很多投资者为之神魂颠倒。生物技术产业虽然历史不到 30 年,但正步入成熟期。

生物工程领域中需要微操作机器人(图 8-8)——面向微米或者更小尺度对象进行精细操作,甚至能进入人类细胞内部工作的智能机器人系统。

3. 海洋工程技术

陆上、浅海和深海石油蕴藏量的比例约为 1：10：100。海上采油初具规模是在 20 世纪 60 年代,现在水深超过 300m 的深海采油也已启动。

图 8-8　微操作机器人在 $10\mu m$ 见方的基片上刻出的字样

现在,全世界约有 1 万座固定平台(图 8-9)在海上从事石油开采。中国按南海恶劣海况设计的深水钻井平台,相当于 45 层楼高,能抵御 200 年一遇的台风。

图 8-9   海上采油平台

把陆地上的 4～5 个大工厂紧缩重叠地放置在一个面积不过数千平方米的海上平台上,它日日夜夜经受海水的腐蚀和风浪的冲击,要保持正常生产 20～30 年。建造平台工程复杂、技术要求高,涉及到机械、造船、电子、冶金、石油等多种工业部门。

埋藏在海洋底的矿产占全球矿产资源的 3/4。随着深海采油技术的突破,以及铜、镍和稀有金属价格的上扬,人们更加重视深海采矿。

海洋工程当然与机械科技的发展有密切关系。所有的海工结构都要进行动态响应分析和疲劳强度计算。针对海底勘探和深海采油,开发了潜海机器人。

4. 新能源技术

1980 年联合国能源会议提出:用取之不尽、周而复始的可再生能源取代资源有限、对环境有污染的化石能源,重点开发太阳能、风能、潮汐能、核能等新能源。

1)核能

20 世纪 50 年代,原子能的和平利用发展起来,苏、英、美等国相继建成核电站。到 1966年,核能发电由于其成本已低于火力发电而真正迈入了实用阶段。20 世纪 70—80 年代,受到石油危机的冲击,世界经济对电力的需求增加减缓。其时,又发生了美国三哩岛和苏联切尔诺贝利两大核事故。公众接受问题成了核能发展的障碍,核电发展转入低潮。20 世纪 90年代,开发更安全、更经济的核电机型使核电复苏起来。到 2012 年年底,全世界正在运行的核电站共有 438 座,占全世界发电量的 16%。

现代历史上出现的第一个机器人就是为在核电站中搬运核燃料而研制的。

2)风能

1887 年,苏格兰首先用风力来发电。丹麦缺少化石能源,而风能资源丰富,因此风电在丹麦得到大量的应用,到目前,其发展水平仍居于世界领先地位。

风能是丰富无尽、分布广泛、清洁的可再生能源。特别是对沿海岛屿,交通不便的山区、草原,以及远离电网的农村、边疆,有十分重要的意义。

1973 年发生石油危机后,发达国家投入大量经费,研制现代风力发电机组。到 2008

年,风电已超过全世界用电量的 1%。中国是后起之秀,现在,离网型风电机组的生产能力、保有量和年产量都居世界第一位。图 8-10 所示为我国沿海的风力发电站。

图 8-10　我国沿海的风力发电站

3) 太阳能

1920 年,美国加州开始大量使用太阳能热水器。1954 年,美国贝尔实验室研制成功实用型硅太阳电池;次年,以色列研制成功选择性涂层。这些都为光伏发电奠定了基础。

1973 年的"石油危机"燃起了人们对太阳能的热情。进入 80 年代后,石油价格回落;而太阳能的价格缺乏竞争力,太阳能研究又开始落潮。1992 年联合国"世界环境与发展大会"后,各国又加强了清洁能源的开发,使太阳能利用走出低谷。

利用太阳能的最佳方式是利用光伏效应,使太阳光射到硅材料上产生电流直接发电。新的产业链条——"光伏产业"形成,包括高纯多晶硅材料生产、太阳能电池组件生产等。光伏产业正日益成为国际上继 IT、微电子产业之后又一爆炸式发展的行业。图 8-11 所示为太阳能发电。

图 8-11　太阳能发电

4) 潮汐能

世界上潮汐能发电的资源量在 10 亿 kW 以上,也是一个天文数字。第一座具有商业实用价值的潮汐电站是 1967 年建成的法国朗斯电站(图 8-12),总装机容量 240MW。朗斯河口最大潮差 13.4 m,平均潮差 8 m,涨潮、落潮都能发电。世界上适于建设潮汐电站的 20 多处地方，都在研究、设计建设潮汐电站。

图 8-12　法国朗斯潮汐电站

8.3.2　信息技术

信息技术、材料技术是新技术革命中与机械工程关系最密切的两个内容。

信息技术主要包括微电子技术、计算机技术、传感技术(遥感技术)和通信技术。本节中只介绍其中与机械工程联系较多的部分内容。

1. 微电子技术

在 1897 年发现电子后不出 10 年，电子二极管、三极管相继发明。20 世纪 20—40 年代，以电子管为基础元件，出现了广播、电视、无线电通信和第一代计算机，这就是传统的电子技术。

1947 年，美国贝尔实验室的科学家发明了晶体管。1958 年，美国发明了集成电路。1971 年，英特尔公司推出以大规模集成电路为基础的微处理器。

集成电路的发明开创了世界微电子学的历史，它成为电子工业的基础和核心。几十年来，从每个硅片上只有几十个元件的小规模集成电路已发展为今天有上亿个元件的大规模集成电路。芯片集成度的增长遵从所谓的"摩尔定律"，每隔 18～24 个月翻一番。

2. 电子计算机技术

电子计算机是 20 世纪最辉煌的技术成果之一，它的发明具有划时代的意义。

如前所述，"二战"中原子能技术和导弹技术的迅猛发展催生了电子计算机在这一历史时刻诞生。1946 年 2 月竣工的 ENIAC 机(图 8-13)是人类历史上的第一台电子计算机，但该机的体积太大、容量太小，且使用外插型的程序，极为不便。

在计算机发明史上最著名的代表人物是图灵和冯·诺依曼。

1936 年，24 岁的英国数学家图灵(A. Turing，图 8-14)就提出了现代计算机的数学模型——"图灵机",是现代计算机基本设计思想的创始人。

图 8-13　第一台电子计算机 ENIAC

冯·诺依曼(J. von Neumann,图 8-15)是匈牙利裔的美籍数学家,它的贡献是将计算程序和数据一起放在存储器中,从而实现了全部运算的自动化,并且把二进制应用于计算机。1952 年,由他领导设计出的 EDVAC 计算机竣工。该机的设计方案迄今仍是一切计算机的基础,影响巨大。

图 8-14　图灵　　　　　　　图 8-15　冯·诺依曼

电子计算机问世近 70 年来,经历了从电子管到大规模集成电路的四代产品。计算机的体积越来越小,内存容量越来越大,运行速度、可靠性越来越高。开始时只用于军事和原子能部门,后来则越来越普及。

大规模集成电路计算机向两个方向发展:微型机和巨型机。

微型机原名是个人计算机。从 1974 年开始,比尔·盖茨(Bill Gates)的微软(Microsoft)公司崛起,并对世界软件产业的发展作出了巨大的贡献。以英特尔(Intel)公司的芯片为硬件的核心,装载了微软公司的软件,IBM 微机系列产品成为全世界的主导产品。有了微型机才使得计算机大量普及,现在全世界共有数亿台微型计算机,在科技、经济、生产和生活的所有领域都得到广泛应用。

从 1975 年起,美国推出巨型机。巨型机应用于中期天气预报、飞机设计、石油勘探、地震信息处理等需要大量、快速运算的场合。继美、日之后,中国也开展了巨型机的研制。在

2013 年的全球巨型计算机排行榜中,中国国防科技大学研制的"天河二号"以每秒 33.86 千万亿次的浮点运算速度夺得头筹,比第二名的"Titan"快了近 1 倍。

处在计算机技术研究前沿的是智能计算机、量子计算机和生物计算机,这些计算机的计算速度、储存量都将又提高几个数量级。

3. 人工智能

现代计算机的奠基人图灵也被称为"人工智能之父"。

1956 年,在美国开始使用"人工智能"这一术语。人工智能是由控制论、信息论、计算机科学、神经生理学等相互交融而产生的一门学科,它包括机器定理证明、符号运算、机器翻译、专家系统、模式识别、人工神经网络等许多领域。在这里,仅就与机械工程的发展密切相关的几个领域做一简单介绍。

1) 符号运算

计算机可以处理各种用符号和方案表达的知识。基于符号处理的能力,计算机可以利用计算机代数进行复杂的公式推导。20 世纪 60 年代以后有多个计算机代数通用系统相继问世。像基于拉格朗日方程的系统动力学方程的推导这样的工作,都已经采用计算机代数的方法进行。

2) 专家系统

20 世纪 60 年代末出现了基于计算机符号推理功能的专家系统,使人工智能研究出现新的高潮。

专家系统(图 8-16)是一类软件,它主要包括知识库和推理平台两个部分。知识库储存大量的特定领域的知识,包括书本知识和该领域专家们的实践经验。正是依靠这些知识,能保证系统在专家的水平上工作。推理平台能针对使用者提供的问题,调用知识库中的知识,并按照专家的思维规律进行分析、推理和综合,得出解决问题的方案。

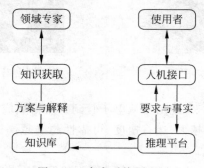

图 8-16　专家系统原理图

美国斯坦福大学于 1969 年推出能根据输入的化学分子式和质量频谱信息来推断化学结构式的专家系统。20 世纪 70 年代,又推出了协助医生诊断的专家系统和矿床勘探系统。80 年代形成了专家系统的研究热潮,许多专家系统纷纷问世。专家系统在机械系统设计和机械故障诊断中都有所应用。

3) 人工神经网络

20 世纪 60 年代,人们就试图用硬件来模拟人脑的结构和功能,研究了学习规律、联想记忆功能等问题,形成了人工神经网络研究的一些基本概念。80 年代,美国几位科学家提出了人工神经网络的计算方法。

神经网络所特有的非线性适应性信息处理能力,使之在专家系统、模式识别、动力学建模、智能控制、故障诊断、机器视觉、信息融合等领域得到成功的发展和广泛的应用。以美国为前导,日本、德国、法国、苏联和中国都积极地开展了研究工作。

4. 信号分析

在人类的生产活动和社会活动中,要产生、传递、记录大量的信号,对这些信号要进行科学的、快速的分析,以便提取有用的信息。历史上,信号分析的理论和方法首先是在通信、电子工程和自动化领域形成的。

1) 以傅里叶变换为基础的经典信号分析方法

1807 年,法国数学家傅里叶(J. Fourier)提出了关于傅里叶级数的理论。1822 年,他又提出了非周期信号分解的概念,即傅里叶变换。傅里叶变换首先在电气工程中得到广泛的应用。以傅里叶变换为基础的信号分析方法被称为经典信号分析方法。

1960 年,匈牙利裔的美国数学家卡尔曼(R. Kálmán)提出了滤波技术。20 世纪 50—60 年代,在计算机技术尚未应用到信号分析中来之前,主要采用模拟信号分析,即从被分析的时域曲线的图解表示出发,通过跟踪滤波的方式进行频谱分析。这种方法分辨能力较低,分析时间较长,输出的方式也较少。

现在广泛应用的数字信号分析是随着计算机的应用才发展起来的。

1965 年,美国数学家发表了快速傅里叶变换方法,它使傅里叶分析这一数学工具获得了新的、极大的生命力。20 世纪 70 年代中期,推出了以快速傅里叶变换为基础的动态信号分析仪。这为数字信号分析方法的普及提供了技术手段。

信号分析是机械振动测试方法的理论基础,也在力学、光学、量子物理中得到应用,成为在许多不同科技领域中具有共性的方法。

2) 以小波变换为基础的现代信号分析方法

傅里叶分析擅长处理线性问题,而对非线性问题则无能为力;同时,它不具备在时域和频域中同时局部化的特性,要想获得信号 $f(t)$ 的频域特征,必须确切知道 $f(t)$ 在整个时域上的信息。

小波变换正是针对这些不足而提出来的,它能够实现时域和频域的局部分析,可以聚焦到信号的任意细节,从而被誉为“分析信号的显微镜”,它把信号分析方法的研究推向了一个新的发展阶段,是一种正在迅速发展的新兴技术。

在机械动力学领域,小波分析方法已经在机床颤振、转子动力学等研究中有所应用。

5. 网络技术

1969 年,由美国国防部主持,将美国不同州的 4 所大学的 4 台主要计算机连接起来,成为网络 Arpanet。该网络的设计目标是:当网络中的一部分因战争原因遭到破坏时,其余部分仍能正常运行。1986 年,在美国科学基金会的支持下,用高速通信线路把分布在各地的一些超级计算机连接起来,又经过十几年的发展而形成了今天的因特网(Internet)。

计算机网络的出现是信息技术的一大突破,极大地推动了世界范围内信息的快速获取与交流。然而,如果仅仅从技术的角度来理解互联网的意义显然远远不够。互联网的发展早已超越了当初的军事和技术目的,几乎从一开始就是为人类的交流服务的。它把世界联为一体,使资本、技术、知识和信息在全球极其迅速地流通和交流。互联网已融入我们的日常生活,成为工作和生活中不可缺少的工具和途径,而且空前地改变了人类思维的方式。

在机械工程中,网络协同设计和网络协同制造已开始发展。

6. 传感技术

从仿生学的观点来看,如果把计算机看成处理和识别信息的"大脑",把通信系统看成传递信息的"神经系统"的话,那么传感器就是"感觉器官"。传感技术是关于从自然信源获取信息,并对之进行处理(变换)和识别的一门多学科交叉的工程技术。

传感器可测量声学量、光学量、磁学量、温度量、机械量等各种物理量,其中测量最多的是机械量——长度、厚度、位移、速度、加速度、力、力矩、流速、流量等。传感器将这些非电量转变为电压、电流、电阻、电容等电量。

传感器技术的真正起步是从 19 世纪后半期开始的,也就是说,是伴随着物理学,特别是电学的发展而兴起的。几乎有一种物理效应被发现,就会产生一种相应的传感器。"二战"以后,随着新型材料和半导体、微加工、激光、光导纤维等新技术的涌现,各种功能强大的传感器不断出现,成为现代社会生产力发展的主要推动力之一。

传感器是机械控制系统中不可或缺的重要组成部分。

8.3.3　新材料技术

新材料是指那些新近开发或正在发展的具有比传统材料的性能更为优异的一类材料。

按材料的属性划分,新材料可分为金属材料、无机非金属材料、有机高分子材料、复合材料 4 大类。

按材料的使用性能分,有结构材料和功能材料。结构材料主要是利用材料的力学和理化性能,以满足高强度、高刚度、高硬度、耐高温、耐磨、耐蚀、抗辐照等性能要求;功能材料主要是利用材料具有的电、磁、声、光热等效应,以实现某种功能,如半导体材料、磁性材料、光敏材料、热敏材料、隐身材料等。

1. 新材料作用重大

材料是人类社会发展的物质基础和先导。新材料在发展高新技术、增强综合国力和国防实力方面起着重要的作用,地位日趋重要。新材料技术是第三次技术革命的支柱之一,与信息技术、生物技术一起被称为 21 世纪最重要和最具发展潜力的三大领域之一。

超纯硅、砷化镓的研制成功,导致大规模集成电路的诞生。航空发动机的工作温度每提高 $100℃$,推力可增大 24%。隐身材料能吸收电磁波或降低武器装备的红外辐射,使敌方探测系统难以发现。

新材料技术的发展对制造业也产生了重大的影响。

1957 年苏联人造卫星上天,美国朝野为之震惊,认为自己落后的原因之一是先进材料落后,于是在一些大学相继成立了 10 余个材料研究中心。当前,美国、欧洲、日本、中国等国家都把发展新材料作为科技发展战略的重要组成部分,列为 21 世纪优先发展的关键技术。

2. 各种新材料的发展

1) 纳米材料

纳米材料在磁、光、电敏感性方面呈现出常规材料不具备的许多特性,在许多领域有着广阔的应用前景。20 世纪 90 年代,全球掀起了纳米材料的研究热潮。正如 20 世纪 70 年代的微电子技术引发了信息革命一样,纳米科学技术将成为 21 世纪信息时代的核心。

2001 年,美国 IBM 公司用碳纳米管制造出第一批晶体管,这有可能导致更先进的产品出现,使现有的硅芯片技术逐渐被淘汰。

纳米技术可应用在微型机械中,现已有关于纳米微型轴承、微型机器人的报道。采用纳米粉末对机械零件进行表面涂层处理,可以提高耐磨性、硬度和使用寿命。

2) 陶瓷材料

1924 年,德国研制成硬度仅次于金刚石的氧化铝陶瓷,成为一种新的刀具材料。

陶瓷的比重仅及钢的一半,又具有高硬度和耐高温性能。20 世纪 50 年代以后,兴起了对结构陶瓷的研究。1979 年,美国研制出轿车上用的陶瓷涡轮发动机,此后日本和中国也制成了陶瓷发动机。在内燃机中用陶瓷代替金属可大大地提高热效率,减少燃料消耗 30%。

高温结构陶瓷也应用于制造燃气轮机的转子叶片、石油工业中的管道和球阀、陶瓷轴承等零部件。

陶瓷材料加工困难,这推动机械加工领域中成长起一个专门领域——硬脆材料加工。

3) 高分子材料

高分子材料主要有塑料、人造橡胶和合成纤维等,它具有很好的强度和弹性,又具有绝缘性和隔热性。进入 20 世纪后,高分子材料发展极为迅速。

塑料是人类最早生产的高分子材料。美国在 1870 年开发出一种用硝酸处理过的纤维素,俗称“赛璐珞”。1907 年,又开发出第一种完全人工合成的塑料——酚醛塑料(俗称电木、胶木),用于各种电器制品。20 世纪 20 年代末,德国和美国开始生产有机玻璃、氯乙烯和聚苯乙烯。此后,陆续有几百种塑料被开发出来,应用于工业、军事和人类生活的各个领域。现在,许多机械零件(甚至齿轮等传动件)采用塑料来制造,减轻了机器的重量、节约了金属。随着塑料的应用,塑料成形模具发展起来。

由于天然橡胶产量有限,19 世纪末一些化学家即开始研究人造橡胶(也称为合成橡胶)。20 世纪 60 年代,合成橡胶的品种已达 200 多种,其产量开始超过天然橡胶。

1936 年,英国开发出聚酰胺纤维(尼龙 66),“二战”后又陆续开发出涤纶、腈纶和丙纶等合成纤维的主要产品。

20 世纪 60 年代后,一些耐热、抗燃、高强度的合成纤维开始问世。合成纤维不再仅是作为传统纤维的替代物,而且广泛用于医学、工农业、航空航天、信息通信等各个方面。

4) 复合材料

远古时人们就用干草和泥混合来制砖,后来发明了混凝土,这都是现代复合材料的祖先。

现代复合材料是由高分子材料、金属和无机非金属等不同材料通过复合工艺组合而成的新型材料。

"材料设计"的设想始于 20 世纪 50 年代初期。苏联开展了合金设计等早期工作,1969 年提出通过改变组分或掺杂来获得人工超晶格。1985 年,日本学者首次提出了"材料设计学"这一专门方向。1986 年,中国在高科技研究计划中也列入了这一专题。

利用多种"复合"技术,可以创造出全新性能的材料。目前复合材料的发展以树脂基复合材料为主,特别是热固性材料,它的技术最成熟,应用最广。金属基复合材料大部分处于研究开发阶段,它特别适用于建造空间结构体。陶瓷基复合材料是改进陶瓷的可靠性的重要途径,从而使陶瓷材料优异的高温性能得以应用。此外,碳/碳复合材料在军事技术上有很大实用价值,并已有一定的应用,并正从军用转向民用,呈快速增长的态势。

金属材料、无机非金属材料、有机高分子材料和复合材料这 4 类工程材料的历史发展进程如图 8-17 所示。图中横坐标为年代,4 类材料在纵坐标上所占的比例大小表示了其相对重要性。从图中可看出,20 世纪中叶金属材料占绝对优势,而到 21 世纪 20 年代 4 种材料将平分秋色。

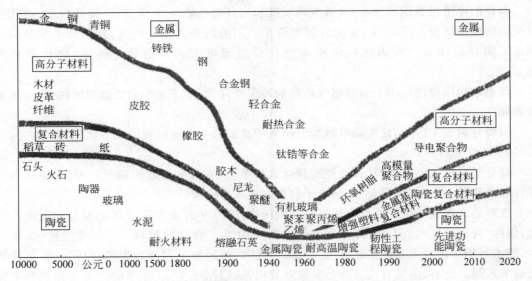

图 8-17   工程材料历史发展随时间推移的相对重要性示意图

8.4   与机械工程相关的数学、力学的新进步

8.4.1   数值计算方法的巨大进步

"二战"以后,数值计算方法有了飞跃的发展,其背景是:

(1) 提出了大型客机、大型水坝、核裂变等大规模数值计算问题。未知数常常达到百万甚至千万个,而且要求高效率、高精度、自适应划分网格,因此必须创立全新的计算方法才能解决新时代所提出的计算要求。

（2）计算机给科学计算提供了前所未有的技术手段。这一时期无论是对传统方法的改进，或是新方法的提出，都是以在计算机上的计算为基础的。科学计算新方法效率的提高与计算机速度的提高几乎是同步的。

现在，计算已不仅只是作为验证理论正确性的手段，大量事例表明它已是重大科学发现的一种手段。科学计算与实验、理论三足鼎立，相辅相成，成为当今科学活动的三大方法。

与机械工程的发展密切相关的是如下几个数值方法领域的进步。

1. 常微分方程的数值求解方法

许多动力学问题的数学模型是常微分方程的初值问题，其中只有一部分线性微分方程组可以用振型迭加法等方法得到显式解，相当多的动力学微分方程都是非线性方程。常微分方程的数值方法求解是动力学仿真的基础。

"二战"后，复杂系统的动态响应问题受到重视，例如核电站要能经受地震载荷的作用，海洋平台要能经受海浪、台风和地震等恶劣动载荷的作用。这类系统的特点是自由度数很大，载荷复杂，常常为非线性系统。微分方程数值解法首先是适应这种需要而发展起来的。

2. 有限元法和边界元法

在弹性力学这门古老的学科中，已建立了联系外力、应力、应变和位移之间关系的微分方程组，但是当物体的形状稍复杂些，这些微分方程就无法求出解析解。有限元法是一种基于变分原理的数值方法，它首先是作为处理固体力学问题的方法而出现的。在用有限元法进行复杂形状物体的分析时，将物体划分为许多小单元，通过在小单元上作近似假定而简化了位移和外力之间的关系。

20 世纪 40 年代，由于航空事业的飞速发展，要求飞机结构重量轻、强度高、刚性好，人们不得不进行精确的设计和计算。1956 年，美国学者克拉夫（R. Clough）在飞机结构的应力计算中创立了有限元法。

20 世纪 60 年代，中国学者冯康在与世界学术发展隔绝的情况下，独立地提出变分差分格式，并成功地用于水坝的计算。到 70 年代末，他也被国际公认为有限元方法的开拓者之一。

通过有限元法，并借助于计算机的强大计算能力，弹性力学的理论才发挥出了威力。

边界元法是与有限元法类似的一种数值方法，它的数学基础是偏微分方程的积分方程理论。20 世纪 70 年代，在英国南安普顿（Southampton）大学开始了边界元法的理论研究，到 80 年代转向应用领域，在波的传播、断裂力学、振动问题等许多领域取得成果。边界元法使问题的维数降低一维，只需要将边界表面离散化，因此所划分的单元数目远少于有限元法，减少了计算工作量和机时。

3. 数学规划法

在"二战"的军事后勤支援问题中，提出了许多古典极值理论无法解决的优化问题，因此产生了运筹学。线性规划是运筹学的重要分支，适用于解决生产、运输、库存等管理方面的问题。

但在工程中，很多问题是非线性问题。20 世纪 50—60 年代，非线性规划成为非常活跃的研究领域。美国数学家提出了多种求解最优化问题的数值方法,最早的方法是利用函数一阶导数信息的搜索方法,为了加快收敛速度,又提出了利用函数的二阶导数信息的方法。

但是,对很多实际问题的目标函数而言,很难或根本不能写出其导数表达式,于是又提出了几种只利用函数值,而不涉及其导数的"直接搜索法"。这类搜索方法都采用随机数,效率低,但与利用导数的方法相比,得到全局最优解的可能性较大。

优化设计就是以数学规划法为理论基础而产生的工程设计方法(见 11.4 节)。

8.4.2　振动理论的新进展

在新技术革命中,与机械工程密切相关的力学领域的进步主要有三项:振动理论取得了新的进展;多体动力学诞生;断裂力学发展起来。关于断裂力学的发展放在 10.5 节中介绍。

对线性系统振动的研究,到 20 世纪 50—60 年代已形成基本的理论体系。现代振动理论呈现出多方面的新进展。70 年代,自动控制理论、计算机技术、有限元法、先进的测量技术都会聚到振动领域的研究中来。

1.　从简单的离散系统发展到复杂的连续系统

经典振动理论成功地解决了离散系统的振动分析。对一些形状很简单的连续体能够导出偏微分振动方程,但形状稍复杂,经典理论就无能为力了。现在借助有限单元法,已经能够处理复杂形状的连续系统的振动问题。

2.　加强了对两类反问题的研究

历来在振动问题中讨论的多属于正问题,即已知激励和系统特性,预测振动响应。新时期对两类反问题(图 8-18)加强了研究。第一类反问题也称为实验建模问题。机械系统中的系统阻尼等一些复杂因素难以由理论分析得到,可通过实验的方法建立动力学模型,一般作为理论建模的辅助手段。第二类反问题也称为载荷识别问题,在它的基础上发展为状态监测和故障诊断,形成了一个相对独立的学科领域。

激励 ────────→ 振动系统 ────────→ 响应

激励	振动系统特性	响应	
已知	已知	待求	正问题
已知	待求	已知	第一类反问题
待求	已知	已知	第二类反问题

图 8-18　振动的正问题和反问题

3.　随机振动理论

经典振动理论只能分析确定激励下的振动,但是飞机受到的湍流激励、汽车受到的路面激励和海上采油平台受到的海浪激励,其变化规律是不确定的,称为随机激励,无法预测这种激振力在某一时刻的数值。研究确定系统在随机激励下振动的一个理论分支——随机振动理论就是在这样的工程背景下产生的。

1958 年,在美国麻省理工学院(MIT)举行了随机振动讨论会,该讨论会论文集的出版是随机振动作为一门学科诞生的标志。

4. 非线性振动理论研究的新进展

19 世纪末动力学的定性理论、持续到 20 世纪 60 年代的定量研究分别是非线性动力学研究的第一、第二阶段(见第 6 章),混沌现象的发现揭开了非线性动力学研究的第三阶段。新时期研究的重点是分叉和混沌等非线性动力学的特有现象。

非线性动力学几乎渗透到机械动力学的各个领域。如:①航天飞机和空间站中柔性机械臂、卫星天线、系绳卫星和太阳能列阵的非线性振动,航天器姿态的混沌运动;②柔性机器人和弹性机构;③内燃机曲轴系统、气门机构和离心摆式减振器的非线性振动;④大型发电机组转子的非线性振动;⑤滑动轴承中的油膜涡动,齿轮传动中的非线性振动;⑥机床切削过程中的非线性颤振;⑦高速列车行驶稳定性和蛇行运动的控制;⑧船舶在横浪或纵向波作用下的横摇运动;⑨流固耦合系统(如水轮发电机组)和流体诱发的机械结构的非线性振动。

8.4.3　多体动力学的诞生

20 世纪 60 年代,古老的力学学科又有了新的突破——多体动力学(multi-body dynamics)诞生。它的产生背景有两方面的因素。

(1) 车辆、航天器、机器人、机构甚至人体,都成为动力学的研究对象。这些系统都更加复杂,由大量刚体和弹性体组成。

(2) 计算机的应用给动力学分析提供了强大的工具。不仅是它的数值计算功能强大,而且它的符号处理能力使得公式的自动推导成为可能。

1966 年,维登堡(J. Wittenburg)引入图论的概念和数学工具,成功地描述了复杂系统内各刚体间的联系情况,这正是适应计算机建模的关键。

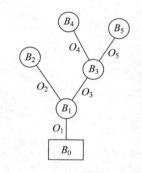

图 8-19　多刚体系统的树状结构

从科学原理上讲,多刚体系统动力学并没有超出矢量力学和分析力学的新东西,关键在于对系统的结构作出适应于计算机计算的新的描述。

多体动力学成为经典力学的一个新的分支,它也是一种在表达形式上的创新。多刚体动力学的理论、建模和分析方法均已成熟,所编制的数十种软件已经得到普遍的应用。只要用户输入具体系统的参数,输入对系统结构的数学描述,软件就能将动力学方程自动地编排出来,并进而完成动力学分析工作。

多柔体动力学在 20 世纪 70 年代初期形成,是多刚体系统动力学的自然延伸。它研究做大范围空间运动的受约束柔性体的计算机建模和分析,这些大位移既包括刚体运动,也包括弹性变形。做大范围空间运动的多柔体系统的典型是空间航天器。随着航天事业的发展,航天器承担的任务越来越多,结构也越来越复杂。许多卫星上装有太阳能电池板和细长的天线,它们质量轻、柔度大,在展开的过程中会产生较大的弹性变形,直接影响系统的姿态和控制的精度。大型空间站上的机器人操作臂的变形会影响其运行轨迹和抓取精度。在20 世纪 50 年代美国的卫星失控的刺激下,人们认识到,多刚体模型不足以描述航天器的力学行为。多柔体动力学方法正是在 70 年代初首先在航天器领域发展起来的。

除了航天器以外,一些机器人和高速机构也属于多柔体系统。传统上,这样的系统都设计得较为笨重,并基于刚体动力学的假定来进行分析。由于轻量化新材料的开发和运转速度的提高,就要求建立计入系统构件变形影响的更精确的分析方法。

第 9 章

第三次技术革命中的机械工程概述

制造业是实现现代化工业的水之源、木之本,是实现工业化的保障和原动力,是国家实力的脊梁,是支持共和国大厦的基石。没有强大制造能力的国家永远成不了经济强国。

——宋健,中国科学院、中国工程院院士

9.1 新时期的机械工程概述

第二次世界大战结束已 70 年。这 70 年中,新技术革命波澜壮阔地快速展开,世界经济大发展,社会生活水平大幅度提高。在和平的环境中形成了更大的世界市场,激烈的竞争推动着机械产品不断地改进、提高和创新。

在这种历史背景下,70 年来,机械工业和机械科学与技术获得了全面的发展;其规模之大、气势之宏、水平之高,都是前两次技术革命所远远不能比拟的。

9.1.1 新时期推动机械工程发展的四大因素

新时期机械工业和机械科技取得巨大的发展绝不是偶然的,其背后有着强大的推动力和支撑力。

1. 社会对机械产品的要求更高、更全面

新时期,很多机械产品进一步向高速、重载、大功率方向发展;而同时,对机械的轻量化、可靠性、精密性、经济性又提出了更为苛刻的要求。世界的环境问题变得突出以后,降低机器对环境的不良影响成为新时期机械设计与制造的新内容。此外,要求机器应更安全、更舒适宜人。随着人们生活水平的不断提高,人们在机器的外观、色彩和式样方面的追求也更高,并呈现出多样化的趋向。

2. 机械工业的生产模式发生新的变化

福特汽车公司在 1914 年创立了大批量生产模式。大幅度地提高生产率是当时产生这种生产模式的主要动因,它的主流地位延续了半个多世纪。20 世纪 60～70 年代,情况又有所变化,由大批量生产模式转向了多品种、小批量生产模式。出现新的生产模式的动因,一方面是由于人们生活水平的提高导致了对产品多样化甚至个性化的追求;另一方面,竞争的加剧导致了买方市场的形成。

3. 新技术革命的各个领域都对机械技术的发展给予了支撑、提出了需求

新技术革命的核心领域：信息技术、空间技术、海洋技术、生物技术、新能源技术、新材料技术都与机械科技有着密切的关系。如图 9-1 所示，这些相关领域向机械领域提供新技术、新材料、新能源；同时，这些领域也向机械领域提出研制所需要的新设备的要求。无论是给予，还是索取，都是对机械科技发展的推动。

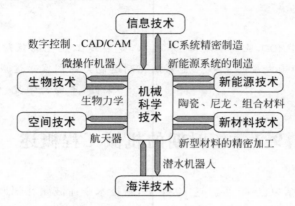

图 9-1　第三次工业革命中机械科技与相关领域的关系

4. 新时期基础科学的发展对机械科技给予了强有力的指导和支持

19 世纪以来数学和力学的进展，为机械理论的发展提供了新的理论基础和计算方法。例如，现代机械动力学中很复杂的非线性微分方程的求解即得益于数值计算方法的进步；多体动力学成为机械系统建模的重要方法之一。

物理学不仅给了我们电子计算机，而且激光的发现很快就导致了激光加工的出现。

横断科学为机械系统的分析、控制提供了指导思想和方法论。

上述四大要素很清楚地成为绪论中所提出的重要关系的佐证。第 1、第 2 两个要素体现了图 1-2 所表示的科技和社会发展的关系；第 3、第 4 两个要素则体现了图 1-3 所表示的机械科技和自然科学基础、相关技术领域的关系。

9.1.2　新时期机械工程的全面大发展

新时期社会对机械产品的要求全面提高，新时期机械工业生产模式发生新的变化，这对机械设计技术、机械制造技术，乃至整个机械工程学科的发展都提出了更高的要求。在相关科技领域，特别是信息技术发展的带动和支持下，新时期的机械设计与机械制造呈现了全新的面貌。机械工程学科得到全面大发展。

1. 现代设计方法形成——机械设计技术呈现全新的面貌

现代设计方法（advanced design methods）是一个总称，其中包含很多的具体方法，如设计方法学、并行设计、计算机辅助设计、优化设计、可靠性设计、动态设计、创造性设计、绿色

设计等等。

现代设计方法的提出,主要为解决如下两大根本问题:一是向市场推出具有优良甚至超等性能的产品;二是向市场快速地推出适应不同要求的多样化、个性化产品。

在新时期,机械设计正在摆脱经验和半经验设计阶段,向快速化、自动化、可视化和智能化迈进。当代横断科学和数学、力学的发展,是现代设计方法的理论基础。计算机在工程中的广泛使用,为机械设计提供了全新的、强大的技术手段。

在第 11 章中,将全面介绍新时期机械设计技术的全新面貌。

2. 先进制造技术出现——机械制造技术呈现全新的面貌

先进制造技术(advanced manufacturing technology,AMT)的内涵很广,但其核心是以计算机技术为统领,提高生产率、提高精度、提高制造过程的自动化程度。从机械控制的自动化发展到电气控制的自动化和计算机数字控制的自动化,直至无人车间和无人工厂。大批量生产模式的装备是自动机床、机械手,而多品种、小批量生产模式的装备就是可编程、从而可迅速调整的数控机床和机器人。机床的切削速度和加工精度在不断地提高。适应材料技术的进步,难加工材料的切削加工技术和特种加工技术发展起来。3D 打印技术的出现增加了人们对第三次工业革命的议论。

在第 12 章中,将全面介绍新时期机械制造技术的全新面貌。

3. 机械走向全面自动化,复杂机电系统出现

第一次技术革命带来了工业生产的机械化,第二次技术革命带来了工业生产的电气化,在新的技术革命中,机械将走向全面的自动化。控制理论、计算机技术与机械技术相结合,在机械工程中产生了一个新的学科——机械电子工程(mechatronic engineering),出现了一批机电一体化产品。

特别应指出,"二战"以后出现了一批所谓"复杂机电系统",包括汽车、高速铁路车辆、飞机、航天器、大型发电机组、IC 制造装备和大型盾构掘进机械等(图 9-2)。这些系统机械结构复杂,动力学行为复杂,而且有很高级的控制系统,很多都是机、电、液耦合的系统。这些系统处于机械设计与制造领域的最高端;很多新的分析方法、设计方法、制造技术出于这些高端领域的需要而产生,随后才向一般机械制造领域扩散。

4. 机械学理论的空前发展

机构学、机械强度学、机械传动学、摩擦学、机械动力学在前两次工业革命中奠定了基础,在新时期取得了更大的发展。新时期,又出现了机器人学和微机械学。一方面,新时期的机械设计给理论提出了新的课题;另一方面,断裂力学、多体力学、数值方法等领域的进步给机械学理论的发展注入了新的活力。

在第 10 章中,将全面介绍新时期机械学理论的全新面貌。

在本章中将介绍如下内容:新时期机械产品发展的总趋向;新时期机械的重大发明和改进;机械工业,特别是几个重点领域的发展概况。

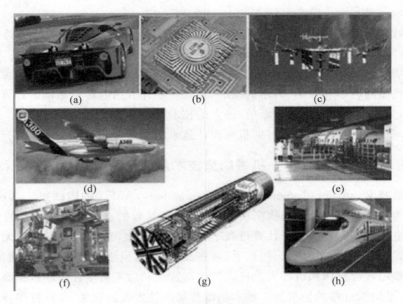

图 9-2　复杂机电系统

9.2　新时期机械产品发展的总趋向

新时期机械工业和机械科技取得巨大发展的背后,有着强大的推动力。最主要的一点是社会对机械产品的要求更高、更全面,甚至是更苛刻。这种要求通过市场竞争的作用推动着企业产品的更新换代,体现出新时期机械产品发展的趋向。近两个世纪以来,机械的发展表现出高速化、大功率化、自动化、精密化和轻量化的趋向;这种趋向在近 60 年来变得更为突出和集中。此外,随着人们生活水平的不断提高,对机械操作的安全性和舒适性、造型的美观和个性化,特别是节能环保等方面,又提出了新的要求。

由于在后续的机器人、数控机床、机电一体化产品等章节都将论及自动化问题,所以在本节中就不再讨论机械的自动化问题了。

9.2.1　机械和运载工具进一步的高速化和大功率化

民用客机大型化、高速化。英、法联合研制的协和式飞机,其速度超过声速一倍;空中客车 A380 的功率为 230MW。

高速列车一般的运行速度在 300km/h 左右。2007 年,法国试验列车的速度达到 574.8km/h。

"二战"以前,汽轮发电机组的最大装机容量是 100MW,在 20 世纪 70 年代已达到 1300MW。

采用硬质合金作为刀具材料时,切削速度为每分钟一百多米至几百米。陶瓷刀具的最高切削速度已达到每分钟一千米。机床主轴的转速当然也相应地大幅度提高。

德国克虏伯公司制造了世界上最大的挖掘机 Krupp-288（图 9-3）。该机 95m 高，215m 长，重 45500t，挖掘轮直径超过 21m。

图 9-3　世界上最大的挖掘机

目前，世界最大起重机的起重能力达到 3200t。

大型旋回破碎机的矿石处理量已达 5000t/h，矿石的最大尺寸可达 2m。

轻工业机械的速度也大幅度提高。目前高水平胶印机的印刷生产率已普遍达到 800 页/min。日本的超高速包缝机的速度已达到 7500~9000 针/min。

机械和运载工具的大型化、高速化要求在设计时进行更为精准的分析，因为一旦发生事故会造成不可估量的损失。这对机械强度学、机械动力学的发展提出了更高的要求。

9.2.2　对机械的精密化要求提高到更高的水平

"二战"以后随着航空航天事业的发展，随着机电一体化产品的出现，对机械精度的要求大为提高。集成电路制造（见 9.4 节）是最为典型的例证。信息产业中的芯片、磁盘、磁头、激光头等均离不开超精密加工技术。

导弹系统中陀螺仪的精度直接影响导弹的命中率。陀螺转子，其质心只要发生远低于微米的偏离，就会导致百米的射程误差。人造卫星中姿态轴承的加工精度要达到纳米级，否则对卫星的观测性能会有很大影响。

生物工程中应用的基因操作机械，其移动距离在纳米级，移动精度已达到原子尺度。

从 20 世纪初到现在，几何量精度已经从 10^{-4} m 提高到 $10^{-8} \sim 10^{-9}$ m。对产品的精度要求从零件、部件发展到系统，精度特性的要求从静态发展到动态。

9.2.3　对机械的可靠性要求提高到更高的水平

"二战"期间，美国由于飞行故障而损失的飞机比被击落的飞机多 1.5 倍。对机械可靠性的研究也正是应航天计划的需要，兴起在 20 世纪 60 年代的美国。

1986 年 1 月，美国"挑战者号"航天飞机失事（图 9-4）。事故原因是助推器两个部件之间的接头破损，喷出的燃气烧穿了助推器的外壳，继而引燃外挂燃料箱。3 个月后，世界上最严重的核事故在苏联切尔诺贝利核电站发生。由于多次违反操作规程,导致反应堆能量增加,引起爆炸,造成放射性物质泄漏,污染了欧洲大部分地区。有7000多人死于该事故;土地、水源被严重污染,成千上万的人被迫离开家园。

图 9-4　"挑战者号"航天飞机灾难

半个世纪以来,机械和运载工具向高速化、大型化方向发展,可靠性问题就变得更为突出。可靠性设计成为一种重要的现代设计方法(详见 11.4 节)。对可靠性的高要求也推动了机械结构强度学在断裂力学基础上的重新构建。

今天,可靠性设计已应用于从宇宙飞船到家用电器的广阔领域,成为机械产品设计现代化的重要标志之一。

9.2.4　对机械和运载工具轻量化的要求更为迫切

近数十年来,地球资源的有限性终于被人们认识到了。节能、节材逐渐成为主流呼声,市场对减轻机械重量的要求更为迫切。

为追求舒适性,汽车的自重曾经大幅度增加。这导致燃油消耗和排放量的增加,加剧了对环境的污染和对能源的需求。1974 年的石油危机后,日本以其小型轿车的优势将美国挤下了汽车王国的宝座,轻量化立即成为世界汽车工业的中心课题之一。轿车的轻量化得到政府的引导和支持。汽车整车质量降低 10%,燃油效率即可提高 6%～8%。

航天器的轻量化是非常容易理解的——它受制于发射技术和成本的双重因素。几乎所有机械的发展过程中都不同程度地有着轻量化的要求。

有限元法、优化设计法的发展提供了对结构进行轻量化设计的理论和方法。材料科技的发展提供了高强度钢、复合材料和铝合金、钛合金等轻质材料。

构件的质量减轻,要求更审慎地进行强度和刚度的计算。伴随着刚度的下降,也加大了产生振动的危险,这向机械动力学提出了许多新的课题。

9.2.5　追求产品的性能价格比

性能价格比(简称性价比)中的性能和价格都是广义的:性能中也包括产品的使用、审美和服务;价格则指整个产品寿命周期中的费用,不仅包括制造成本,还包括消费者购入后所发生的使用成本和维护成本,如车辆的耗油量、电器的耗电量,经常更换的附属配件成本等。

消费者的购买过程实际上是对商品性价比的选择和决策过程。生产企业要站在用户的角度,追求高的性价比。这是以"用户为导向"的经营战略的着眼点。

性价比增加,可能由于性能增加的速率大于价格增加的速率,也可能由于性能减少的速率低于价格降低的速率,当然,最好是性能增长而同时价格下调。一个典型事例是当今电子信息类产品随着科技的进步,性能飞速上升;而由于制造水平的提高和成本的下跌,产品的价格不断下跌,造成了性价比的提高。机械产品性价比的提高则远没有电子产品那样突出。

产品经济性的重要性,推动了价值分析(价值工程)方法的诞生。

9.2.6　降低机器对环境的不良影响

两次工业革命使人们兴奋地感受到动力的变革给人类生活带来的巨大变化。人类的欲望极大地膨胀起来。在人类面前的大地、海洋和天空似乎都是无穷大的空间。材料、能源取之不尽、用之不竭;废水、废气排放到这无穷大的空间中去,它们的浓度似乎也立即便会降低到接近于零。人类的欲望并没有在两次工业革命达到的水平面前止步。机器的生产率,汽车、铁路车辆、飞机的速度都成几倍、几十倍地提高了! 于是,制造业在给人类带来了富足和享受的同时,也带来了资源的紧张和环境的污染和恶化。造成全球污染的排放物的 70%以上来自制造业。

1972 年 6 月,在瑞典斯德哥尔摩召开了第一届联合国人类环境会议,提出了著名的《人类环境宣言》。世界各国政府开始重视环境保护问题。

汽车是对环境影响最大的机器之一。汽车废气中含有 150~200 种不同的化合物。由于汽车废气的排放正好是人体的呼吸范围,对人体的健康损害非常严重。最新的数据显示,雾霾颗粒中机动车尾气所占的比例最大;所以,控制汽车尾气排放是解决雾霾的有效措施。发达国家早在 20 世纪 60—70 年代就对汽车尾气排放建立了相应的法规制度。

环境问题是绿色设计和绿色制造(见 12.6 节)产生的背景。

9.2.7　机器应安全、舒适、宜人

机器应安全、舒适、宜人,这对运载工具、家用机械和机床等尤为重要。

安全性是对机器最基本的要求。核辐射、化学污染、高山缺氧、深海高压、太空失重等都要影响操作者的作业和人身安全。

安全问题,涉及到多个学科。对机器的这一要求,推动了机械强度学、机械动力学、人机工程学等学科的发展。

9.2.8　产品的多样化与个性化

在某一种民用产品开发的初期,人们满足于产品的有无,还未能顾及产品的花色和式样。在商品匮乏的社会更是如此。"二战"以后,在相对和平的环境里,随着人们生活水平的不断提高,人们的个性更加张扬,对美的追求更加热切。美本身就是多样化、个性化的;而且,人们对产品在外观、色彩和式样方面的多样化需求不是固定不变的,会随着潮流而变化。

以日本的汽车行业为例,如果用发动机的输出功率、外观和颜色、音响设备等条件来区

分小轿车的种类,就会有几千种之多。

在 20 世纪 60 年代的中国,物资匮乏,自行车的品牌只有三种。而在改革开放以后,出现了山地车、跑车、淑女车等不同式样的自行车,出现了不计其数的品牌。一些产品则有了豪华型和普通型的区分。

图 9-5   产品的多样化和个性化

对机器外观的要求,推动了工业设计学科的发展。

对产品多样性的追求是多品种、小批量生产模式产生的原因之一。同时,还出现了按用户要求进行设计的定制生产。定制生产要求机械设计的快速化、可视化,以便按用户的时间要求将设计结果展现给用户。

社会对机械发展所提出的上述所有要求,都是全球化市场上竞争的内容,也都是机械设计技术、机械制造技术和机械学理论发展的推动力。

9.3   新时期机械的重大发明与改进

在两次工业革命中,涌现了大量的机械发明,应用于动力、机械制造、交通、冶金、采矿、建筑、农业等部门,经济生产基本上实现了机械化和电气化。

在第三次技术革命时期,机械的发明和改进更远远地超越了过去的几百年。机械的发明和进步可分为两大类:

(1) 发明了一大批历史上未曾有过的、全新的机械,如航天器、机器人、IC 制造装备、微机电系统、许多机电一体化产品等等。

(2) 历史上出现的所有机械产品都经历了或小或大的、甚至是脱胎换骨的改进。今天的铁路车辆、汽车和飞机,已远远超越了史蒂文森的蒸汽机车、本茨的汽车和莱特兄弟的飞机。盾构机、轧钢机、大型汽轮发电机组也远远超越了百年前的同类。在这些机械进步的道路上,出现了多少发明和专利!但是,为了与第一类的机械发明相区别,在本章中还是称它们为“重大改进”。

新时期机械的一部分重大发明,如机电一体化产品、机器人等在本节中介绍;而另一部分,如汽车、飞机、IC 制造装备等将在 9.4 节中叙述机械工业几个重点领域时顺便介绍;还有一部分机械的改进在 9.2 节中已曾提及。

9.3.1   机电一体化产品

传统机器都包含原动机、传动装置和执行装置三个部分。后来,许多机器又包含了控制装置,而被称为自动化机器。自动机床早在 19 世纪末叶就已出现,但那时的自动化是依靠机械装置(如凸轮)实现的。20 世纪 20—50 年代,是机械制造的半自动化时期,依靠继电控制器和液压系统实现动作的控制。

随着控制理论、电子技术和传感器技术的发展,特别是计算机在工业上的应用,20 世纪后半叶,现代的机器自动化发展起来,它和早期的自动化已不可同日而语。

机电一体化的发展经历了三个阶段。

在 20 世纪 60 年代以前,人们自觉或不自觉地利用电子技术的初步成果来完善机械产品的性能。在"二战"期间和战后,机械和电子技术的结合使得许多性能优良的军用机电产品得以发明;这些机电结合的技术在战后转为民用。这是机电一体化技术发展的萌芽阶段。数控机床、机器人也是这一阶段的产物。它们为机电一体化概念的形成奠定了基础。

1969 年,一个日本工程师杜撰了一个新英文单词"Mechatronics"。中文将它译为"机电一体化"并不太准确——新词中的"tronics"来自英文单词"electronics",含义为"电子学",而不是一般的"电"。正确的译文应为"机械电子学"。这个术语很快风靡世界,它的出现标志着人们在认识上从不完全自觉走向了完全自觉。

1971 年,以大规模集成电路为基础的微处理器问世,计算机发展进入了第四代。

认识提高了,物质条件也准备好了,这就在 20 世纪 70—80 年代把机电一体化推向了蓬勃发展的第二阶段。日本在推动机电一体化技术的发展中起着主导作用。日本政府颁布法规,要求企业界为机械配备计算机等电子设备,实现控制的自动化。短短几年,日本经济就出现了奇迹。

在这一阶段,数控机床得到广泛使用,加工中心出现,机器人实现商业化。机电一体化产品遍及国民经济、日常工作和生活的各个领域;如安全气囊、防滑刹车系统、行驶模拟装置、数控工程机械、数控包装机械、自动仓库、自动售货机、自动化办公机械等。几乎所有的传统机器都可以重新设计,加入控制系统而成为现代机器。

20 世纪末,进入机电一体化发展的第三阶段——智能化阶段。人工智能和网络等技术的巨大进步,为机电一体化开辟了更广阔的发展天地。机器的概念发生了重大的变化。现代机器不但具有主动控制的功能,而且将日益具有人工智能,研究中的无人驾驶汽车和智能机器人就是这方面的实例。

机器人和数控机床是最典型的机电一体化产品。数控机床的发展将在第 12 章结合机械制造技术的进步予以介绍。

9.3.2　机器人

机器人是第三次技术革命中的重要发明,它也属于一种机电一体化产品。

自古代以来,就出现过模仿人的行为、带有一定的自动化色彩的机器玩具,它们可以被看作是当代机器人的远祖。

1914 年,汽车工业中首创了大量生产模式。它的积极意义和历史作用自不必赘言,但单调的重复性工作易使工人感到厌烦。卓别林在电影《摩登时代》中就夸张地表现了在这种工作环境中工人的精神状态。1920 年,在捷克的一个科幻剧中出现了一个名叫"Robot"的机器人;它可以不吃不睡,不知疲倦地工作。这体现了人类的一种愿望,即创造出一种能够代替人进行各种体力劳动的机器。"Robot"就这样成为机器人的代名词而传播开来。几十年后,它竟然成为文章和词典中的正式技术术语。

1. 串联机器人

1948年,美国研制出世界上第一台遥控的主从机器手,用于完成核燃料的搬运。

美国人戴沃尔(G. Devol)在1954年获得第一个工业机器人专利,其中已包含了伺服控制、可编程和示教再现的思想。1961年,他研制成功UNIMATE通用示教再现型商业机器人(图9-6),并应用于通用汽车公司的装配线上。

图9-6　UNIMATE通用示教再现型机器人

示教再现型机器人是第一代机器人。通过示教将程序和信息存储在计算机中,工作时把信息读取出来,然后发出指令控制机器人的动作。根据示教,机器人可以多次再现出所要求实现的动作。20世纪70年代,示教再现型机器人成功地应用于搬运、电焊、喷漆等作业,它可以达到很高的重复定位精度。

美国的机器人研究起步早,但在商业化方面却落后了。20世纪60年代末,日本购买了美国的机器人专利,进行再开发,并将其成功地应用在汽车工业中。到70年代,日本已实现了示教再现型机器人的批量化生产。从1980年开始,日本等国迅速普及工业机器人。

随后,很多研究机构便开始研究第二代机器人——具有感知功能的机器人。传感器的应用使得机器人可以模拟人的感觉,例如触觉、视觉、听觉。机器人在抓物体的时候能感觉出施力的大小,还能识别物体的形状、大小和颜色。

与此同时,机器人的应用也在不断拓宽。由于海洋探测、外空探索等领域的需要,出现了特种机器人。后来又出现了用于医疗和家庭的各种服务机器人。

2000年,日本本田公司的拟人型二足步行机器人ASIMO在博览会上展出(图9-7),让观众叹为观止。

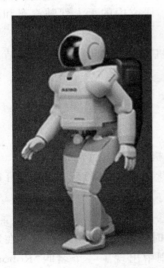

图9-7　本田公司的ASIMO机器人

第三代机器人——智能机器人是机器人研究者追求的最高阶段。只要告诉机器人做什么,而不必告诉它怎么去做,它就能完成运动。20世纪90年代初开始了智能机器人的研究热潮。目前还只能具有局部智能,完整意义上的智能机器人目前还没有出现。

机器人与机械手有着本质的区别。机械手的动作程序是固定的,是适合于大批量生产的专用自动化机械。机器人则在控制系统中装有计算机,可以通过软件的改变实现动作程序的改变,以完成多种作业的要求。因而,机器人是适合于新时期多品种、小批量生产模式的自动化机械。截止到2005年年底,全世界在运行中的工业机器人达到91.4万台,其中近半数应用于汽车行业。工业机器人应用越来越广泛的另一个原因是:自20世纪90年代以来,机器人的价格降低了数倍,而劳动力的成本却在持续增加。

2. 并联机器人

最早应用、也是使用最多的一种并联机器人是被称为 Stewart 平台的 6 自由度并联机构(图 9-8)。罗马尼亚人高夫(V. Gough)在 1956 年将它用于轮胎试验机,英国工程师斯图尔特(D. Stewart)在 1965 年用它作为飞行员驾驶模拟器的主机构。90 年代后期,NASA 为减小空间飞行器在空间对接过程中的冲击,开发了以 Stewart 平台为主机构的对接系统。

图 9-8　Stewart 平台

在 1994 年的芝加哥机床展览会上,推出了基于并联机构的六足机床。并联构型装备一时间成为制造业的研究热点之一。但在近些年深入的研究中也发现了并联机床在刚度方面存在的问题,因此,热度有所下降。

此外,并联机构的应用领域还有搬运机器人、力传感器等。

在许多场合应用的机器人只需 2~5 个自由度就可以满足使用要求,这类自由度少于 6 的并联机器人被称为少自由度并联机器人。对少自由度并联机器人的研究始自 20 世纪 80 年代。这种机器人具有结构简单、造价低、工作空间大、容易解耦和控制简单等特点,有着广阔的应用前景。最著名的、应用较广的少自由度机器人是 Delta 机器人和 Tricept 机器人。

Delta 并联机器人于 20 世纪 80 年代初发明(图 9-9)。它具有三个自由度,使其下部的夹头做三维空间中的平动运动。Delta 机器人的运动部件轻,加速度可达 $12g \sim 20g$,已广泛用于食品和药品的包装、电子产品的装配。

图 9-9　Delta 机器人和它在食品包装线上的应用

1985 年,瑞典开发出承载能力大、精度高的 Tricept 并联机床(图 9-10)。它已用于航空航天结构件的高速铣削,以及汽车大型模具的制作、激光切割、空间多位姿安装等。

并联机器人与串联机器人在特点和应用上具有互补性,从而扩大了机器人的应用领域。

机器人出现以后,出现了传统机械机器人化的趋势。最典型的是工程机械的机器人化,包括隧道凿岩机器人(图 9-11)、挖掘机器人、喷浆机器人和码垛机器人(图 9-12)的开发。这些场合的劳动强度大、环境恶劣危险、人体健康受到很大危害。20 世纪 60 年代,英、美、

图 9-10　Tricept 机器人和用它组成的机床

苏和挪威等国家先后开发,并已进入实用化阶段。

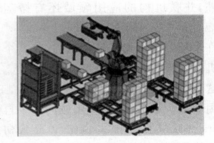

图 9-11　隧道凿岩机器人　　　　　　　　图 9-12　码垛机器人

9.3.3　高速铁路车辆

在多种运输方式的竞争下,铁路运输曾一度衰落,现在又以高速铁路的形式获得了新生。高速列车一般指速度在 200km/h 以上的列车。

20 世纪 50 年代初,法国首先提出了制造高速列车的设想,并开始试验工作。1964 年,日本建成高速铁路——从东京到大阪的新干线。新干线列车速度快(达到 230km/h)、能耗低(仅及汽车的 1/5)、无污染、运量大、成本低,取得了举世瞩目的成绩。

随后,英、德、意、俄、中等国家也都积极发展高速铁路。中国吸收了欧洲的高速铁路技术,后来居上,是世界上高速铁路发展最快的国家。

列车所受到的空气阻力与速度的平方成正比。功率和速度的大幅度提升当然带来新的、十分复杂的动力学问题。高速铁路自问世以来事故并不多,但由于速度特别高,又以运送旅客为主,所以对它的可靠性要求极高。

高速列车是在现有的柴油机车、电力机车和铁路的基础上,对动力系统、行走系统、车厢外形和路轨系统等进行了多方面的重大改进,但并没有改变传统火车和铁路的基本面貌。

磁悬浮列车就不同了,它是靠磁悬浮力来推动的列车(图 9-13)。由于轨道的磁力使列车悬浮在空中,行走时不需接触地面,因此只承受空气阻力。

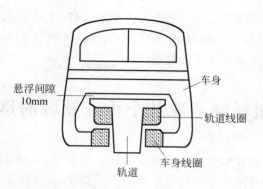

图 9-13　磁悬浮列车原理图

车身

悬浮间隙
10mm

轨道线圈

轨道　车身线圈

20 世纪 20—30 年代,德国提出了电磁悬浮原理。但在 1970 年以后才开始筹划磁悬浮运输系统的开发。

目前磁悬浮列车尚未大量建设的原因是:①一旦断电后的安全保障措施极为关键;②强磁场对人的健康与电子产品的运行等所产生的影响仍需进一步研究。

9.3.4　盾构隧道掘进机

盾构机早在第一次工业革命期间就已在英国问世(见 4.3 节),但今天的大型盾构隧道掘进机与它的祖先已绝对不可同日而语。

盾构机(图 9-14)的基本工作原理就是一个圆柱体的钢组件沿隧洞轴线边向前推进边对土壤进行挖掘。该圆柱体组件的壳体即"护盾",它对挖掘出的还未衬砌的隧洞段起着临时支撑的作用,承受周围土层的压力,有时还承受地下水压并将地下水挡在外面。挖掘、排土、衬砌等作业在护盾的掩护下进行。

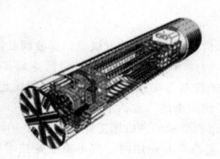

图 9-14　大型盾构机

盾构机具有开挖切削土体、输送土碴、拼装隧道衬砌、测量导向纠偏等功能,已广泛用于地铁、铁路、公路、市政、水电等各种隧道工程。要按照不同的地质情况进行量体裁衣式的设计和制造,可靠性要求极高。现代盾构掘进机属于由机、电、液、光等多种物理过程、多单元技术集成于机械载体而形成整体功能的复杂机电系统。

虽然盾构机成本高昂,但可将地铁暗挖功效提高 8～10 倍,而且在施工过程中,地面上不用大面积拆迁,不阻断交通,施工无噪声,地面不沉降,不影响居民的正常生活。

不过,大型盾构机技术附加值高、制造工艺复杂,国际上盾构机的生产主要集中在日本和欧美的几家企业。中国自 20 世纪 90 年代以来,已经研制出 6.3m 以下的中小型盾构机,但机电液控制系统的主要元器件尚依赖进口。

9.4 机械制造业几个重点领域的迅速发展

机械科技虽然已不处在第三次技术革命的核心地位,但机械工业仍然是一个国家国民经济的强大支柱产业。在国民经济的各个部门——农业、交通和工业中,都实现了更广泛的机械化。这使得机械工业的部门之多和规模之大都达到史无前例的程度。"二战"以后,世界机械工业的发展远远超过了此前的百余年。

美国制造业在 20 世纪 70—80 年代曾有过一段插曲,可以充分地说明制造业的重要性。70 年代,美国一些舆论将制造业贬称为"夕阳产业",结果导致 80 年代美国的经济衰退。80 年代后期,一些议员和政府要员纷纷要求政府出面协调和支持制造业的发展。1991年布什政府期间,开始转变科技政策,将制造技术列为国家关键技术。1993 年,克林顿总统上任后,实行了"先进制造技术计划",将其列为六大国防关键技术之首。结果,使美国经济连续 8 年取得了 2%～3%的增长率,而且还保持了低通胀率和低失业率。

中国权威部门明确指出:就全国而言,目前中国工业没有"夕阳产业",从最传统的工业部门到先进制造业的各个部门,在中国都仍然有很大的发展空间。

在本节中,介绍新时期机械工业中的几个重点领域的发展概况。这些领域对整个机械工业的发展具有带动作用,对机械科学的发展具有推动作用。它们是:汽车工业、航空航天工业、大型发电设备制造业、IC 制造业和机床制造业。

9.4.1 汽车工业

汽车发明已近 130 年。世界汽车工业的发展是一部波澜壮阔、内容丰富的历史。

汽车已走入千家万户。2013 年全世界的汽车产量已达到 8730 万辆。汽车工业的发展会带动钢铁、石化、橡胶、电子设备等多个领域的发展,是国民经济的一个支柱产业。有人说,"美国的经济是汽车轮子滚出来的",此话不无道理。

在中国,汽车工业的机床消费量约占机床工业总产量的 40%。它还是锻造行业的最大用户,模锻件的 60%～70%是汽车业使用的。汽车工业是技术密集型的工业,是使用新材料、新设备、新工艺和新技术最多的工业部门之一。

历史上,正是在汽车工业中首先出现了大批量生产;在今天,汽车工业是首先采用机器人、应用机器人最多的行业。汽车工厂已普遍使用机器人来完成车身的焊接、喷漆和装配。

日本汽车工业的发展曾出现奇迹。石油危机使美国汽车工业受到很大的冲击;而日本大量生产的是小型节油汽车,终于在 1980 年把美国赶下了"汽车王国"的宝座,取而代之。

1958 年,长春第一汽车制造厂生产出解放牌汽车(图 9-15),这是新中国汽车工业的开端。2006 年,中国的汽车产量跃居世界第三位。2009 年,跃居第一位,迄今已连续 5 年占据榜首。中国汽车工业的技术开发能力尚不足,但也已经迈开了自主创新的步伐。

随着生活水平的提高,中高档轿车和跑车得到迅速发展,这类汽车对速度、平稳性的要求更高。随着喷气飞机时代的来临,"二战"后,美国将空气动力学的原理应用于汽车的造型,车体趋向更低、更长,汽车(尤其是跑车)的速度进一步提高。

图 9-15　第一辆解放牌汽车

20 世纪下半叶,世界汽车工业蓬勃发展,汽车市场上激烈竞争。行驶平顺性、操纵稳定性和燃油经济性是汽车产品竞争中至关重要的三大因素。汽车动力学取得飞跃发展。

汽车发展带来两大负面影响。

首先是环境污染。据统计,在空气污染和城市噪声的来源中交通运输分别占 42% 和 70%。1992 年欧洲开始制定尾气排放标准。

其次是能源问题。据估计,现已探明的全球石油储量将会在几十年内耗费殆尽。因此,电动车辆又重新受到青睐。1935 年就已经崩溃的电动汽车工业到 20 世纪 60—70 年代又有恢复的趋势。也还有的公司推出了内燃机与电动机混合驱动的汽车。是发展电动汽车,抑或是发展混合驱动汽车,还存在着争论。

9.4.2　航空航天工业

"二战"后的 50 年是航空工业大发展的时期。材料、电子、无线电等技术的发展,使飞机的性能得到很大的提高。军用、民用飞机大多采用了喷气发动机。

美国和西欧早在 1950 年前后就开始了超音速飞机的研究。军用飞机的飞行速度到 20 世纪 70 年代即已达到 3 倍音速。

民用飞机向大型化方向发展。1969 年,英、法联合研制的协和式飞机首航,其速度超过音速一倍;2007年,空中客车 A380 投入商业运行(图 9-16),功率为230MW,最大载客量 850 人,机长和翼展均为 73m。

图 9-16　空中客车 A380

1957 年苏联发射第一颗人造地球卫星标志着航天工业的诞生。

航空航天工业的基本特征是:①极为典型的知识和技术密集型产业;②产品和工艺高度精密、综合性强;③军用与民用结合密切;④广泛协作、研制周期长和投资费用大。

目前,不同程度地建立了独立的航天工业体系的国家有 30 多个,其中美、俄、中、法等国航天工业的规模和水平处于世界前列。

航空航天工业代表着一个国家的经济和科技水平,是一个国家综合国力的重要标志。它们在国民经济和科技发展中具有先导作用,足以带动一些新兴产业和新兴学科的发展。

与其他机械和运载工具相比,航空航天技术无疑是最高端的技术。波音 777 大型客机由 800～1000 个计算机子系统协同 300 余万个零件,才能完成空中作业。对航空器和航天器的轻量化和高可靠性的要求,极大地推动了机械科学与技术的发展。有限元分析、主动减振控制技术、故障诊断技术、数控加工技术、计算机集成制造系统(CIMS)、并行工程等都是首先在飞机和航天器领域产生,而后才被移植、推广到其他领域。

飞机和航天器多是非常复杂的机械-电子-流体系统。人造地球卫星的太阳能帆板、抓取卫星的机械臂都是柔性很大的机电系统。航天器的动力学属于非线性动力学,要计入弹性、间隙、流体-固体耦合等许多复杂因素的影响。

9.4.3　大型发电设备制造业

尽管在新技术革命中多种新能源发展很快,但世界经济主要应用的能量形式还是电能。"二战"以来世界经济发展的速度可以用世界发电量的增长情况来说明。由图 9-17 可以看出,在"二战"前世界发电量大体上呈线性增长,"二战"后则呈加速增长的趋势。

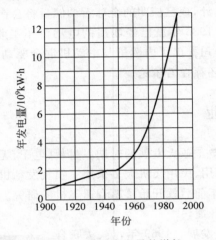

图 9-17　世界发电量的增长

由汽轮机驱动所发出的电能占世界总发电量的 80% 左右。为降低运行成本、提高运行效率,自 20 世纪 80 年代以来,发电机组日益大型化。"二战"以前,汽轮发电机组的最大装机容量是 100MW。而在 20 世纪 70 年代,世界上最大机组的装机容量已达到 1300MW。中国也已开发出 1000MW 的超临界汽轮发电机组。

大型发电设备制造业是国民经济的重中之重。原来主要集中在美、俄、日、德等几个工业大国。中国是后起之秀,2013 年,中国的发电设备容量已跃居世界第一位。

为了提高发电机的工作容量和效率,发电机组或者提高其转速,或者增多叶轮的数目。发电机组的转子虽然不是很细,但长度很大,上面装了很多叶轮,这个转子系统是一个柔度很大的系统(图 9-18)。转子系统的振动在机械振动中是非常复杂的一种,以致形成了机械动力学中的一个专门分支——转子动力学(详见 7.4 和 10.4 节)。

发电机组出现故障对国民经济会造成巨大的损失,因此,它也是故障诊断技术最早兴起的领域之一。

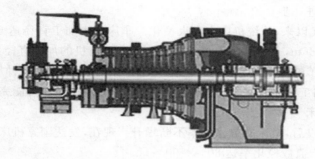

图 9-18 汽轮发电机组中的转子系统

9.4.4 IC 制造业

计算机的发明带来了电子工业的蓬勃发展。集成电路(IC)是电子技术的基础和核心,它诞生于 20 世纪 60 年代初(见 8.3.2 节)。

从 20 世纪 90 年代中期开始,集成电路相关产业的产值便超越了钢铁业和汽车业,成为第一大高技术支柱产业。

集成电路的制造过程包括几十道工序,非常复杂。其中的封装是体现 IC 制造高技术的核心环节,也是一个突出的难题、主要的技术瓶颈。

IC 封装设备是机械精密化的突出代表之一。IC 封装工艺的核心是引线键合。它是用热、压力、超声波能量将芯片与基板用金属细丝(引线)连接起来的焊接工艺技术(图 9-19,注意此图的底边长度仅为 $700\mu m$ 左右)。引线键合设备要引导金属引线在三维空间中作复杂的高速运动,以形成各种满足不同形式的封装要求的特殊线弧形状。为保证高的生产率,键合的速度很高,现已达 16~18 线/s。它需要频繁启动制动,因此工作台的加速度

图 9-19 引线键合

也很大,达到 $27g\sim30g$。它还要求高的轨迹跟踪精度和定位精度。目前,线宽已降到 $0.03\sim0.04\mu m$;引线间的间距已缩小到 $20\mu m$。

封装设备中的柔性机械臂在极限工况下工作,具有高速、高加速度、高精度的工作要求,从而给机械动力学和动力学控制提出了新的课题。集成电路的制造要求超净环境、超纯技术和超微加工技术,从而给制造技术提出了新的课题。

IC 制造业目前主要集中在美国、日本、法国、荷兰、韩国等少数国家。

9.4.5 机床制造业

20 世纪下半叶,机械制造技术进入自动化时期,其标志就是数控机床、加工中心、机床群控系统和柔性制造系统(FMS)这一系列新技术的出现。在第 12 章中,它们将作为先进

制造技术的主干而进一步介绍。

20 世纪 50 年代以来,传统机床走向大型化。车床最大加工直径达 6m,立车达 26m,镗床的镗杆直径达 0.36m,龙门刨床的加工宽度达 8m,滚齿机的加工直径达 15m。

随着超精密加工的出现,也出现了具有超级精度的机床。随着特种加工的出现,出现了电火花机床、激光加工机床。此外,还出现了能够在一台机床上尽可能完成从毛坯到成品的多种类型加工的机床——复合加工机床。

数控机床发明以后,机床的数控化率不断攀升。现在,发达国家机床工业的产量数控化率达 60%～70%,产值数控化率达 80%～90%。

机床的生产和消费正在从西方转向东方。日本、中国大陆、中国台湾地区、韩国的机床工业总产值从 2002 年到 2005 年猛增了一倍多。2005 年,世界机床产值排在前几名的国家和地区是日、德、中、意、台、美、韩。

精密机床是西方国家对华禁运的重点之一。

9.5　关于复杂机电系统

飞机、航天器、高速列车、汽车、数控加工中心、汽轮发电机组、IC 制造装备、高速轧机、大型盾构掘进机械等,可以被称为"现代复杂机电系统"(图 9-2)。

上述各种机电系统中,只有少数是全新的系统,如航天器、IC 制造装备;而其他,如飞机、列车、汽车、轧机等,至少在百余年前就已存在。在新时期,这些机器的功率、速度、性能大幅度提升。20 世纪 30 年代以来液压驱动与控制的进步,50 年代以来机电一体化技术的进步,都被集成到机械系统中来,形成了现代复杂机电系统——由机、电、液、光等多种物理过程、多单元技术集成于机械载体而形成整体功能的复杂装备。

现代复杂机电系统代表了机械工程的高技术领域。

对这些机械和运载工具的高速化、大功率化、轻量化、高精度和高可靠性的要求,给予机械科学和技术的发展以强大的推动力。大多数新的分析、设计方法和新的技术都首先产生在这些领域,而后才向一般机械制造领域扩散。下面举出一些重要的实例。

(1) 航天事业中的事故导致了故障诊断技术和可靠性设计方法的出现;故障诊断一出现,就立即被大型汽轮发电机组领域采用,而后才扩散到其他领域。

(2) 数控加工与数控机床、数控机床的群控、CIMS 思想的最早实践、网络协同设计等都首先出现在飞机制造业。

(3) 动力学分析中的有限元建模法、振动的主动控制、一些动力学设计方法,最早都是为了分析、解决飞机的强度和振动而提出的。

(4) 汽轮发电机组是最复杂的振动系统,它的振动既是气-液-固体耦合的振动,又是复杂的非线性振动。

(5) 高速铁路车辆有很复杂的运动稳定性问题、减振降噪问题,还必须考虑车辆和轨道、桥梁的耦合,考虑空气动力学。

(6) 美国波音公司的波音 777 客机是首台以无图纸方式研发和制造的飞机,其设计、分析、性能评价和装配均采用了虚拟样机技术和并行工程。

（7）工业机器人的大量应用始于汽车工业。

复杂机电系统的发展趋势主要表现为两个方面。

（1）不断挑战技术极限。例如，现代连轧机可使轧制材料在 1km 长度范围内的纵向延伸偏差控制在 1mm 以内。用 75000t 压力制造出的 A380 客机横截面直径达 5.5m 的承载框架。高档数控机床的重复定位精度达到 $1\mu m$。

（2）不断提升多学科知识融合、高新技术集成的水平。例如，高速列车与盾构掘进装备的设计、制造和集成涉及机械、土木、力学、控制、液压、电气、材料和信息等多学科交叉的一系列基础科学问题。

第 10 章

新时期机械学理论的发展

只要一门科学分支能够提出大量问题,它就充满着生命力,而问题缺乏则预示着独立发展的衰亡或中止。

——希尔伯特(D. Hilbert),德国数学家

"二战"以后,受到计算机、控制和新材料等技术的影响,机械设计技术和制造技术日益表现出高端化、综合化的趋向,对理论指导的需求远比前两次工业革命时期更为强烈。

在和平的环境中,教育、科学研究发展迅速。世界上出现了更多的研究型大学,实现教育与科学研究的紧密结合;尤其是大量培养了博士生,他们是从事机械理论研究的生力军。

在这种背景下,传统的机械学理论——机构学、机械传动学、机械动力学、机械强度学、摩擦学取得了巨大的进步;又出现了机器人学、微机械学这样的机械学理论新分支。

10.1 机 构 学

10.1.1 新时期机构学发展概况

"二战"以后,机构学的研究中心从德国和苏联转到了美国。

直到 20 世纪 50 年代,机构运动分析仍限于图解方法。1954—1955 年间,美国学者福如登斯坦(F. Freudenstein,图 10-1)发表了关于机构解析法综合的论文,从而开辟了用计算机进行机构运动学综合的道路。他因此成为机构学美国学派的创始人。

1964—1965 年,美国学派开始用图论描述机构的拓扑结构。

使用计算机,引入图论概念,全面研究机构的型综合、基于解析方法的运动学和动力学分析与综合,特别是通过机器人机构学的研究全面提升了机构学的研究水平——这是美国学派的主要特征。半个多世纪以来,美国学派一直是世界机构学发展的主导力量。

20 世纪 60 年代初,张启先院士(图 10-2)开始了有自己特色的空间机构分析与综合的研究。中国当代机构学研究在近 30 年来发展迅猛,现已和美国、欧洲成鼎足之势。

随着生产的发展和相关学科的进步,现代机构学的研究内容更丰富,研究的方法和数学工具也在极大程度上更新,因而始终保持着旺盛的生命力。下面,从机构运动学、新型机构、机构动力学三个方面简介现代机构学的进展。

图 10-1　福如登斯坦

图 10-2　张启先

10.1.2　机构运动学

1．机构分析与综合的解析方法

以福如登斯坦的论文为起点,开辟了以解析法为理论基础、以计算机为工具的机构运动学分析与综合的道路。

在 20 世纪 60 年代,研究了所谓的"精确点综合"。由于精确点的数目有限,而且精确点综合无法考虑一些设计约束,60 年代后期又发展出"近似点综合"(图 10-3)。在这一时期,对连杆机构传统的三大综合问题:函数创成、轨迹创成和刚体导引都建立了基于解析法的综合方法。

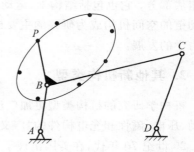

图 10-3　连杆机构轨迹创成的近似点综合

2．机构的优化设计

20 世纪 60 年代中期,刚刚进入研究活跃期的非线性规划方法就被引入到机构综合问题中来,成为用近似点综合取代精确点综合的主要手段。机构优化综合方法的诞生给机构学这一古老的领域带来了新的生机。它的优点显而易见:对所实现的点数没有限制,而且便于考虑各种不等式约束,成为极受欢迎的机构设计方法。随后的 20 多年间,发表了大量机构优化综合的文献,涉及到的工程实例有飞剪机、液压挖掘机铲斗机构、港口起重机变幅机构等。

3．机构型综合和创造性设计

在历史上,甚至到今天,机构的发明首先来自灵感和直觉。灵感和直觉是一种非系统化的思维方式。如果有一种系统化的方法,能枚举所有可能的机构方案,则可以帮助设计者进行联想,激励其创造性。系统化的设计方法并不能代替设计师的天赋,但却可以提高工作质量、加快工作进度。机构型综合就是这样一种有助于联想的系统化方法,它为机构的创造性设计提供了一种更为科学的基础。

自机构学诞生,许多学者就曾致力于机构型的表达。德国、苏联、美国和中国学者都曾提出过不同的机构结构学理论。

随着产品竞争的加剧,要求加强创新,加强自主开发能力。在这种情况下,产品的"方案设计"更显得重要。这强化了机构学中对型、数综合的研究;同时,创新设计的理论和方法、专家系统等也被应用到机构学中来。

10.1.3　新的机构类型

1．空间机构和机器人机构

虽然空间机构早就有使用,但关于它的理论研究是在"二战"以后才发展起来的,并成为美国学派研究的重点。

20 世纪 50 年代就提出了用 4×4 齐次位移变换矩阵实现相邻杆件坐标系间的坐标变换,成为运动学分析的新的数学工具,在后来的机器人运动分析中有广泛的应用。

结合空间机构的研究,又引入了螺旋理论、现代微分几何等新的数学工具。螺旋理论(也称为"旋量代数")早在 18 世纪已经提出(见 7.1 节)。1950 年,苏联学者在分析空间机构时首先使用了螺旋理论;此后,它成为机器人分析中应用较广的一种方法。

20 世纪 70 年代以来,随着机器人的出现,机器人机构学当然地成为现代机构学最活跃的组成部分;它也包括结构学、运动学和动力学等多个方面。多自由度、开环运动链和多环运动链的空间机构成为研究的主要机构类型。在 10.3 节中将进一步介绍机器人运动学和动力学的发展。

2．其他新机构类型

机构学研究的机构类型更加广泛。机械科学与电子等其他学科融合,出现了具有液压、气动、压电、磁性和光电构件的"广义机构"。关于广义机构的理论还没有系统化。

20 世纪 70 年代,在美国出现了一种完全利用构件自身的弹性变形来完成运动和力的传递和转换的机构,称为柔顺机构,图 10-4 为其一例。这种机构用于产生微幅运动。由于没有运动副,构件的数目少,机构的质量轻。由于无摩擦磨损、无运动副间隙,这种机构能保持高精度、增加可靠性并减少维护。其研究成果已在汽车和精密测量中有所应用。

1996 年,提出了"变胞机构"的概念。这类机构能根据环境、任务和工况的变化进行自我重组和重构,可以改变杆件数、拓扑图和自由度数。

在机构的研究中,人们借鉴生物动作的原理和结构来创造新型机构。仿生学的思想已渗透到机器人机构、柔顺机构的研究中(图 10-4、图 10-5)。

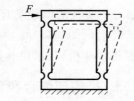

图 10-4　一种柔顺机构

微电子系统集成度的提高导致了微机电系统(MEMS)的出现,将在 10.7 节中集中介绍。

10.1.4　机构动力学

几十年以前,还只有"机器动力学"这一术语,而"机构动力学"则鲜见使用。1834 年,安

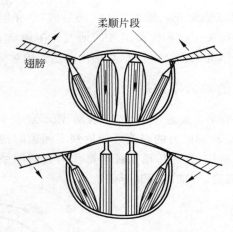

图 10-5　蜜蜂翅膀中的"柔顺机构"

培给出的机构定义就是"只传递运动,而不考虑作用于其上的力",似乎只有机构与原动机和工作机连在一起时才有动力学问题。随着机构的发展,这已经不完全正确了。

1. 机构动力平衡研究的进一步发展

"二战"以前,机构平衡研究的主要对象是内燃机中应用的曲柄滑块机构,研究的主流方向是机构震动力的部分平衡(7.4.3节)。"二战"前后,摆盘发动机、剑杆织机、高速平锻机、飞剪等许多机械的速度都在提高,关于完全平衡的问题才重新提到日程上来。

完全平衡在理论上已经解决,但是,完全平衡的局限性很大。①机构的震动力可达到完全平衡,但震动力矩、输入扭矩、运动副反力等特性指标可能明显恶化。②完全平衡导致机构的结构复杂化,总质量大幅度增加。在这种情况下又提出了"综合平衡",就是不再仅着眼于震动力和震动力矩,而是同时考虑其他动力学指标,着眼于综合动力学性能的改善。采用优化方法,综合平衡是不难实现的。它是一种更具实用性的方法。

2. 高速凸轮机构动力学的产生和发展

进入 20 世纪以后,内燃机配气凸轮机构在高速下的动力学问题日益突出:动应力大大增加,易于导致磨损、疲劳破坏和噪声。该凸轮机构的失效无法再用传统的分析方法来说明。1950 年左右,美国学者进行了这一凸轮机构的模拟和实验研究。他们计入了系统的弹性,建立了振动模型,进行了振动分析。这揭开了凸轮机构动力学研究的序幕。

在这一时期,提出了一些新的动力学性能良好的运动规律,建立了凸轮机构动力学分析方法,发展出凸轮机构的动态设计方法。

3. 连杆机构弹性动力学的产生和发展

弹性连杆机构在高速下的变形,使得机构的真实运动与期望运动之间产生误差(图 10-6),也增大了发生谐振的危险。

质量要减轻、速度与精度要提高。机构弹性动力学的发展,是国际市场上为推出具有超等运转性能的产品而竞争的结果。

　　1970 年左右,运动弹性动力学在美国兴起。在随后的 30 年间,许多研究者致力于弹性动力分析与综合的理论研究、关于机构的稳定性的研究。中国学者在弹性连杆机构研究的许多方面都作出了贡献,总体成果在 20 世纪 80 年代已达到国际先进水平。

4. 含间隙机械系统的动力学问题

　　由于运动副中间隙的存在,在运动过程中运动副元素会失去接触,随后发生碰撞(图 10-7),碰撞时加速度、运动副反力的幅值可能达到零间隙时的几倍甚至十几倍,引起剧烈的振动。连杆机构、凸轮机构、齿轮传动系统等都作为含间隙系统而成为被研究的对象。间隙问题是一个强非线性问题,可能出现混沌现象。

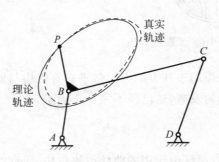

图 10-6　弹性连杆机构的连杆曲线

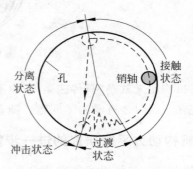

图 10-7　含间隙回转副中的碰撞

10.2　机械传动学

　　机械传动学在工业革命期间已经建立,但是在"二战"后随着机器功率的增大、速度的提高才逐渐走向成熟。

10.2.1　齿轮强度计算标准的建立

　　在各种机械传动中,应用最广、投入的研究力量最大、发展最为成熟的还属齿轮传动。

　　在 1893 年和 1908 年,已分别提出了轮齿弯曲应力和齿面接触应力的计算公式(见 7.6 节)。但是,这两个公式还只是一个基本力学模型,包含着太多的假定,忽略了很多因素。

　　"二战"后,经过许多学者长期的理论和实验研究,齿轮的这两种强度计算方法不断补充、修改,逐步走向成熟。主要的进步是:按照疲劳强度进行齿轮的强度计算;较深入地考虑了动载荷的影响;引入了考虑载荷分布不均、表面状况、过载等影响的十几个影响系数。这种进步被反映到德、苏、美等工业发达国家的国家标准中。20 世纪 50 年代,现代的齿轮强度计算方法基本成形。1980 年以后,国际标准化组织推出了 ISO 的齿轮强度计算标准。

　　随着 20 世纪 60 年代航天技术的发展,要求传动装置体积小且承载能力大;同时,为确保安全,对传动装置的可靠性提出了特殊的要求。

10.2.2　齿轮动力学与减振降噪的研究

随着机器速度的提高,航空、船舶和一些重要工业设备中齿轮传动的减振降噪问题受到更多的重视。

1950 年,提出了第一个齿轮振动的弹簧-质量模型。以此为基础,开展了啮合时变刚度、啮合冲击、轮齿误差等对齿轮振动影响的研究。这些研究奠定了现代齿轮动力学的基础。

20 世纪 70—80 年代,开始研究齿轮系统的随机振动;开始考虑轮齿间隙等因素造成的非线性特性。90 年代,开始将齿轮副、轴、轴承和箱体组成的整个系统作为对象进行动力学建模。

利用齿高方向的修形减轻啮合冲击的最早研究可追溯到 1940 年左右。到 20 世纪 90 年代已发展到轮齿三维任意可控修形。基于修形的要求,多自由度数控齿轮加工机床问世。

之后,开展了齿轮的动力学设计,提出了齿轮状态监控、故障诊断、失效预报的方法。

齿轮系统的噪声问题,从 20 世纪 60 年代起就成为一个活跃的研究领域,一直持续到现在。主要研究了噪声产生的原因和机理、噪声的计算与评价、齿轮副的降噪设计等。

10.2.3　新型啮合传动的发展

"二战"后,出现多种新型的齿轮、蜗轮传动。其背后的推动力主要是提高承载能力、延长使用寿命和以紧凑的尺寸结构实现大传动比等要求。

1950 年,德国学者尼曼(G. Niemann)开发了凹-凸齿面接触的蜗杆传动。蜗杆传动的研究焦点是使齿面的相对滑动速度和齿面瞬时接触线尽量接近垂直,以便有利于形成油膜,减小磨损,从而提高承载能力、延长使用寿命。

1956 年,苏联学者诺维科夫(M. Novikov)摆脱了传统的线接触概念,提出了诺维科夫齿轮传动(在中国也称为圆弧齿轮,图 10-8),即两轮端面齿廓分别为曲率半径相差很小的凸凹圆弧的点接触斜齿轮传动。凸凹接触面的综合曲率半径大为增大,从而大大提高了齿轮由接触强度制约的承载能力。

1959 年,美国工程师马瑟(C. Musser)发明谐波传动(图 10-9)。波发生器的旋转使柔轮变形,而柔轮和固定的刚轮形成少齿差内啮合。这种传动结构紧凑、质量小、无间隙、传动比大,而且输入输出同轴线。阿波罗月球车、空间站中都应用了谐波传动。现在它又被广泛地应用于机器人中转动关节的驱动。

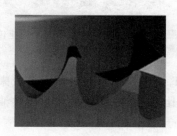

图 10-8　诺维科夫齿轮

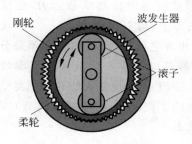

图 10-9　谐波传动

德国人首先提出了针轮摆线行星传动,结构紧凑而又能实现大传动比(图 10-10)。由于其主要零件皆采用轴承钢且经过淬火和磨削加工制成,传动时又是多齿啮合,故承载能力高、运转平稳、效率高、寿命长,但加工精度要求高,结构复杂。目前这种传动能传递的功率仅达到数十千瓦。

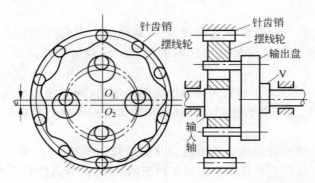

图 10-10   针轮摆线行星传动

渐开线少齿差传动的原理与摆线针轮少齿差传动的原理基本相同,其区别在于内外齿轮的齿廓曲线均采用渐开线。它可采用软齿面材料,且不需要特殊刀具和专用设备。但这种少齿差内啮合极易产生各种干涉,设计过程中的参数选择十分复杂。1949 年,苏联学者从理论上解决了实现一齿差传动的几何计算问题,并制成了实物。20 世纪 60 年代以后,计算机的应用解决了它的计算复杂的问题,使它得到迅速发展。

10.2.4   其他机械传动

1. 无级变速器的发展

无级变速器(continuously variable transmission,CVT)主要是伴随着汽车的发展而发展起来的。德国奔驰公司早在 1886 年就将 V 形橡胶带式 CVT 安装在该公司生产的汽车上。一百多年来,有近 30 种无级变速器发明。

1958 年,荷兰研制成橡胶带式 CVT。但由于它传递功率有限、工作不稳定,没有被汽车行业普遍接受。后来,20 世纪 60 年代末期,又提出了用金属钢带代替橡胶带以提高承载能力,已成功地应用于多种轿车上(图 10-11)。

图 10-11   金属钢带自动无级变速传动

在 CVT 出现之前,发动机和变速器是分开来研究的,变速器是以适应发动机和整车参数的要求来设计的。CVT 的出现使人们必须把发动机和 CVT 作为一个完整的动力总成来看待,按发动机最佳的工作区域,用控制器调节 CVT 的变速比,甚至可以进一步调节供油量,实现最佳工作状态。

随着节约能源、环境保护意识的提高,世界各大汽车厂商为了提高产品竞争力,都大力进行 CVT 的研发工作。

2. 高速间歇运动机构

工业革命以来,槽轮机构和棘轮机构是最通用的间歇运动机构,但它们都不适用于高速情况下。

第二次工业革命以后,包装机械等轻工业自动化机械的速度不断提高。1952 年,美国工程师奈克卢亭(C. Neklutin)发明了弧面分度凸轮机构(图 10-12)。这种机构的优点是:运转平稳,转位准确,定位可靠;间歇运动的动停比取决于凸轮廓线设计,设计者有较大的设计自由度;通过合理设计,可减小动载荷和冲击,因此其运转速度比棘轮机构和槽轮机构高得多。现在其输入转速已可达到 3000r/min。它被公认为当前最理想的高速、高精度的间歇运动机构,已在高速冲床、加工中心、模切机、包装机和许多轻工机械中得到越来越广泛的应用。

图 10-12　弧面分度凸轮机构

10.3　机 器 人 学

机器人学是随着机器人(见第 9 章)的应用而诞生,并快速地发展起来的。它是机构学、机械电子学、计算机科学和控制科学融合而成的前沿学科。本节中只介绍机器人机构学和机器人动力学。

10.3.1　机器人机构学

机器人机构学是机器人学的主干之一,也是机构学中异常活跃的一个分支。它包括结构学、运动分析、工作空间和奇异性分析、轨迹规划等内容。绝大多数的机器人操作机属于空间机构,因此,机构学的两个分支——机器人机构学和空间机构学之间有着难解难分的关系。

设计机器人,首先必须解决其运动分析问题,特别是位置分析问题。机器人的运动学分析分为运动学正问题和运动学反问题。对串联机器人,稍复杂的是其位置反问题,即已知手部的输出运动,求各驱动器应给出的输入运动;而对并联机器人,困难的是位置正问题,即已知各驱动器的输入,求动平台的运动。位置问题求解的困难在于其多解性,如 6/6-Stewart 机构位置问题的解多达 40 个。

根据机器人手部的运动要求来确定各关节驱动器的运动规律称为轨迹规划。

机器人特定的结构、尺度和各关节的活动范围决定了机器人的手部所能够到达的空间,称为机器人的工作空间。机构在运动过程中可能会到达一些极限点、死点位置,在这里机构处于运动失控,运动学和动力学性能瞬时发生突变,使得机构传递运动和动力的能力丧失。机构的这种位形称为奇异位形。

最先发展起来的串联机器人的拓扑结构的研究比较简单,优选出的几种结构类型已得到广泛应用。而并联机构是复杂的多自由度、多环机构,它的设计同串联机构有很大的不同,它的拓扑结构的研究要比串联机器人复杂得多。

10.3.2   机器人动力学

机器人动力学也和机器人运动学一样,有正反两类问题:动力学正问题和动力学反问题。动力学正问题是:已知操作机各关节提供的广义驱动力的变化规律,求解机器人手部的运动轨迹以及轨迹上各点的速度和加速度。动力学反问题是:已知通过轨迹规划给出的机器人手部的运动路径和各点的速度、加速度,求解各驱动器应施加的广义驱动力的变化规律。不难看出,在动力学正问题中包含着运动学正问题,在动力学反问题中也包含着运动学反问题。

动力学正问题要用数值方法求解微分方程。在计算机上求解动力学正问题的过程也称为机器人的动态仿真。动力学反问题是控制器设计的基本依据,具有更大的实际意义。

1. 刚体机器人的动力学问题

机器人问世不久,刚体动力学反问题计算方法的研究就开始了。为了精确地对机器人的运动进行反馈控制,在机器人运动过程中,希望能够每隔一个很小的时间间隔(采样周期)即通过传感器实时地检测一次运动情况,并用动力学反问题实时地求解应施加于各驱动器的驱动力矩的值,从而使控制器能根据这一要求对驱动器进行控制。按照这样的控制要求,用于一次动力学反问题计算的时间就应小于实时控制的采样周期。这就是所谓的动力学问题的实时计算。这一研究贯穿了整个的 20 世纪 70—80 年代,提出了十余种方法,可以说,有一种力学领域的动力学方法,就有一种相应的机器人动力学分析方法。目前,机器人动力学建模主要基于三种方法:牛顿-欧拉方程、拉格朗日方程、凯恩方程。

2. 柔性机器人的动力学问题

在通常的工业机器人中,杆件都具有足够的刚性。构件质量大不仅耗费材料和驱动能量,并使惯性负荷加大而导致轨迹跟踪困难。为了提高工业机器人的生产率,需要使机器人的结构轻量化,从而出现了柔性机器人(图 10-13)。轻量化带来的优点包括速度高、负荷自重比大、耗能低、便于操纵等。柔性机器人还应用于需要软接触的地方,如微外科手术的柔性操作机、磨削机器人和绘图机器人等。

此外,大型空间站上回收人造卫星的长臂、轻质的空间机器臂出现。空间机械手应尽可能地轻以便降低发射成本。机械臂的变形会影响其运行轨迹和抓取精度。20 世纪 70 年代初,多柔体动力学就主要是在航天器领域发展起来的。

柔性机器人最大的问题是手部振动带来的定位误差。必须分析机器人的振动。从 20 世纪 80 年代起关于柔性机器人动力学的文献即大量出现。

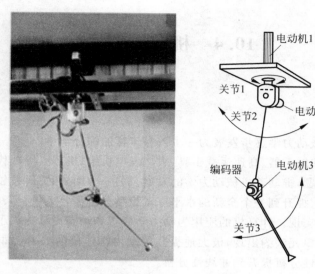

图 10-13　柔性机器人

3. 更复杂的一些机器人动力学问题

1）冗余度机器人

冗余度机器人是指完成某一特定任务时，机器人具有多余的自由度。冗余自由度可以用来增加机器人的灵活性、躲避障碍、回避奇异等。冗余度机器人由于这众多的优点而受到人们的关注，20 世纪 70 年代开始研究，90 年代出现了研究高潮。

2）多台机器人的协同操作

当被操作物体形状复杂，体积庞大时，采用两台以上的机器人协调操作很有必要。它在工业自动化、军事、航天等高技术领域和某些特种行业中具有巨大的应用潜力和前景。20 世纪 80 年代起受到各国学者的关注。

3）双足步行机器人

双足步行运动是高级生命所特有的运动形式，这种运动的研究是一项极富挑战的课题。

步行分为"静步行"和"动步行"两种。静步行是重心移动少、速度慢的步行方式。动步行则是自身破坏平衡，向前倾倒似的行走。静步行机器人的步行速度太慢，能耗也大。人类和动物的快速行走都是依靠惯性和重力的作用。

在过去的 40 多年里开发的双足机器人样机数以百计。日本成果最多，位于前列。本田公司在样机技术上取得的进步最令人瞩目（见 9.3 节）。但是直到现在，双足机器人尚未完全走入实际应用领域。其研究的瓶颈正是步行基础理论，即必须深入研究双足运动的内在特点、动力学、稳定性和控制机理。

10.4   机械动力学

10.4.1   概述

"二战"以后,机械动力学逐步发展为一个内容丰富的综合学科。

一方面,航空器和航天器、高速运载工具、大型发电机组、机器人等现代机械的研制不断地提出各种动力学问题,推动着机械动力学的发展。另一方面,相关科技领域的进步反映到动力学的发展中,将它提升到一个全新的水平。动力学分析需要大量复杂的计算,很多计算用手工方法根本无法实现。计算机的应用为动力学分析和动态设计提供了强大的手段。力学方法的进展和有限单元法的出现,极大地提高了动力学建模的能力。非线性振动理论的进展使许多领域从线性分析提升到非线性分析。

机械动力学研究对象的复杂程度、处理问题的深度都远远超越了"二战"以前的水平。

从横向——研究对象看,机械动力学中发展出机构动力学、传动动力学、转子动力学、机器人动力学、车辆动力学、机床动力学等分支领域。

从纵向——研究内容看,今天,广义的机械动力学已发展为包括动力学建模、动力学分析、动力学仿真、动力学设计、减振与动力学控制,以及状态监测和故障诊断等一系列领域的内容丰富的综合学科。

纵横交织,历史上的机械动力学从来没有像今天这样五彩缤纷,令人眼花缭乱。

10.4.2   机械动力学分析模型

从古典的矢量力学和分析力学到当代的多体动力学的方法均已成熟地用于不同复杂程度、不同结构形态的多刚体机械系统的建模。

对于微幅振动的弹性系统,只有不十分复杂的集中参数系统可建立弹簧-质量阻尼模型并采用牛顿定律进行分析。拉格朗日方程则既可用于集中参数系统,也可用于分布参数系统。

对需计入构件弹性的机械零部件,常使用现成的有限元软件建模。有限元方法首先是在飞机的结构分析中产生的,随后迅速地成为机械动力学中分析复杂弹性系统的有力工具,广泛地应用于机床部件和整机的动力学分析、车辆等复杂系统的动力学分析中。用有限元建模的一个困难是自由度数很大。20 世纪 60 年代,开辟了能大大减少自由度数的模态综合技术的研究。

对于具有链状结构的弹性系统还常常采用传递矩阵法。它在 20 世纪 40 年代应用于轴的横向振动问题。

用理论建模方法建立复杂系统的动力学模型时,其边界条件和阻尼、刚度特性难以预先确定,因此所建立的模型可能与实际状态差异甚大。20 世纪 70 年代以来,实验模态分析得到了迅速的发展。

在空间航天器、柔性机器人中,同时存在着大范围的空间刚体运动和微幅的弹性变形运动的耦合,在这种系统中应采用多柔体动力学方法来建模。在弹性连杆机构中,也存在着大范围的刚体运动和微幅弹性振动,但可做适当简化而采用机构弹性动力分析方法。

10.4.3　动力学建模的精细化

在振动的非线性理论未出现之前,人们只能在线性理论的框架内进行研究,为此而不得不作出许多简化(即"线性化")。这种简化带来的不仅是"误差";略去某些关键的影响因素,有时会对系统作出错误的描述。人们对非线性因素在认识上的进步,常常与一些灾难性的事故(如许多大型发电机转子的断轴)相联系。

因此,动力学建模出现了计入各种非线性因素的精细化的趋向。这种趋向遍及机械动力学的各个分支领域,在转子等复杂系统中尤为突出。许多非线性因素,如间隙、材料阻尼、摩擦力、几何非线性、材料非线性、非线性刚度、刚体运动与弹性变形运动的耦合等,都会对系统的动力学行为产生十分复杂的影响。

"二战"以后,复杂机电系统发展起来,在精细地分析复杂系统的动力学表现时,必须计入多种耦合动力学效应。大型汽轮发电机组的机械系统与电气系统的耦合作用会产生十分危险的扭转振动。卫星天线(图 10-14)的振动会引起卫星姿态的失稳,这里有刚体和弹性体的耦合作用。哈勃太空望远镜(图 10-15)升空后,太阳翼发生弯曲和扭转振动,结构发生屈曲破坏。这是由于望远镜在进出地球阴影时温度场发生突然变化而诱发出了热动力学问题。在液体火箭、充液卫星、航天飞机中,其充液系统的大幅晃动对飞行器姿态动力学与控制的影响是一个十分关键的问题,这里有流体与固体的耦合作用。高速列车中存在着车辆系统和道桥等结构系统的相互作用、高速空气流的影响。

图 10-14　人造卫星及其天线　　　　　　图 10-15　哈勃太空望远镜

非线性因素的计入和多种物理场的耦合导致所建立的数学模型十分复杂。机械动力学的研究彻底摆脱了欧拉、拉格朗日时代的个体研究模式。从飞机的动力学分析与动力学设计领域开始,就形成了一种应用基础研究与工程应用研究紧密结合、多学科领域的专家联合攻关的群体研究模式。

10.4.4　动力学分析与仿真的发展

描述复杂机械系统动力学的数学模型为微分方程或代数-微分方程。计算机提供了强大的数值计算、逻辑推理、图形显示功能。动力学处理的对象日益复杂,模型更加精细。依靠设计人员针对具体对象独自地进行建模和分析等工作已越来越不可行。

从 20 世纪 60 年代起,各种商用软件陆续出现,极大地提高了解决自然科学和工程问题的能力,广泛应用于核工业、航天航空、机械制造、造船、车辆、土木工程等领域。

优秀的软件都同时具有自动建模、求解和图形显示等功能,因此可以产生复杂机械系统的虚拟样机,快速真实地仿真其运动过程。它们可以迅速地分析和比较多种不同参数的方案,从而降低开发新产品的风险;可以省去昂贵的物理样机制造费用,或大大地减少实验次数,大幅度地缩短产品研制周期,节约研发成本。美国波音 777 客机采用了虚拟样机技术,这使制造周期缩短 50%、成本降低了 25%,而且保证了最终产品一次安装成功。

10.4.5 机械动力学在横向形成几个分支领域

为研究不同的对象,机械动力学中发展出多个分支领域。机构、机械传动等动力学分支在"二战"前已经有了雏形或已得到初步的发展;而机器人和铁路车辆的动力学则完全是在新时期发展起来的。

飞机和航天器的动力学与其他分支领域相异之处很多,在机械动力学的著作中一般不再包括这部分内容。但它和一般的机械动力学又有着密切的联系:很多新技术、新方法都是首先在航空航天领域中出现,然后才推广到其他的机械动力学领域的,例如有限元方法、故障诊断方法等。

机构、机械传动和机器人的动力学问题已分别在 10.1、10.2、10.3 各节中介绍;机床动力学将在第 12 章中介绍。下面仅就转子和汽车的动力学发展做一简单介绍。

1. 转子动力学

在 20 世纪上半叶,必须将柔性转子和轴承作为一个系统来研究的概念已经形成(见 7.4 节)。

"二战"后,汽轮发电机组的容量继续增长。受离心力作用下材料强度的限制,转子的转速和直径不可能随意地增大;容量的增长主要靠增加叶轮的数目来实现。这样,转子就更显得细长,柔性更大,有的转子已经在第三、第四阶临界转速以上工作。这加剧了发生振动的可能性。半个世纪以来,世界上许多大型发电机组发生严重事故,给国民经济造成了重大损失。抑制转子系统的振动成为关键问题。

转子的振动情况十分复杂,不仅有轴的弯曲振动和轴系的扭转振动,还包括叶轮的振动、叶轮上叶片的振动、由油膜力等因素引起的涡动,以及转子系统的机电耦合振动。

当代的转子系统动力学已经发展为一个内容极其丰富的学科。它的主要研究范围包括:①固有特性和振动响应计算;②柔性转子的动平衡技术;③转子系统的非线性动力特性和动力稳定性;④转子系统的故障诊断技术;⑤振动的主动控制。

2. 汽车动力学

汽车在行驶时会产生沿纵向、横向和垂直坐标轴方向的平移和相对于这些坐标轴的转动(见图 10-16)。虽然现在我们已经有能力将这 6 个自由度的振动结合在一起来研究;但是,如果对车辆的工作状况和条件进行适当的限制,则这些振动的耦合关系并不会太显著。

在汽车振动研究的历史上,为了减少动力学模型的自由度,常单独地研究不同方向的动力学问题,而将汽车的动力学问题主要分为如下三个领域。

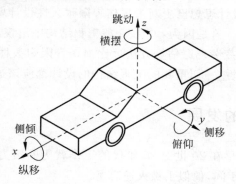

图 10-16　汽车的振动自由度

1) 操纵动力学

研究车辆的操纵特性,以及由操纵引起的车辆的侧移、横摆和侧倾,它涉及到操纵的稳定性和安全性,是汽车动力学研究中最具特色的问题。操纵动力学要研究:轮胎的侧向力学特性,操纵系统的动力学模型,以及操纵的动力学稳定性及其控制。

2) 行驶动力学

研究汽车沿垂直方向的振动(跳动和俯仰)及其控制,它涉及到汽车的乘坐舒适性。行驶动力学要研究:路面的输入激励及其模型,与汽车平顺性相关的部件(轮胎、弹簧、减振器等),人体对振动的反应,以及悬架系统的主动控制。

3) 纵向动力学

研究汽车沿行驶方向的受力与其运动的关系及其控制问题。它涉及到车辆的驱动、制动性能和燃油经济性。此外,汽车的碰撞也是一个动力学问题,而最严重的碰撞发生在纵向。

10.5　机械强度学

机械强度学的理论发展经历了三个阶段:以应力应变分析为基础的静强度和静刚度理论;传统的疲劳强度理论;以断裂力学为基础的损伤容限和耐久性理论。

10.5.1　疲劳设计方法的建立

疲劳问题早在 19 世纪就引起了人们的注意,并开始研究(见 7.6 节)。

苏联学者谢联先(S. Serensen)于 20 世纪 40 年代提出无限寿命设计法,这是最早的疲劳设计方法。

有限寿命设计法只保证机器在一定的使用期限内的安全。它允许零件的工作应力超过疲劳极限,设计出的机器重量比无限寿命设计法的轻。像飞机、汽车等对减轻重量要求较高的产品,都使用该方法进行设计。有限寿命设计法的核心问题是如何累计损伤,这一问题在1945年已得到解决(见7.6节)。

现在,虽然疲劳强度设计思想已更新为损伤容限耐久性设计思想,但传统的疲劳分析方法仍在工程中广泛使用着。这是因为:①在一般工程结构中出现最小的工程可检裂纹会消耗全寿命的80%以上;②疲劳寿命估算方法远比损伤容限耐久性方法容易使用。但是,疲劳强度设计有很大的局限性,一切重要的工程结构的设计都应该过渡到使用更先进的方法。

10.5.2　断裂力学的发展

英国科学家格瑞菲斯早在20世纪20年代的工作就为断裂力学的发展奠定了基础(见7.6节)。但是以后的20年间,他似乎被人遗忘了。

"二战"期间,世界上接连发生了许多灾难性事故。20世纪40年代,美国在近5000艘焊接的油轮中发生了1000多次低应力脆断事故,其中238艘船完全报废(图10-17)。50年代,美国"北极星"导弹的固体火箭发动机爆炸、英国"世界协和号"巨轮折成两半,此外还发生过多起大型电站转子的断裂事故。这引起人们对低应力断裂问题的重视。通过众多研究发现,发生低应力断裂的原因是材料内有初始缺陷或裂纹。这就使人们回忆起20年代格瑞菲斯的研究。

图 10-17　美国一油轮折为两半

美国海军研究室埃尔文(G. Irwin)领导的团队针对油轮的破坏开展了研究。在格瑞菲斯理论的基础上,1957年,埃尔文通过分析裂纹尖端附近的应力场,提出了"应力强度因子"的概念,建立了以应力强度因子为参量的裂纹扩展准则,奠定了线弹性断裂力学的基础。

断裂力学是研究含裂纹物体的强度和裂纹扩展规律的科学,是固体力学的一个分支。它的研究内容包括:求得各类材料的断裂韧度;建立断裂准则;研究裂纹的扩展规律。

20世纪60年代的飞机失事事故导致:在B-1轰炸机的研制规划中,要求根据预先规定的可测初始裂纹尺寸来考虑裂纹扩展寿命。这是首次使用断裂力学的概念进行的设计。

疲劳强度的损伤容限设计法就是以断裂力学为理论基础,以断裂韧性和疲劳裂纹扩展速率的测定技术为手段,估算有初始缺陷或裂纹的零件的剩余寿命,确保零件在使用期内能安全使用。

随着对破坏机理研究的深入,疲劳理论和断裂理论趋向统一。疲劳理论研究裂纹的从无到有,断裂理论则研究裂纹的从小到大,实际上是同一过程的无法分割的两个阶段。因此,疲劳强度设计和损伤容限与耐久性设计,这两种设计方法必将走向融合。

在西方很多国家,基于断裂力学的损伤容限与耐久性方法已在航空、航天、交通运输、化工、机械、材料、能源等工程领域得到广泛应用,而且已强制执行多年。在中国,这一领域的研究较薄弱,采用损伤容限与耐久性方法难度尚较大。

10.5.3　智能结构与健康监测

这是损伤容限与耐久性设计方法再发展的下一步,它主要依赖于智能材料与结构技术。其关键技术环节是:

(1) 利用嵌于结构内的微传感器对关键部位的应力应变实时监测;

(2) 结合先进的寿命分析理论,使复杂结构的寿命预示精度与实验室简单试样的寿命预测达到同等水平;

(3) 预警危及结构安全的事件并进行断裂的自动控制。这里,当然还需要损伤自修复技术,以及其他先进的信息与控制技术。

图 10-18 表示出了机械强度设计概念的历史发展。

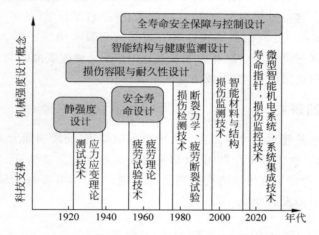

图 10-18　机械强度设计概念的历史发展和科学支撑

10.6　摩　擦　学

摩擦是一个古老的课题,而摩擦学则是形成于当代的一门边缘学科。

统计表明,世界上一次性能源的 1/3 以上消耗于摩擦,60% 以上的机械材料损耗源于磨损。据美、英、德等国的统计,每年与摩擦磨损相关的损失占其国民生产总值的 2%～7%。

10.6.1　近代关于摩擦、磨损和润滑的研究

1. 关于摩擦的研究

人类对摩擦现象早有认识,但长久以来对摩擦的研究进展缓慢。达·芬奇、库伦等人对古典摩擦定律的建立作出了贡献(见 3.2 节)。1785 年,库伦根据经验统计规律提出用接触表面微凸体的互相嵌合作用解释干摩擦的理论,整个 19 世纪都没有突破他的这个"凹凸

假说"。

1940 年左右,多位学者注意到,接触面的表观几何接触面积和表面上微凸体形成的真实接触面积相差甚大。1954 年,英国物理学家泰伯尔(D. Tabor)等提出了粘着理论,认为由于接触峰点的塑性变形和瞬时高温使材料软化或熔化而产生的焊合导致了摩擦阻力和磨损。由此可见,摩擦具有二重性,即摩擦时不仅有变形过程,还有粘附过程。这一理论得到较多的认可。

2. 关于磨损的研究

近代关于磨损的初期研究是 1930 年左右在德国展开的。1938 年,西贝尔(E. Siebel)在对早期的磨损研究所做的评论中,区分了不同形式的磨损。他指出,由于磨损形式繁多,建议由物理学家、化学家、冶金学家、固体力学家和工厂的工程师合作,才能使最复杂的磨损问题获得真正的进展。这一设想相当先进,简直就是在呼唤"摩擦学"的诞生。

1973 年,美国学者以金属的位错和金属表面层的断裂和塑性变形为基础,提出了金属磨损的剥层理论。这一理论可以解释如下观察到的事实:摩擦表面的裂纹生长使表层材料沿平行于表面的方向逐层剥落,而形成金属的滑动磨损。

3. 关于润滑的研究

古典摩擦定律只是针对干摩擦而言。人们自古就知道,润滑剂能大大地改善摩擦状况。如第 7 章所述,在第二次工业革命期间,就研究过火车车轴的滑动轴承。1886 年,雷诺导出了著名的雷诺方程,奠定了流体动力润滑理论的基础。其后,有关滑动轴承的理论、应用研究及开发得到了空前的发展。

10.6.2   当代的摩擦学研究

1. 摩擦学的诞生

"二战"以后,机械向高速、重载和高温的方向发展。20 世纪 60 年代初期,机器因磨损而失效的报道急剧增加。在新时期,工艺过程更复杂、设备投资更大、采用了更多的流水作业;所以,设备一旦出现故障,造成的损失就更大,后果更严重。人们对摩擦、磨损、润滑问题的兴趣不断增长。美、德、英等国纷纷出版专门期刊、进行调查研究、制定研究规划。

"tribology"(摩擦学)一词,首先由泰伯尔根据希腊语中的一个词根杜撰而成。1966 年,在关于英国润滑方面的一份报告中,使用了"tribology"一词,并建议以它作为一个新学科的名称。这个单词很快就进入了国际学术界。

2. 摩擦学的研究内容

摩擦学研究相对运动的相互作用表面间的摩擦、润滑和磨损,以及三者间相互关系的基础理论和实践。它是涉及机械、物理、冶金和化学等学科的一门边缘学科。

世界上很多国家成立有摩擦学的研究中心和学术组织,很多大学开展了摩擦学的研究工作。在联合国教科文组织(UNESCO)2010 年的报告中,列出了 28 个工程领域,而摩擦学为其中之一,与机械工程、材料工程等并列。但是,中国摩擦学的研究队伍主要集中在机械工程领域;摩擦学一般被归在"机械设计及理论"二级学科之下。

摩擦学研究的对象很广泛,在机械工程中主要包括:

(1) 摩擦副,如滑动轴承的润滑和磨损,齿轮传动的磨损和胶合等失效分析;

(2) 零件表面受工作介质摩擦或冲击,如水轮机转轮等;

(3) 金属切削过程的分析,摩擦影响切削力、切削热和刀具的磨损;

(4) 弹性体摩擦副,如汽车轮胎与路面的摩擦、弹性密封的动力渗漏等。

摩擦学涉及流体力学、弹性和塑性接触、润滑剂的流变性质、表面形貌、传热学和热力学、摩擦化学和金属物理等不同学科的问题。随着科学技术的发展,摩擦学的理论和应用将由宏观研究进入微观研究,由静态研究进入动态研究,由定性研究进入定量研究。

和中国的机构学一样,中国的摩擦学研究也在整体上进入了世界最前列。以温诗铸院士为主要学术带头人的清华大学摩擦学实验室是中国研究摩擦学的主要基地。但是,中国的摩擦学在生产实际中的应用尚不足。

10.7　微机械学

随着微电子系统集成度的提高,其加工尺寸越来越小。人们自然想到,用制造集成电路的方法,能不能制造微小的机械呢? 这导致了现代机械工程中的一件大事——微机电系统(micro-electro-mechanical system,MEMS)出现。

一般将尺寸在 $10\mu m \sim 1mm$ 之间的机械称为微型机械,尺寸在 $10nm \sim 10\mu m$ 之间的机械称为超微型机械或纳米机械。将微型和超微型机械与微电子器件结合起来,便得到MEMS 系统。

10.7.1　MEMS 的技术革命历程

1958 年,集成电路(IC)发明。

1959 年,诺贝尔物理学奖得主费因曼(R. Feynman,图 10-19)在一次演讲中预言:制造技术将沿着从大到小的途径发展,即用大机器制造小机器,用小机器制造更小的机器。他并承诺将对第一个研制出直径小于 $1/64in(1in=2.54cm)$ 的马达的人给予奖励。这一预言揭开了人们认识和掌握微纳米科技的序幕。

随着 IC 的普遍应用,电子电路越来越小型化、微型化。如果能把执行器也做得很小,就能实现整个系统的小型化、微型化。费因曼不失时机地、大手笔地勾画出了一个新的科技领域。MEMS 的诞生不是首先来自机械应用领域的推动,而是来自相关技术领域的触发。

图 10-19　费因曼

从 20 世纪 60 年代起,美国科学家陆续制造出硅基压阻式压力传感器、具有高谐振频率的金质微悬臂梁。70—80 年代,微加速度计、微压力传感器、微扫描镜、微血压传感器相继研制成功。初期研制的微系统以传感器居多——传感器的结构和运动都简单。

　　1987 年,美国加州大学伯克利分校(University of California,Berkeley)制成了转子直径为 60~120μm 的硅静电电机(图 10-20),将费因曼的愿望在 28 年后变为现实,在世界上引起很大的震动。就在这一年,MEMS 作为一个正式的学术术语在美国诞生。

　　其后,来自美国一些顶尖级大学的 15 名科学家向政府递交了发展微动力系统的建议书,微型机械被列为 21 世纪的重点发展学科。关于 MEMS 的研究逐渐形成世界性热潮。

图 10-20　静电微马达

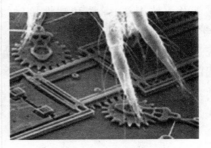

图 10-21　在昆虫脚下的微机构

10.7.2　MEMS 的应用前景

　　一门学科的诞生未见得首先来自应用的推动,但它能够得到快速发展则必须是为了应用。美国国家科学基金委员会的调查报告列举了 25 个 MEMS 将会有重大应用前景的领域,包括:生物血管和眼科手术的诊断和治疗、微细检测与修补,以及在通信、工业、航空航天、军事等领域的应用。

　　微传感器和微执行器可用于汽车的安全系统、发动机与动力系统、舒适与便利系统,以及汽车诊断与健康监测系统。1993 年,美国 ADI 公司成功地将微型加速度计应用于汽车中,来控制碰撞时安全气囊防护系统的施用。这是 MEMS 技术走向商业化的标志。与老式机械开关相比,MEMS 加速度计的成本大幅度降低,性能大幅度提高。以前,防撞气囊价值 180 美元,而使用 MEMS 器件后,降为 5 美元。

　　MEMS 技术在生物医学中可用于细胞操作、微型手术、超声成像系统;在航空航天领域可用于惯性导航、空间姿态测定等系统。用 MEMS 技术还可制造微内燃机、微电机、微涡轮机、微电池。它在军事方面也有许多潜在的应用场合,如用于微型飞行器和纳米卫星中。

　　2009 年全世界的 MEMS 产品市场只有 250 亿美元,但它是一个蓄势待发的新兴产业。在 21 世纪,MEMS 将会像今天的微电子技术一样,给世界带来重大影响;甚至有学者认为,它将会与信息技术、生物技术、纳米技术一起引发一场新的产业革命。

10.7.3　关于微机械系统的研究

　　关于 MEMS 的研究正逐渐形成世界性热潮。它是一门多学科交叉的新科技,以机械科学和微电子学为主,还涉及固体力学、现代光学、流体力学、热力学、声学、磁学、材料科学和仿生学等诸多学科领域。

在 MEMS 技术中最早取得突破的是制造技术。20 世纪 80 年代末期，就已形成了用制造 IC 的工艺来制造微执行器的技术路线。

微系统涉及的基本物理效应与宏观机械有很大的不同。首先，表面力（而不是体积力）起主要作用，这导致了微系统的表面效应。随着尺度的减小，声、光、电、磁、流体、传热都出现新的效应，这称为微系统的尺度效应。此外，还存在着耦合效应：宏观与微观尺度的耦合、多物理场的耦合。

这就需要开展 MEMS 的基础理论研究，这一研究尚处在起步阶段。目前 MEMS 系统的设计还停留在器件水平，而且一般尚属于结构静强度和机构运动学范畴。随着 MEMS 系统走向实用化，从动力学角度去进行分析和设计的研究也已启动。

10.8　流体传动与控制

自从 1795 年布瑞玛制造出世界上第一台水压机，流体传动就进入了工程应用领域。1927 年，液压传动应用于铣床，开始了机床的半自动化时期。20 世纪 20—30 年代，液压控制的研究已经起步。系列液压控制元件已发明（详见 7.5 节）。

但是，流体传动及其控制在工业上被广泛应用、在理论和技术上有较大的发展，还是"二战"以后的事情。

在"二战"期间，由于军事工业的迫切需求，出现了以电液伺服系统为代表的高精度液压元件和控制系统，液压系统开始向高响应和高精度发展。战后，液压技术很快进入民用工业。随着液压元件的标准化、系列化和通用化，液压技术在机床、工程机械、农业机械、汽车、轮船等行业中得到了广泛的应用；同时，也开始应用于空间技术和原子能技术。

20 世纪 60 年代出现了板式和叠装式液压气动元件系列。70 年代出现插装式系列液压元件。后来又形成了标准化功能控制单元和模块化集成单元技术。80 年代，密封技术也日渐成熟。

20 世纪，控制理论飞速发展，这为流体控制工程的进步奠定了理论基础。

高速响应的液压马达的出现和电液伺服阀的进步，使电液伺服系统成为了当时响应最快、控制精度最高的伺服系统。电液伺服机构首先被应用于飞机、火炮的液压控制系统，后来也被应用于机床。

进入 20 世纪 90 年代后期，传统的液压技术有了新的进展。

（1）液压传动与微电子技术相结合，实现机电液一体化集成是发展的主要方向。

（2）自适应控制、鲁棒控制和智能控制等各种控制策略被广泛地应用于液压传动。

液压传动的应用领域也不断扩展：从机床、机械手、自动加工和装配线扩展到压延设备、农业和环保设备、船舶、火车。盾构机中的液压系统属于最重要的液压系统。制约中国盾构机制造的瓶颈问题之一就是其中的液压系统。

气动传动的起步滞后于液压传动，在 20 世纪 60 年代才迅速发展，主要用于繁重作业领域，如在矿山和机械制造业作为辅助传动。70 年代后期才应用于自动生产线和自动检测等领域。80 年代以来，随着与电子技术的结合，气动技术的应用领域得到迅速拓宽。

第 **11** 章

新时期机械设计的全新面貌

想象力比知识还重要，因为知识是有限的，而想象力概括着世界上的一切，推动着进步，并且是知识进化的源泉。

——爱因斯坦

形成一个机械产品的第一个环节是机械设计。虽然用于机械设计的费用只占产品成本中的很小一部分，然而，根据德国工程师协会的调查分析，产品成本的 75%～80% 是由设计阶段决定的。机械设计对产品的先进性和竞争能力起着决定性的影响。

11.1　新时期机械设计概述

对机械产品要求的全面提高，机械工业生产模式的变化，对机械设计技术提出了更高的要求。在计算机技术等相关科技发展的带动和支持下，新时期的机械设计呈现了全新的面貌。

在第 7 章中曾指出，在历史发展的不同阶段，限于人的思维能力和设计方法、设计手段的发展，设计活动先后经历了直觉设计阶段、经验设计阶段、半经验设计阶段、半自动化设计阶段 4 个发展阶段。从 20 世纪 50 年代以来，进入半自动化设计阶段。

11.1.1　新时期机械设计的全面大发展

1. 机械设计理论和方法大发展的动因

在第三次技术革命中，机械设计的理论和方法取得了全面的大发展，其主要动因是：

(1) 市场上的激烈竞争向机械设计提出了全面进步的要求。"二战"后，经济的发展带来了生活水平的不断提高。人们对机械产品的性能、质量、成本提出了越来越高的要求。用户也越来越重视产品的造型，特别是某些民用产品。越来越多的产品为特定的顾客、特定的目的和特定的环境下的使用而开发和生产。这导致了大批量生产模式转变为多品种中小批量的生产模式，甚至是定制生产的模式。

(2) 自然科学和相关科技领域的进步给机械设计提供了新的支撑。控制论、信息论、系统论给机械设计在哲学高度上提供了指导思想和方法论。多体动力学和有限元方法的出现给机械动力学提供了新的建模方法。计算机在工程中的广泛使用，为机械设计提供了全新的、强大的技术手段。

2. 现代设计方法要解决的两大根本问题

现代设计方法是一个总称，它包含很多的具体方法，如计算机辅助设计、优化设计、可靠性设计、动态设计、创造性设计等。它的出现，主要为解决"好"和"快"这两大根本问题。

（1）好——向市场推出具有优良甚至超等性能的机械产品。

面对世界机械产品市场上的激烈竞争，企业要推出具有优良甚至超等性能的产品。这里所说的"性能"是广义的，机械的高速化、精密化、轻量化、可靠性、自动化、舒适性、成本、外观等，都是竞争的内容，都可以概括为广义的"性能"。

为了适应机械产品向高速化、大功率化、精密化、高可靠性和轻量化方向的发展，必须对机械系统进行更为细致而复杂的分析。

（2）快——向市场快速地推出适应不同要求的多样化、个性化产品。

竞争的加剧迫使企业去充分了解用户的需求。在新的生产模式，特别是在定制生产模式下，按照用户的要求快速地推出多样化、个性化的产品便逐渐成为潮流。

这种形势推动了设计的自动化、智能化、快速化和可视化。在某些产品的设计中，厂家必须能够按照用户的特定要求快速地完成设计、计算和绘图，并用动画展示机器的运动情况，用三维立体图多方位地展示产品的外观，用云图展现关键构件的应力分布，用曲线图展示机器的频域、时域动态响应。只有这样，才能不失时机地抓住用户，赢得商机。

上述的立体图、响应曲线、动画、云图等，都是可视化的具体形式。可视化是将数据转换成图形或图像在屏幕上显示出来，并进行交互处理的理论、方法和技术。它涉及到计算机图形学、图像处理技术、计算机视觉、计算机辅助设计等多个领域，成为研究数据表示、数据处理、决策分析等一系列问题的综合技术。它不是一种和优化设计、动态设计并列的设计方法，而是一种技术，体现在计算机辅助设计、动态设计、有限元方法等软件中（图 11-1）。

设计的快速化和可视化的基础是设计的自动化和智能化。现代设计方法中的许多具体方法大多与此相关。

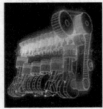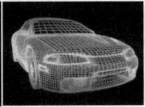

图 11-1　设计的可视化

3. 新技术革命中机械设计发展的特点

经过了直觉设计、经验设计和半经验设计三个阶段之后，到第三次技术革命时期，从 20 世纪 50 年代至现在，机械设计进入了半自动化设计阶段。这一时期有如下几个突出特点：

1）设计工具的革新

1963 年，提出了计算机辅助设计（computer-aided design，CAD）的概念。不久之后即走向实用。70 年代，CAD 技术开始商品化，90 年代迅速普及。只是在有了计算机以后，动态设计、优化设计、有限元分析等一批新的设计方法才能出现和实施。设计的快速化、可视化、智能化和自动化才成为可能。计算机对设计方法变革的影响,怎样估价也不过分。今天,计算机已应用到机械设计和机械制造领域的各个方面,"计算机辅助"这一修饰语正在走向过时,因为现代意义上的机械设计已经根本离不开计算机了。

2)形成了设计理论和方法的体系

只是到了这一时期,才开始将"设计"本身作为一门学问来研究,这就是"设计方法学"的出现。这是设计理论与方法中最高层次的理论,是设计中的哲学。并行设计使已经分离的设计与制造过程又开始结合、并行。不同的设计思想、不同的设计方法,以及大量的支撑技术,形成了一个庞大的现代设计方法的体系。

3)设计工作的群体性

20世纪中叶,产品及其制造过程已经变得非常复杂。一个稍复杂些的新机器的设计,都至少是一个团队的成绩。后文将要提到的波音777大型民用客机的研制,由8台大型计算机和2000台图形终端设备协同工作,是半自动化设计阶段的最高成就。

产品的高科技含量日益增大,单靠一家工厂在一个地点进行产品开发的传统模式越来越不能满足现代产品开发的要求。利用网络和并行工程的异地协同设计出现,即集中不同地点不同行业的专家参与同一产品的设计开发,强强联合,从而产生巨大的效益(详见12.8节)。

设计的半自动化阶段的进一步发展当然就是全自动化阶段。但是,全自动化阶段还没有完全到来。即使是波音777的设计也还不是全自动化的。

11.1.2　设计理论和方法学

1. 设计方法学

从19世纪中叶开始,机械设计的知识从寄寓于应用力学门下逐渐走向独立,到20世纪上半叶,才逐渐形成成熟的近代机械设计学科。近代机械设计学科为一个多世纪中机械设计的发展作出了重大的贡献,但它也有其局限性:它的知识中包含着较多的经验性、近似性和模糊性。

机械设计真正走向科学的步骤是从"二战"以后,随着系统工程学和电子计算机的诞生才开始的。世界市场上的激烈竞争急切地呼唤产品的创新,这种要求使"设计方法学"应运而生。

设计方法学主要研究合理的设计进程、设计进程中的战略和战术、对各种设计方法和设计工具的评价及其在设计各阶段的选择和运用。

设计方法学在20世纪50年代从德国起源,到70年代形成体系,开始风靡全球。德语地区和英语地区的两大学派,在争鸣中发展。德国等国重点抓系统化设计,注意总结设计规律和方法,并用技术文件方式进行推广。美国等国则更重视创造性设计和设计中的计算机应用。

2. 并行工程

并行工程是针对传统的产品串行生产模式而提出的一个概念、一种哲理和方法,也称为"并行设计"。

"二战"前,美国福特公司组织了一支包含设计和制造等各领域工程师的小型团队,集成了当时先进的产品和制造技术,成功地设计了著名的新型汽车。这实际上是一次并行设计的试验。"二战"中,美国和德国都加速了武器的研制,这推动了并行设计在武器开发中发挥优势。

1987 年,美国防御分析研究所(IDA)受命对并行工程用于武器系统的可行性进行了调查研究。IDA 的研究报告完整地提出了并行工程的思想,即"集成地、并行地设计产品及其相关过程(包括制造过程和支持过程)的系统方法"。

这种方法要求产品开发人员在一开始就考虑产品在从概念形成到产品报废的整个生命周期中的所有因素,包括质量、成本、进度计划和用户要求。并行工程的目标是提高质量、降低成本、缩短产品开发周期和产品上市时间。具体做法是:在产品开发初期,组织多种职能协同工作的项目组(特别是要指派制造工程师参加设计团队),使有关人员从一开始就获得对新产品需求的要求和信息,积极研究涉及本部门的工作业务,并将所需的要求提供给设计人员,使许多问题在开发早期就得到解决,从而保证设计的质量,避免大量的返工浪费。

20 世纪 90 年代,美国波音公司在波音 777 大型民用客机的开发中,采用了并行工程。以 CATIA 三维实体造型系统为核心的同构 CAD/CAM 系统进行信息集成;由 8 台 IBM 大型主机和位于 11 个地点、相距 80 余千米的 2000 台图形终端设备进行图形处理工作。其研制特点是:群体协同工作,实现了人才的集成;产品实现了全部数字定义,成为最高水平的"无图纸"研制的飞机;建立了电子样机,取消了原型样机;在设计时就充分考虑工艺、材料等下游因素,保证了飞机的质量,缩短了一半多的研发时间。

11.2　机械创新设计的理论和方法

当代是知识爆炸的时代,是创造发明的时代,国家之间、企业之间的竞争越来越激烈,从现象上看是产品竞争,从实质上看是创新的竞争,是智力的竞争。

机械设计中的创新设计是指:利用人类已有的科技成果,充分发挥设计者的创造力,设计出具有新颖性、创造性和实用性的新机构和新机械产品的设计过程。

从古代的水车到现代的机器人,任何新的机构与机器的发明,无一不是创新设计。在历史的长河中,这些智慧的火花是零散的而非系统的,多种多样的而非单一的。这些发明依靠的是能工巧匠和专家学者的灵感和创造性思维。如何产生灵感？如何进行创造性思维？为了启迪更多的设计者,帮助他们进行创造性的思维,提高创新能力,一些学者对历史上大量发明构思的过程进行了分析、归纳和提升,总结、创造出一些进行创造性思维的方法,形成了一门学科——"创造学"。今天的创新设计,特指建立在创造学理论基础上的创新方法。

11.2.1　创造学在美国的诞生和发展

现代创造学的研究发源于 20 世纪 30—50 年代的美国。它首先是为了满足生产中的技术创新和培训科技人员的需要而发展起来的。

1931 年,美国内布拉斯加大学率先开设了"创造学"课程。1936 年,美国通用电气公司首先开设了"创造工程"课程,用来训练和提高企业职工的创造性。1937年该公司的专利申请量便猛增了3倍。

1938年,纽约一个广告公司的副总经理奥斯本(A. Osborn,图11-2)提出"智力激励法"(又称"头脑风暴法")。头脑风暴法的英文是"brainstorming",原意指精神病人的胡思乱想。奥斯本借用这个词指通过开座谈会,让与会者大胆想象,敞开思想,在各种设想的碰撞中激起脑海中的创造性风暴。头脑风暴法很快在美国企业界得到推广,产生了显著的经济效益。

图11-2　奥斯本

随后,奥斯本发表了两本论思维和创造性的著作。他的书先后被译成20多种文字,共发行了1.2亿册。

1950年,美国心理学会主席发表《论创造力》的演讲,号召并动员了一部分心理学家参与创造力开发的研究。

上述的培训、著作出版、演讲,是推动美国创造学走向欣欣向荣的第一波热潮。一般以奥斯本发表《思维的方法》一书作为创造学诞生的标志。

继1948年麻省理工学院开设了"创造力开发"课程后,美国各大学都陆续开设了创造工程类的课程;各大公司都设有训练、提高职工创造能力的机构。创造学作为科技革命的杠杆之一,为半个多世纪以来美国的科学技术处于遥遥领先的地位作出了贡献。

20世纪50年代,受苏联首先发射了第一颗人造地球卫星这一事件的刺激,在美国引发了创造学的第二波热潮,陆续有上百种创造技法被提出。

日本在20世纪50年代中期,随着大量引进西方科学技术,也引进了创造工程学和创造管理学。创造学的发展是日本科技腾飞与经济繁荣的因素之一。

到了20世纪80年代,在国际市场上产品竞争日趋激烈。此时,已不是靠产品的数量优势逐步占领市场,而最好是要以产品的独特性功能一次性地占领市场。因此,出现了这样一种新局面:产品竞争变成了技术竞争,技术竞争实际上是人们智力的竞争,智力竞争则归结为人才创造力的竞争。谁有创造性,谁就能在竞争中获胜。这就使得创造技法在世界各国迅速传播。

11.2.2　苏联的 TRIZ 理论和方法

比美国稍晚,在苏联出现了另一种独有特色的创造学研究,这就是TRIZ理论和方法的出现。TRIZ是俄文"解决发明任务的理论"用英语直接音译后的缩写。

TRIZ是由苏联工程师和发明家阿奇舒勒(G. Altshuller,图11-3)创造的。从1946年开始,阿奇舒勒和他的团队对全世界不同工程领域中的250万份发明专利进行了研究、整理、归纳、提炼。他发现,技术系统的创新是有规律的:许多技术问题可以利用解决其他领域中的相似问题的原理和方法较容易地加以解决。在此基础上,20世纪60年代,阿奇舒勒建立了一整套体系化的、实用化的解决发明任务的方法——TRIZ理论。

图11-3　阿奇舒勒

各种形式的发明创造学校和组织在苏联蓬勃兴起,有百余所高等院校开设有 TRIZ 理论的课程。

随着苏联的解体,人才的流动,世界才得以慢慢解开 TRIZ 理论的面纱,并将其广泛应用。美国的波音公司利用 TRIZ 理论解决了飞机空中加油的关键技术问题,从而战胜了法国空中客车公司,为波音赢得了几亿美元的订单。德国几乎所有名列世界 500 强的大企业,如西门子、奔驰、宝马等著名公司都有专门的机构及人员负责该理论的培训和应用。韩国三星公司是应用 TRIZ 理论获得极大成功的典型,它应用 TRIZ 理论 9 年后,2004 年在世界专利企业排名榜上进入前 6 名。

从创造学理论和方法体系来看,现代创造学以美、日、苏为代表分为三大流派,各有千秋。美国学派重视思维的自由活动,视发明创造为联想、直觉、灵感的结果。日本倾向于实际操作,寄发明创造于材料的收集与处理。苏联把发明创造建立在客观发展规律基础上和有组织的思维活动上,不靠偶然所得,而是按一定的程序达到必然结果。

过去发明创造主要靠直觉和灵感;在创造学日益发展的今天,尽管提出了种种创造的具体技法,甚至系统软件,人的直觉和灵感仍然是很重要的因素。

11.2.3　机械创新设计

创新设计是以创造学的理论为依据,研究工程中具体创新问题的理论和方法。

一般认为,机械创新设计可以在机械设计的三个层次上展开:整机方案设计、机构创新设计、结构创新设计。有的还将造型创新设计包含在内。

机械设计的类型中有一种“开发型设计”,它是指机械所实现的功能、机械的工作原理、机械的主体结构这三者中至少应该有一项是首创的。开发型设计就是整机的创新设计。在开发型设计中,创新主要体现在整机的方案设计环节中。

机构常常是方案设计的核心内容。机构创新,就是通过机构的变异、演化、倒置和组合这样一些方法来产生新机构;而这些方法都是机构学中的固有内容。

机械创新设计中还有两种重要方法:反求设计和仿生设计。

11.2.4　反求设计

反求设计(也称逆向设计、反求工程),是以现代设计方法为基础,对别的国家和别的企业所创造的新产品进行解剖、分析,而后进行再创造,形成具有自己的知识产权的新产品的过程。

反求设计方法源自日本。“二战”后,日本经济处于瘫痪状态,它的经济复苏即得益于反求工程。1945—1970 年间,日本引进国外技术的投资为 60 亿美元,而花费 150 亿美元对其进行消化、吸收、改造和国产化。用反求工程进行研究,平均掌握每项技术的时间是 2～3 年。如果完全自行研制,则需投资为 1800 亿～2000 亿美元,掌握每项技术的时间为 12～15 年。他们的口号是:“第一台引进,第二台国产化,第三台出口。”

对一个产品进行反求,要综合运用该产品的实物、软件(指产品样本、技术文件、说明书、图纸等)和影像资料作为研究对象。

反求工程不是简单的仿造。反求工程不能侵害别人的专利权、著作权和商标权。

11.2.5 仿生设计

生物在漫长的进化过程中,适者生存,逐渐具备了适应自然界的"本领"。人类自远古就开始了对生物的模仿,以增强自己与自然界斗争的本领和能力。最初使用的骨针是对鱼刺的模仿。古人伐木凿船,用木材做成鱼形的船体,仿照鱼的胸鳍和尾鳍制成双桨和单橹。所有工具的创造都不是凭空想象,而是对自然的直接模拟,这是仿生设计的起源和雏形。

但是,迟至 20 世纪 50 年代,人们才自觉地把生物界作为各种技术思想、设计原理和创造发明的源泉。生物学首先在自动控制、航空、航海等军事部门取得了成功。生物学和工程技术学科结合在一起,互相渗透,孕育出一门新生的科学——仿生学。

1958 年,美国空军工程师斯蒂尔(J. Steele)根据希腊文造出了新单词"bionics",作为这一新兴学科的名称。它是研究生物系统的结构、特质和功能等各种优异的特征,并把它用来改善已有的技术系统的综合性科学。

此后,仿生设计取得了飞跃的发展,一大批仿生设计作品如智能机器人、假肢(图 11-4)、雷达、声呐、自动控制器、自动导航器等应运而生。

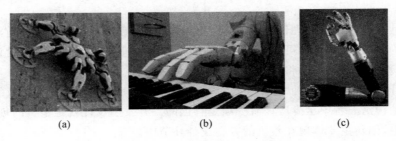

(a)   (b)   (c)

图 11-4 仿生设计的一些实例
(a) 昆虫爬壁机器人;(b) 灵巧手;(c) 假肢

11.3 计算机图形学和计算机辅助设计

本节讨论机械设计中可视化技术的发展基础:计算机图形学和计算机辅助设计。

20 世纪 50 年代,计算机还主要用来进行冗长的科学计算。50 年代末期,美国麻省理工学院(MIT)研制成功能进行对话式计算的计算机;计算机的图形显示才被人们所期待。60年代起,计算机在机械工程领域开始应用。计算机图形学和计算机辅助设计就是随着计算机及其外围设备的发展而形成和发展起来的两门密切关联的新技术。

11.3.1 计算机图形学

1. 计算机图形学的诞生

1963 年 1 月,MIT 林肯实验室 24 岁的萨瑟兰(I. Sutherland,图 11-5)完成了关于人机通信的图形系统的博士论文。萨瑟兰引入了分层存储符号的数据结构,开发了交互技术,可以用键盘和光笔实现定位、选项和绘图,还提出了至今仍在沿用的许多图形学的其他基本思想和技术。

萨瑟兰的博士论文被认为既是计算机图形学的奠基,也是现代计算机辅助设计之肇始。

2. 计算机图形学的发展

20 世纪 70 年代,由于光栅显示器的诞生,光栅图形学算法迅速发展起来;基本图形操作和相应的算法纷纷出现,图形学进入了第一个兴盛时期。70 年代,很多国家应用计算机图形学,开发 CAD 图形系统,并应用于设计、过程控制和管理、教育等方面。

图 11-5　萨瑟兰

80 年代中期以来,大规模集成电路使计算机硬件性能提高,图形学得到飞速的发展。1980 年,第一次给出了光线跟踪算法。真实感图形的算法逐渐成熟。

80—90 年代,图形学更加广泛地应用于动画、科学计算可视化、CAD/CAM、虚拟现实等领域。这向计算机图形学提出了更高、更新的要求——真实性和实时性。

3. 计算机图形学的应用

计算机图形学的应用领域包括计算机辅助设计、科学计算可视化、虚拟现实、计算机动画等。由于计算机辅助设计对机械学科极为重要,后面将专门给予介绍。

1) 科学计算可视化

科学家不仅需要分析由计算机得出的计算数据,而且需要了解计算过程中数据的变化。将科学计算的数据转换为几何图形及图像信息在屏幕上显示出来,并可进行交互处理。图形和图像技术开始应用于科学计算。

科学计算可视化技术在美国的著名国家实验室和大学中已经从研究走向应用,应用范围涉及天体物理、生物学、气象学、医学等领域。典型应用包括:分布式虚拟风洞,在交互分布环境下研究大气流体和暴风雨,燃烧过程动态模型的可视化。

2) 虚拟现实

不能简单地认为,虚拟现实只是计算机图形学的一个应用领域;它集成了计算机图形技术、计算机仿真技术、人工智能、传感技术、显示技术和网络并行处理等技术的最新成果,是一种高技术模拟系统。

虚拟现实技术最早的探索可追溯到 20 世纪 20 年代的飞行模拟器。1965 年,计算机图形学的奠基人萨瑟兰提出感觉真实、交互真实的人机协作新理论。次年,他研制的世界上第一个头盔显示器面世。1968 年,萨瑟兰等开发了第一个虚拟现实系统“达摩克利斯之剑”。

20 世纪 80 年代,虚拟现实的应用研究硕果累累。美国开发了供坦克编队作战训练用的虚拟战场系统和用于火星探测的显示器(用火星探测器发回的数据构造火星表面的三维虚拟环境)。虚拟现实还用于汽车、飞机驾驶员的训练。

进入 90 年代,虚拟现实进入高速发展阶段。1996 年 10 月,世界上第一场虚拟现实技术博览会在伦敦开幕。全世界的人都可以通过 Internet 坐在家中观看这个没有场地、没有现场工作人员、没有真实产品的虚拟博览会。

此外,计算机图形学还用于计算机美术与设计(用于建筑、汽车、包装领域)和产品设计、计算机动画艺术(用于科学研究、工业设计、教学训练、军事战术模拟等领域)。

11.3.2　计算机辅助设计

1. CAD 的诞生

计算机辅助设计也诞生在美国麻省理工学院(MIT)。MIT 的伺服机构研究所在开发数控机床编程语言 APT 时就设想:能否不描述刀位轨迹,而是直接描述被加工工件的尺寸和形状? 他们在 1963 年的计算机会议上作了题为"需要一个计算机辅助设计系统"的报告。

但林肯实验室萨瑟兰的博士论文在 1963 年 1 月就完成了;他的成果也在 1963 年春季的联合计算机会议上公布,提出了 CAD 的概念,并对其做了具体而形象的描述,在工程技术界引起极大的关注。学界普遍将建立计算机图形学和计算机辅助设计的功劳归于萨瑟兰。

2. CAD 应用于工程的发展历程

不久之后,美国通用汽车公司和 IBM 公司率先开发了软件,利用计算机来设计汽车前窗玻璃的型线。这是 CAD 技术用于工程实际的最早的例子。

20 世纪 60 年代中期推出了计算机绘图设备。随着微型计算机的诞生,计算机在 70 年代获得了越来越广泛的应用。CAD 技术开始商品化,从二维电路设计到汽车和飞机,开发了许多 CAD 商用软件。如图 11-6 所示为汽车的计算机辅助设计。

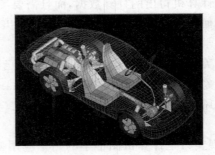

图 11-6　汽车的计算机辅助设计

随着超大规模集成电路的出现,80 年代,工程工作站问世,CAD 技术在中小型企业逐步普及。

AutoCAD 是美国于 1982 年开发的著名 CAD 软件,用于二维绘图、设计文档和基本三维设计。现已经成为国际上广为流行的绘图工具。

90 年代,CAD 技术迅速普及。其背后的推动力是:市场竞争加剧,向多品种、中小批量生产模式的转变加速,因而对设计的可视化、快速化的要求更为迫切。

适应 CAD 技术的要求,相应的硬件技术和软件技术以惊人的速度发展。图形显示器、数字化仪、光笔、自动绘图机、图形自动扫描机陆续问世;图形软件、分析软件、优化软件和有限元软件相继推出。计算机技术和 CAD 技术形成了良性互动的快速发展。

20 世纪 80 年代中期以来,CAD 技术向标准化、集成化、智能化方向发展。

11.4　保证产品主要性能的现代设计方法

现代设计方法包括至少十余种具体的方法,其中优化设计、可靠性设计、保值设计和动态设计等几种方法的主要功能是保证产品的性能。在本节中介绍优化设计等三种方法,在 11.5 节中介绍动态设计方法。

11.4.1　优化设计

从 20 世纪 60 年代初开始,以非线性规划(见 8.6 节)为理论基础、以电子计算机为技术手段的优化设计发展起来。它很快就风靡整个工程领域,使许多工程优化问题得到快速的解决。在机械工程中,最早使用优化设计的领域当属机构学(见 10.1 节)。

从 70 年代起,陆续有优化软件发表。现在的优化软件常包含了多种优化方法,可由用户选择或自动选择优化方法。一般来说,现在的机械设计师应该对优化方法有所了解,但一般也不必去深究某一种优化方法的全部细节问题了。

随着优化方法的现代发展,出现了多种最新的优化算法。第 8 章中所述的一些非线性规划算法已经又被称为传统方法了。这类传统方法采用单点运算方式,即从一个初始解出发、每次迭代中也只对一个点进行计算;这就限制了算法的速度和求解大规模问题的能力。传统方法的另一个问题是每一步都向改进方向移动,一旦陷入某一个函数值相对于邻域较小的"低谷",就被局限在这个低谷中,不再搜索其他区域,因此难以得到全局最优点。

优化方法的最新发展是多种进化算法的提出。这类算法借鉴了自然选择和遗传变异等生物进化机制。其中产生最早、影响最大、应用也最广的是 1962 年美国学者提出的"遗传算法"。进化算法从包含一系列点的一个"群体"而不是从单个初始点开始搜索,并采取了保证群体组成多样性的措施,从而可将局部搜索和全局搜索协调起来,大大提高了获得全局最优解的概率。进化算法的研究热潮出现在 20 世纪 80 年代。在机械优化设计领域,除遗传算法外,应用较多的还有 1983 年由 IBM 的研究人员提出的模拟退火算法,它模拟了退火过程能使金属原子达到能量最低状态的机制,具有很好的全局搜索能力。

11.4.2　可靠性设计

"二战"后期至朝鲜战争期间,美国将大量电子设备应用于战争。其中一些设备在运输、储存和使用中出现故障,失去作战能力,带来了人员的伤亡。美国国防部在 1952 年成立了"电子设备可靠性咨询小组",对在战争中电子产品的设计、试制、生产、试验、保存、运输和使用等方面的可靠性做了全面的调查和研究。经过 5 年时间,于 1957 年提出了"电子设备可靠性报告"。该报告中给出了可靠性的明确定义,全面总结了电子设备失效的原因,提出了比较完整的产品可靠性评价的理论和方法,成为后来可靠性研究的基础性文件。

　　美国贝尔实验室 1961 年首创了一种可靠性的系统分析方法——故障树分析。它是一种树状的逻辑因果关系图(图 11-7),利用一系列符号和逻辑门来描述各种事件之间的因果关系,一目了然。其优点是较易处理复杂系统,容易发现可能导致系统出现故障的情况。在设计阶段,它有助于发现系统的薄弱环节,是改进和提高设计可靠性的有力工具。

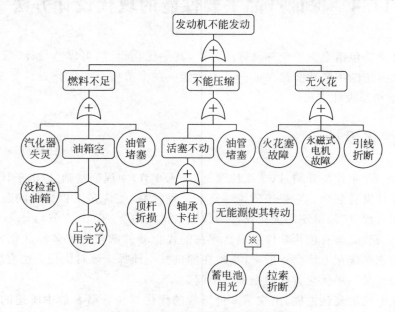

图 11-7　发动机不能发动的故障树

　　在 1975 年召开的盛况空前的可靠性学术会议上,把故障树分析技术和可靠性理论并列为两大进展。后者主要是由数学家和概率论统计学家推动发展起来的,而前者则是由工程师们推动发展起来的,两者的侧重点不同。

　　1986 年 1 月,美国挑战者号航天飞机失事;4 月,苏联切尔诺贝利核电站事故。这些事故更突出了可靠性设计方法的重要性。目前,可靠性设计已应用于从宇宙飞船到家用电器的广阔领域,成为产品设计现代化的重要标志之一。

11.4.3　保值设计

　　顾名思义,保值设计就是保证产品质量的设计方法。传统的观点认为,产品质量靠合格的加工、装配和安装来保证。实际上,在设计阶段就决定了产品的功能、原理、材料、结构、尺寸、公差等;因而,设计阶段的工作对产品的质量有重要的、甚至是决定性的影响。

　　先于"保值设计法"这一术语的出现,日本工程师田口玄一在 20 世纪 50 年代曾提出"三次设计法"。三次设计是指系统设计、参数设计和容差设计。它是一种以质量为目标的优化设计。它和传统的产品三段设计(方案设计、技术设计和施工设计)有一定的交叉。通过三次设计使产品具有健壮性(鲁棒性)。三次设计法就属于一种保值设计法。

　　1979 年 4 月,报载了如下消息:索尼公司在日本和美国各有一家工厂,生产同一种型号的彩色电视机。日本工厂生产的电视机有千分之三的不合格品,而美国工厂生产的都是合格品。但是大家(包括美国人)都争相购买日本产品。

　　差异在于日美的产品质量分布(图 11-8)。日本产品的色彩浓度特性值服从正态分布，优质品占 68.3%，良品占 27.2%，合格品占 4.2%，不合格品占 0.3%。美国的特性值均匀分布，优质品、良品、合格品各占 1/3。日本产品用的质量管理方法就是三次设计。

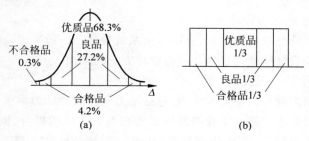

图 11-8　美、日电视机不同的质量分布
(a) 日本产品，正态分布；(b) 美国产品，均匀分布

　　系统设计(一次设计)即传统的设计，提出初始设计方案。参数设计(二次设计)运用正交试验、方差分析等方法探求参数的最佳搭配，提高产品性能的稳定性，也称参数组合的中心值设计。容差设计(三次设计)是决定这些参数在中心值附近的波动范围。容差是从经济角度考虑允许质量特性值的波动范围，对质量和成本进行综合平衡。

　　三次设计法在日本的电子、化工、汽车、钢铁等行业广泛应用，取得了重大的经济效益。后来在欧美也得到广泛应用。

11.5　动态设计与振动控制

11.5.1　静态设计与动态设计

　　由于动态设计的复杂性，长期以来普遍采用静态设计、动态校核与补救的方法。这是指在设计机械时按照静强度设计，依据动强度校核；待产品试制出来后再作动载荷和动特性测试，发现有不合要求之处再采用补救措施。但是，对于一些涉及全局性的重大问题，常常难以补救，因此这类方法有时会造成重大的返工事故。

　　对于动态特性起决定性因素的机械，必须在设计阶段就从保证动力学要求出发来进行设计；还要在运行过程中进行状态监测和故障诊断，及时维护，排除故障，避免重大事故。

　　早期的飞机设计往往只顾强度，没有考虑刚度。从"一战"期间到 20 世纪 30 年代，美国轰炸机就曾发生 9 次解体事故。这些事故导致了关于飞机颤振的研究。在飞机设计中最早采用了动态设计方法。在设计阶段就要包括被动减振措施和主动控制系统的设计。

　　车辆等机械设备的振动和噪声过大，则会影响其舒适性并污染环境。所以，随着汽车速度的提高，开始在设计阶段就分析车辆的振动情况，也即采用了动态设计方法。

11.5.2　动态设计方法的发展

1. 两大类动态设计方法

1）基于逆动力学的动态设计方法

根据期望的动态特性或动态响应，直接求出系统参数。一般来说，这类方法所适用的系统较简单。高速凸轮设计问题是这一类动态设计方法的典型。

2）基于正动力学的动态设计方法

这一类方法是动态设计的主要方法，它包括动力学修改和动力学优化设计。

这类方法的发展首先与航空工业的发展紧密相连。飞机的机身、机翼实际上都是结构系统。机械中的汽轮机叶片、机床的立柱等，在进行振动分析时也都可以将其视为一个结构。结构系统动态设计的发展比机械系统动态设计要早得多，因此机械的动态设计有很大一部分是直接从结构动力学领域得到的借鉴。

2. 结构的动力学修改

1958 年，在飞机地面共振实验中首次用测试数据求取飞机的结构柔度矩阵，这是动力学修改方面的第一次尝试。结构修改方法适用于各阶固有频率的数值间距离较大的系统，已广泛地应用于飞机、机床，是目前动力学设计方法中应用最多的一种方法。

一个复杂系统的理论与实验相结合的建模和整个动态设计过程是相当复杂的。图 11-9（a）为美国在 20 世纪 70 年代开发的大力神 IIIE/半人马座 DI/海盗飞船系统的简图，其载荷分析和动态设计的基本流程如图 11-9（b）所示。

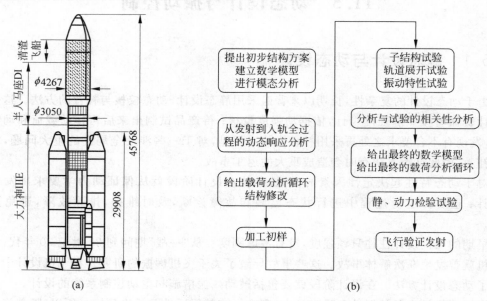

图 11-9　美国大力神 IIIE/半人马座 DI/海盗飞船系统的载荷分析与动态设计过程

3. 结构的动力学优化

动态优化设计的目标可以是结构的重量、结构的多阶固有频率、结构的动应力或动态响应,但多以频率优化为主。频率优化兴起于 20 世纪 60 年代的美国航空界,一般是使系统的最低阶固有频率最大化。

11.5.3　振动控制技术的发展

1. 抑制振动的途径

振动的抑制是一个古老的课题(见 7.3 节)。由于机器速度的不断提高,它也一直是一个不断更新而始终生机盎然的分支学科。近半个多世纪以来,一方面,阻尼减振的方法仍在迅速发展;另一方面,从振动的被动控制转向了振动的主动控制。

当代的振动控制,不再是出现问题后的"头痛医头、脚痛医脚";而是在设计过程中就予以考虑。因此,振动控制理所当然地成为动态设计的一部分。

我们用图 11-10 归纳历史上所采用过的传统减振方法。

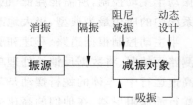

图 11-10　抑制振动的不同手段

治本的方法当然是消振,即消除或减弱振源的振动。转子和机构的平衡(见 7.4 节、10.1 节和 10.4 节)、用冷却剂减小车刀的振动均属于此类方法。

在振源和减振对象之间的隔振是一种历史很久的经典方法(见 7.3 节)。新时期在车辆的隔振方面又有很大的发展。

在减振对象自身上做文章的减振方法有三类:

(1) 吸振　如动力减振器、冲击减振器。自发明动力吸振器以来已整整一个世纪,这种吸振器仍有相当多的应用、相当多的改进。

(2) 动态设计　通过改变结构参数、形状、尺寸和材料来调整结构的质量和刚度分布,从而改变固有频率,避开共振。但这种方法在很多情况下有一定的局限性。例如,航空发动机中的激振源频带非常宽,受迫振动难以避免。

(3) 阻尼减振　虽然阻尼减振技术早已付之应用,但是从 20 世纪 60 年代开始,它才在理论上逐渐成熟、在应用中快速发展。发展出利用油压阻尼、黏弹性材料阻尼、干摩擦阻尼、电流变液、磁流变液等多种减振方法。而且,不应该再把它仅理解为一种补救措施,而应将它看作动态设计的一部分重要内容。

2. 主动控制减振方法的发展

传统的减振方法都不需要从外界输入能量,这一类减振方法称为振动的被动控制。

振动的主动控制始于军用航空领域。1959 年,美国在轰炸机后部的机身上安装了加速度传感器,根据其反馈来操纵方向舵调整片,控制机身的振动。

20 世纪 60 年代主动控制技术又在两个方面取得了成功:①用磁浮轴承控制离心机转

子,从而创造出分离铀同位素的新工艺;②采用主动隔振创造出超静的环境,保证了惯性导航系统满足潜水艇和洲际导弹导航的精度要求。

随后,振动的主动控制技术开始从航空领域向其他领域扩散。

20世纪70—80年代,美国开始建造大型太阳能帆板、大型空间站和空间机械臂。太阳能帆板长数十米,内阻很低,又无外阻,持续振动会妨碍对太阳的跟踪,并引起结构的疲劳。这些挠性结构都需要用主动控制来减振。

在机器人中,采用主动控制技术来消减手部的振动。20世纪80年代以后,随着柔性机器人的发展,振动的主动控制越来越重要。

在转子动力学中,用主动控制来抑制中小型转子在通过临界转速时的振动是一个研究的热点。目前,在大型转子的主动控制方面还没有取得突破。

对于大型结构和机械,达到振动主动控制所需推力的作动器通常价格昂贵、能耗巨大、体积和质量也很可观。通过局部地、主动地调节系统动特性的方法来实现振动控制通常称为振动半主动控制,所需能耗低、也勿需对原系统作大修改。半主动控制以在汽车和铁路车辆系统中的应用最为典型,极大地改善了行驶的稳定性、操作性和乘坐的舒适性。

半主动控制根据道路、车速和驱动情况能自动调节悬架的刚度;并通过传感器等装置监测路面情况,将数据反馈给处理单元,并调节液流通道的尺寸以改变阻尼特性。铁路车辆在高速运行中,车体的蛇行摆动是动力性能控制的难点,德国和日本都研制了半主动控制的抗蛇行油压阻尼器,在他们的高速列车上取得成功的应用。

各种现代控制方法(自适应控制、最优控制、鲁棒控制)和各种智能控制方法(模糊控制、神经网络控制)都在振动主动控制中有所应用。

振动主动控制领域最引人注目的一个发展方向是集传感器、控制器、作动器与结构为一体,以减振和降噪为目标的智能结构。这类智能结构有很多应用,例如对空间可展天线、太阳能帆板等张开时的振动进行主动控制。但是,在可靠性、经济性等方面,智能结构的动力学尚有许多待进一步研究的问题。

自动调节和控制装置日益成为机械不可缺少的组成部分。

第 12 章

新时期机械制造的全新面貌

制造业是"永远不落的太阳",是现代文明的支柱之一;它既占有基础地位,又处于前沿关键,既古老,又年轻:它是工业的主体,是国民经济持续发展的基础;它是生产工具、生活资料、科技手段、国防装备等及其进步的依托,是现代化的动力源之一。

——中国科学院院士　杨叔子

12.1　新时期机械制造概述

12.1.1　新时期对机械制造技术提出的新挑战

1. 要求大幅度提高机械制造业生产率

"二战"以后,社会经济发展迅速,对各种产品在量的方面的需求都大为增加。例如,2003 年世界一些发达国家的每百户轿车拥有量已达 100～180 辆,是汽车发展初期的几倍。汽车的需求量大了,不但制造汽车的机床、锻压设备的数量要增加,还需要大幅度地提高机械制造的生产率,这是高速切削等先进制造技术发展起来的主要原因之一。

2. 对机械加工精度的要求大为提高

随着航空航天事业的发展、机电一体化产品的出现,对机械精度的要求大为提高。生物工程中应用的基因操作机械,其移动距离在纳米级,移动精度已达到 0.1nm,即原子尺度。这是超精密加工技术发展起来的原因。

3. 社会需求的变化带来市场和生产模式的变化

买方市场形成,对产品多样化甚至个性化的追求,迫使企业去充分了解用户的需求,追求生产"适销对路"的产品。20 世纪 60—70 年代,多品种、单件和中小批量的生产所占的比例越来越大。在美国,90％的产品生产批量小于 50 件。

生产模式的变化影响到产品的制造。大批量生产模式的装备是自动机床和机械手;而多品种、中小批量生产模式的装备就是可编程、从而可迅速调整的数控机床和机器人。

4. 资源和能源问题带来的挑战

200 年来的工业文明也产生了巨大的副作用,它造成了资源能源、生态环境两大危机。传统的制造业是资源和能源的最大消耗者。新时期中,需求激增、报废周期缩短、资源负荷更为加重。许多金属矿尚可开采的年限已不多。全球能源消耗在未来 20 年中将增加 60%。

从 20 世纪 60 年代到 80 年代,"循环经济"、"增长极限"、"可持续发展"的概念陆续被提出。

资源和能源问题带来了机械的轻量化,促进了新型材料的出现和应用。

5. 环境问题带来的挑战

造成全球污染的排放物的 70% 以上来自制造业。如何使制造业减少对环境的污染,是当今制造科学与技术所面临的另一个重大课题。面对资源和能源、生态环境两大问题的挑战,绿色制造技术发展起来。

6. 新材料的采用带来的挑战

结构陶瓷在机械中应用越来越多,甚至用它来制造轴承、内燃机缸体等重要零件。陶瓷材料一方面硬、脆,难以加工;另一方面,要求的精度还不低。

航空工业中制造机身和机翼的材料(钛合金、增强塑料等)都属于难加工材料。

这对机械加工技术提出了挑战,一方面,研究如何对难加工材料进行切削加工;另一方面,也研究了多种非切削加工的方法。

7. 极限尺度带来的挑战

新时期,机械产品的尺度向极大和极小两个极端发展。

三峡水电站发电机的直径达到 22m,高度 6m(图 12-1);而内径误差不得超过 1mm。

新兴起的微型机械则属于另一个极端。集成电路的制造是极为复杂的一种制造工艺(详见 9.4 节)。

图 12-1 三峡水电站发电机转子的安装

12.1.2 新时期机械制造技术发展的总趋向

市场激烈的竞争推动机械设计与制造技术迅猛发展。机械制造业的生产模式从大批量生产向多品种中小批量的方向发展。与生产模式的变化相适应,制造技术从单机自动化、刚性自动化向柔性自动化、智能自动化方向发展。

在信息技术的带动下,从成组技术、CAD/CAM、计算机辅助工艺编程、数控机床、加工中心,到柔性制造系统和计算机集成制造系统,柔性和智能的自动化——这是先进制造技术发展的主线。它适应了新时期市场和生产模式的变化,极大地提高了生产率和加工质量,降低了工人的劳动强度。

先进制造技术的其他重要方面包括:切削技术向超高速、超精密的方向发展;特种加工和增量制造技术出现并取得极大的发展;绿色制造起步;网络化给设计和制造技术带来了新的机遇。

在知识经济的时代,制造业的资源配置从劳动密集、设备密集向信息密集、知识密集方向发展。

先进制造技术是制造技术、信息技术、管理科学和其他科技领域交叉、融合、发展和应用的产物(图 12-2)。基于这种交叉和融合,近 30 年来,世界各国创造了 CAD、CAM、CAE、FMS、CIMS 等 34 种现代设计与制造模式;涉及的数学方法已有专家系统、模式识别、优化方法、模糊逻辑等 39 种。现代设计与制造已经从经验的范畴上升为系统理论,机械制造已经不仅只是一个技术群,而且其中的一部分已经形成了与生产实践紧密联系的制造科学。

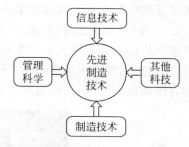

图 12-2　先进制造技术

12.2　自动化——先进制造技术发展的主线

在本节中介绍新时期中制造自动化技术的进步,这是先进制造技术发展的主线。

12.2.1　数控加工和数控机床的诞生和发展

从 1873 年发明自动车床开始,人们一直为实现加工自动化而不懈努力。"二战"前的自动化加工靠凸轮机构,靠液压传动,靠继电器控制。追求加工自动化的努力在电子计算机发明之后才出现重大的突破。

1. 数控加工和数控机床的诞生

美国的帕森斯公司和麻省理工学院(MIT)是数控技术发展的先驱。帕森斯(J. Parsons)是第一个用计算机来解决加工问题的人。在 1946 年,所谓"计算机",还用打孔卡片来操作。1948 年,帕森斯得到一个具有创新性和挑战性的任务:制造军用飞机的机翼。他们之所以能得到这份合同,是因为他们实现了用计算机进行这一复杂桨叶形状的、难度很大的三维插值,以及相应的生产程序。作为合同的二次承包者,1952 年,MIT 的伺服机构研究所开发出了可靠的伺服控制,这是真正的"数字控制"得以实现的关键;世界上第一台三坐标数控立式铣床样机诞生。这台铣床的数控系统全部采用电子管,被称为第一代数控系统。

2. 数控机床的进一步发展

1952—1958 年间，MIT 的伺服机构研究所继续得到美国空军的资助。在 20 世纪 50 年代末至 60 年代初，他们开发了数控机床的编程语言，即后来广泛使用的 APT 语言。他们还将数控的应用扩展到铣镗床、钻床和车床。MIT 对推动计算机辅助制造的发展作出了很大的贡献。

跟随着计算机的进步，数控系统也经历了更新换代：晶体管、集成电路分别为第二代和第三代。1970 年推出了以小型计算机取代专用计算机的第四代数控系统，即计算机数控系统（computer numerical control，CNC）。在英特尔公司开发出微处理器的基础上，美、日研制出第五代数控系统。大规模集成电路的可靠性更高，价格亦低廉。

1958 年，美国卡尼-特雷克公司开发成功世界上第一台加工中心（图 12-3）。它在数控卧式镗铣床的基础上增加了刀库和自动换刀装置，从而实现了工件一次装夹后即可进行铣削、钻削、镗削、铰削和攻螺纹等多种工序的集中加工。这使生产效率大为提高。加工中心引起各国的极大注意，并迅速发展起来。

图 12-3　第一台加工中心 Milwaukee-Matic II

1966 年，由一台计算机控制多台数控机床的群控系统问世。美国麦道飞机公司从 1975 年起发展群控系统，采用计算机三级管理，最上层的大型机运行零件的加工程序，将结果输送给中间一级的超级小型机，再由后者将控制信息分配到 IBM7 控制系统中，一台 IBM7 带动 8 台机床。到 1981 年时，整个群控系统一共带动 109 台机床。

军用飞机的产量少，转型快，质量要求高。因此，美国空军和军用飞机制造厂对数控机床十分重视，他们不断提出机床的发展方向、科研任务，并且提供充足的经费，注重基础科研，因而在机床技术上不断创新。美国的高性能数控机床技术在世界上一直领先。

数控机床具备自动机床、精密机床和万能机床三者的优点，因此发展和普及十分迅速。现在数控技术已应用于各种机床上。机床工业从此进入电子化、信息化时代。

12.2.2　工艺编制技术的进步

1. 成组技术

成组技术（group technology，GT）是随着多品种、中小批量生产模式的出现而产生的。

机械产品的种类虽然很多,但人们发现,其中约 3/4 以上的零件(如轴承盖、二联齿轮等)都具有相似性。因此,可以将零件分类、归并成组,建立起图纸和资料的检索系统,从而减少零件设计和工艺编制的工作量。

20 世纪 50 年代中期,苏联学者米特洛凡诺夫(C. Mitrovanov)系统地提出了成组技术的概念和方法。此后,联邦德国、英国、日本、中国和美国都积极地采用和研究,成组技术得到迅速推广。

GT 技术后来又和计算机技术结合起来,在 CAD、CAM、FMS 等技术中发挥重要作用。

2. CAPP 技术

计算机辅助工艺过程设计(computer-aided process planning,CAPP)是指利用计算机的数值计算、逻辑判断和推理等功能来制定零件机械加工的工艺过程。

制定零件加工工艺过程这项工作,历来是依靠工程师的经验和他们掌握的关于设备、工艺和刀具的知识。它不仅很费时间,而且编制的质量完全取决于工程师的水平而大有不同。借助于 CAPP 系统,可以解决手工工艺设计效率低、一致性差、质量不稳定、不易达到优化等问题。随着零件数的增加,随着制造过程更加复杂,对 CAPP 的需求也更加迫切。

挪威于 1969 年推出世界上第一个 CAPP 系统,并实现商品化。在 CAPP 发展史上具有里程碑意义的是设在美国的国际性组织 CAM-1 于 1976 年开发出的 CAPP 系统。

12.2.3　CAD/CAPP/CAM 的集成

我们先来看一下这三个“计算机辅助”技术诞生的时间顺序。

CAM：1952 年数控加工出现,20 世纪 60 年代初 APT 语言问世。

CAD：萨瑟兰在 1963 年完成奠基性工作,20 世纪 70 年代开始商品化。

CAPP：1969 年挪威开发成功,1976 年国际组织开发成功。

还有一项与此密切相关的 GT 技术：20 世纪 50 年代末在苏联开始。

在上述几项技术中,CAM 技术是最先出现的。麻省理工学院在发展 APT 程序系统的同时,就提出了 CAD/CAM 的设想。萨瑟兰的工作具有划时代意义,它促进了 CAD/CAM 的发展。

20 世纪 70 年代以来,计算机在制造企业的各个方面广泛应用,但都是一些各管一方的分散系统。它们各自都起到一些重要作用,但这些分散系统间不能实现系统之间的信息自动传递和交换。人们认识到,只有当 CAD 系统的一次性输入的信息能被后续环节(CAPP 和 CAM)继续应用时才是最经济的,为此提出了 CAD/CAPP/CAM 集成的概念。GT 技术也实现了计算机化,并加入到这一集成中来。

CAD/CAPP/CAM 一体化的集成系统现已广泛应用。这一次集成,为下一步柔性制造系统的出现奠定了基础。

12.2.4　柔性制造系统

柔性制造系统(flexible manufacturing system,FMS)是 20 世纪 60 年代末诞生的新

技术。

　　传统的大批量生产模式,采用专用设备组成的流水线进行加工,虽然生产率高,可降低成本,但却缺乏生产的柔性。传统的多品种中小批量生产模式,采用普通机床、数控机床进行加工,虽然具有较好的生产柔性,但生产率低,成本高。

　　柔性制造系统则综合了上述两种生产模式的优点,兼顾了生产率和柔性。它以数控机床和加工中心为基础,将柔性的自动化运输、存储系统与之有机地结合起来,由计算机对系统的软硬件资源实施集中管理和控制。它能实现自动加工、自动搬运和储料、自动监控和诊断、信息处理等功能,是一种适用于多品种中小批量的高效自动化制造系统(图 12-4)。

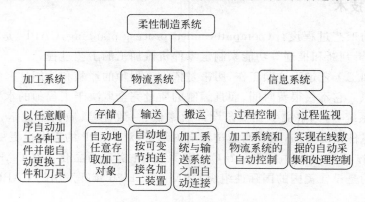

图 12-4　柔性制造系统

　　英国在 1965 年出现了 FMS 的第一个专利。但第一个成功的 FMS 系统却在 1967 年由美国的桑斯特兰公司建成;这一系统包含 8 台加工中心和 2 台多轴钻床。

　　1976 年,日本 FANUC 公司展示了由工业机器人、加工中心组成的柔性制造单元(flexible manufacturing cell,FMC),这是 FMS 设备形式发展中的一步。

　　到 20 世纪 70 年代末期,FMS 已进入实用阶段。1990 年,全世界共拥有 1500 条柔性制造系统。

　　FMS 带来了巨大的经济效益。在操作人员减少、成本降低、机床台数减少等方面的效果均达到 50% 以上。它可使汽车产品的换代周期由原来的 15 年缩短到 5 年甚至更短。

　　在 FMS 基础上的进一步集成就是"计算机集成制造系统"。由于它包含了企业的全部活动,将其放在本章最后一节——"企业活动的信息化、智能化和网络化"中来介绍。

12.2.5　机器人在制造中的应用

　　机器人在美国诞生伊始,似乎就是为汽车工业准备的。第一台通用示教再现型机器人就应用于通用汽车公司的装配线上(见 9.3 节)。

　　20 世纪 60 年代末,日本成功地将机器人大量应用于汽车工业。从 1980 年开始,工业机器人迅速普及。现在,世界上所有先进的汽车制造企业都在装配线上装备了机器人(图 12-5)。

　　在整个机械制造过程中,自动化程度最低的环节历来就是装配。装配环节动作的多样性和复杂性决定了:机器人引入制造过程的第一个用武之地就是装配。此外,在制造过程

图 12-5　汽车装配线上的机器人

中,机器人还用于搬运、焊接、喷漆等作业。

　　在 20 世纪上半叶兴起的刚性自动化生产线的时代,使用过一种"机械手",它是一种在机床间搬运工件的装置。机器人与机械手有着本质的区别。机械手的时代还没有计算机,因而机械手的动作程序是固定的,它是适合于大批量生产的专用自动化机械。而机器人则在控制系统中装有计算机,可以通过软件的改变实现动作程序的改变,以完成多种作业的要求。因而,机器人是适合于多品种中小批量生产的自动化机械。工业机器人是柔性制造单元不可缺少的组成部分。

12.3　切削加工技术的进步

　　新时期切削加工技术的巨大进步,其背后是对高生产率的要求、对超高精度的要求,以及各种新材料的出现。

12.3.1　刀具材料的新进步

　　适应高速切削和难加工材料切削的需要,"二战"后,刀具材料又有了巨大的进步。主要的变革有两项:硬质涂层技术和陶瓷刀具。

　　20 世纪 70 年代,硬质涂层技术出现。在硬质合金和高速钢刀具表面涂上 TiC、TiN、Al_2O_3 等耐磨层,大大地提高了刀具的性能和耐用度。

　　各种高强度、高硬度的难以切削的新材料日益增多,它们已占加工总量的 50% 以上;硬质合金刀具对其中不少新材料的加工难以胜任。另外,硬质合金的产量已相当大,每年消耗大量的钨、钴、钽等金属。这些金属的矿产资源正日益减少,价格上涨;按目前的消耗速度,用不了几十年,有些资源就会耗尽。

　　陶瓷刀具就是在这样的背景下发展起来的。虽然英国、德国早在 20 世纪初年就使用陶瓷材料试作切削刀具使用,但因脆性较大而未得到推广。苏联在 1922 年首次利用陶瓷刀具切削塑料和有色金属。美国、德国在 20 世纪 30—40 年代也都在研究。到 50 年代中期,陶瓷刀具(主要是氧化铝)才逐渐发展起来。

由于氧化铝刀具强度、韧度低，较长时期内仅限于做连续切削的精加工用，切削速度和进给量都较低。1968年出现第二代陶瓷刀具——复合氧化铝刀具，在强度和韧度上有了明显提高，可以在较高的速度和较大的进给量下切削各种工件，得到了较广泛的应用。70年代末到80年代初，出现了第三代陶瓷刀具——氮化硅陶瓷刀具。这类陶瓷刀具有更高的韧性、高温强度和抗热振性。陶瓷刀片在各工业发达国家的产量增长很快。

12.3.2　高速切削技术

继数控技术之后，高速加工技术是现代制造技术的第二个里程碑。

20世纪80年代，随着数控机床、加工中心的广泛应用，机床空行程动作（自动换刀、上下料等）的速度大大加快。要再提高生产率，靠一味地减少辅助工时，潜力已很有限了；还得靠减少切削工时，也就是继续提高切削速度和进给速度。

高速切削的理论基础可追溯到1931年德国切削专家萨洛蒙（C. Salomon）的研究。他提出，对于某一材料，存在着一个临界切削速度，在此速度下切削温度最高。超过这一临界速度，切削温度和磨损反而会随着速度的上升而下降。尽管后人的研究表明，切削温度并没有随速度的增加而下降，但萨洛蒙的假设仍给出了一个启示：若切削速度超过临界速度，还可能利用现有的刀具进行高速切削，从而大幅度提高机床的生产效率。萨洛蒙的理论超前于当时的现实。

高速切削的物质基础是刀具材料的进步。切削速度在20世纪20—50年代期间几乎每10年增加1倍。50年代，陶瓷刀具发展起来，高速切削的机理与可行性研究也开展起来；美、德、日等国竞相研究。90年代进入实用阶段，商品化高速切削机床大量涌现。高速切削在航空航天工业、模具制造业、光学工业和汽车工业中广泛应用。到21世纪初，高速切削技术正在成为切削加工的主流技术。

高速加工技术与一般加工方法相比有以下优点：①生产率极高，单位时间的材料切除率可增加3～6倍；②加工振动不一定随着切削速度的增高而加大；高速加工时激振频率很高，远离"机床-刀具-工件"系统的固有频率，也可能反而振动小；③高速加工采用小直径刀具、小切深、小切宽和快速多次走刀来提高效率，切削力大幅度降低；④由于工作过程短，大量切削热被切屑带走，工件上集聚的热量反而减少，特别有利于薄壁细筋件的加工。

现在，加工钢的实用切削速度已达1000～1500m/min。

12.3.3　精密与超精密加工技术

20世纪60年代，与机械向精密化、超精密化方向的发展相适应，超精密加工技术发展起来。这一技术在航天运载工具、卫星的研制中有着极其重要的作用。

精密加工的加工精度在$1\sim0.1\mu m$，而超精密加工是指被加工零件的尺寸误差小于$0.1\mu m$，表面粗糙度Ra小于$0.025\mu m$，机床定位精度的分辨率和重复性高于$0.01\mu m$的加工技术，也称为亚微米级加工技术。目前，正在向纳米级加工技术迈进。

精密加工的传统模式是切削加工和磨削加工。而超精密加工又使用了多种非传统模式：利用电能、磁能、声能、光能、化学能等对材料进行加工和处理。

　　超精密加工技术在国际上处于领先地位的国家有美国、英国和日本。早在 20 世纪 50 年代末,美国由于航天等尖端技术的需要,最早开发了使用金刚石刀具的超精密切削技术,并开发了安装有空气轴承主轴的超精密机床。日本起步晚,但发展快,主要针对民品应用,如声、光、图像设备中的电子和光学零件的加工。

　　精密镜面磨削技术、精密研磨技术、高精度非球曲面和自由曲面的磨削和抛光技术在国外有不少进展。日本在这方面走在前面。精密研磨技术主要用于大规模集成电路中的大直径硅基片的加工。高精度自由曲面的典型代表是大型光学反射镜。

12.3.4　难加工材料的加工技术

　　从切削加工的角度,难加工材料可分两大类。

　　(1) 高强度、高韧性材料,如超高强度钢、钛合金和高温合金等;在加工时切削力大、切削温度高,刀具易磨损。

　　(2) 高硬度、高脆性材料,如光学玻璃、硅片、结构陶瓷和功能陶瓷等;被加工表面易产生裂纹和边缘破损。

　　还有的材料兼具上述两类材料的特点,如某些复合材料。

　　强韧性材料的代表——钛合金和高温合金,都是适应航空工业的发展而出现的结构材料,也用于舰船和坦克。波音公司在 20 世纪 50 年代即开始研究钛合金的加工问题。高温合金主要用于航空发动机和燃气轮机,英、美应用得最早,中国紧随其后,比美国落后 10~15 年。

　　硬脆性材料的代表——工程陶瓷具有高抗压强度、高硬度、高耐磨性、耐高温、耐腐蚀、低密度等优越性能。适应现代化交通运输和战争的需要,要求车辆发动机体积小、比功率大、热效率高。用新型陶瓷取代金属材料,其目的即在于此。从 20 世纪 70 年代开始,美、日、德、意等国先后研制将耐高温陶瓷用于发动机上。现在已用来制造内燃机中的密封环、活塞、凸轮、缸套、缸盖,燃气轮机中的燃烧器、涡轮叶片等(图 12-6)。

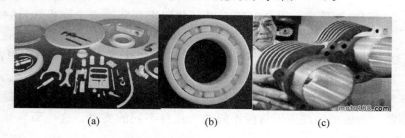

(a)　　　　　　　(b)　　　　　　　(c)

图 12-6　结构陶瓷零件
(a) 结构陶瓷制作的零件;(b) 陶瓷轴承;(c) 陶瓷材料的内燃机缺体

　　要使用这些材料,其加工是重要的关键问题。难加工材料的加工,不是工程师和发明家的个人行为,它是公司甚至国家的行为,它还绝对是公司在一段时间内的工艺秘密。

　　难加工材料的加工成为加工领域中的一个专门课题,但它和高速切削、精密加工两个领域也有很大的交集。它是一个系统工程,涉及刀具、设备和工艺等诸方面。应对难加工材料的加工,也常常采用特种加工技术,如电火花加工、超声波加工、电化学加工等。

12.3.5　干式加工技术

切削液对保证加工精度、提高表面质量和生产效率具有重要作用。但是,随着环境意识的增强和环保法规越来越严格,切削液的负面作用也引起了人们的关注。20 世纪末,切削液的费用不到工件成本的 3%;而目前,切削液的供给、保养及回收处理费用要占到一些企业工件制造成本的 13%~17%,而刀具费用却仅占 2%~5%。

不使用任何切削液的"干切削"是控制环境污染源头的一项绿色制造工艺。干切削技术在 20 世纪 90 年代中期迅速发展起来。它是未来金属切削加工的发展趋势之一。

干切削不仅要求刀具材料具有极高的红硬性和热韧性,而且还必须有良好的耐磨性、耐热冲击和抗黏结性。目前应用于干式切削加工的刀具材料主要是:超细硬质合金、陶瓷、立方氮化硼和聚晶金刚石等超硬度材料。

12.3.6　关于加工振动控制的理论与实践

加工振动问题的产生可追溯到利用机床进行切削加工的早期(见 7.7 节)。随着刀具材料的进步,切削速度大幅度提高,振动问题就越来越突出。尤其是精密加工、高速切削加工和硬脆材料的加工,特别需要解决加工中的振动问题。

1. 机床颤振的机理研究和机床动力学的形成

机床中的振动共有三种类型:自由振动、受迫振动和自激振动。

自激振动也称为"颤振"。所谓颤振,是指在没有周期性外力的作用下,由系统内部激发和反馈的相互作用而产生的稳定的周期性振动。它是机床振动的主要特点。

"二战"前关于加工振动的研究基本上还未触及颤振问题,因此也可以说还没有走上正轨。

20 世纪 20 年代,硬质合金刀具出现。30 年代以来切削速度急剧提高,达每分钟百米,甚至几百米。这满足了"二战"中主要的武器生产基地——美国、英国和德国的需要。这可以用来解释为什么最早的一批机床颤振研究者都出自这三个国家——那里的机床转得最快。

从 1946 年起的 20 年中,关于机床颤振的研究抓住了机床振动的特色。提出的观点很多,后人根据产生颤振的物理原因将颤振归纳为几种不同的类型。这一研究奠定了机床动力学的基本理论基础。

自 20 世纪 60 年代开始,美国、德国和日本都先后开始进行超高速切削试验,全面而系统地研究了超高速切削机床、刀具以及相关的工艺技术,并广泛应用,获得了很好的经济效益。

颤振是一个可能由多种因素激起的非常复杂的振动现象,机床又是一个在多变的环境下工作的十分复杂的结构。早期的理论未能完全解释切削颤振中出现的一些物理现象,一些结论也未得到普遍的认同。其中最主要的原因是:这些研究基本上还是建立在线性振动理论的基础上。从自激振动的基本特性来说,切削颤振系统必然是非线性系统。因此,严格地说,应该用非线性理论分析切削颤振问题。

2. 关于机床颤振问题的近期研究

20 世纪末叶,机械加工技术的发展对机床颤振的控制提出了更为紧迫的要求,其背景包括如下几个方面:①超精密加工技术的发展要求严格控制振动,以保证加工的精度和表面质量;②陶瓷等超硬材料刀具的使用增长很快,这类刀具性脆而不耐冲击;③超高速切削和强力切削技术的运用增加了激起切削颤振的可能性;④零件向轻量化和薄壁化的发展增加了激起切削颤振的可能性;⑤在加工中心和柔性制造系统出现以后,由于加工工序的多样性、加工区域被隐蔽等原因,要求发展切削颤振的在线监控技术。

在这种背景下,关于切削颤振的研究继续深入。近期研究有两个主要特色:①由线性理论走向非线性理论;②在线监控技术的发展。

1968 年以后的几年间,建立了基于机床非线性刚度的机床颤振模型。20 世纪 90 年代以来,在几类不同的切削加工方式中都发现了分叉现象和混沌现象。

从理论上讲,建立了振动方程,分析了参数影响因素,然后就能决定避免发生颤振的切削参数。但是,以这样一条技术路线为主来控制颤振还有很多困难,其原因是:①迄今为止的颤振理论和数学模型还不够完善,且在一些问题上观点不统一;②机床的类型很多,在有些机床上又能进行多种加工,这使得建模分析的工作甚为复杂;③切削系统中的一些参数在切削过程中是不断变化的。

因此,在实践中,还远远做不到事先选择好合适的切削参数来保证不发生颤振。20 世纪 70 年代末以来发展起来的在线监测和预报是当前解决颤振问题的切实可行的措施。这适应了现代化制造系统(柔性制造系统、计算机集成制造系统)的需要。

12.3.7　与切削加工的进步相适应的机床技术

数控机床、加工中心和柔性制造系统的发展是新时期机床技术发展的主线。适应高速、强力切削和精密加工的需要,机床技术还取得了很多其他的进步。

滚珠丝杠是 1955 年从飞机操纵系统中移植到机床中来的。没有它,数控加工和精密加工所需要的机床部件精确移动就不可能实现。

高速切削机床的主轴转速和进给速度均为常规机床的 10 倍左右,且要求能产生大的加速度,使降速和升速都在瞬间完成,对机床的动静态特性要求很高。为此,在机床结构上有很多特殊之处,如主轴采用电主轴,进给采用高速直线电机等。

电主轴将机床主轴与主轴电机融为一体,是最近几年刚出现的新技术(图 12-7)。它取消了原来从电机到主轴之间的很长的传动链,可以实现高的速度和加速度,并消除了传动链中的弹性变形、间隙和摩擦磨损的影响。它具有高转速、高出力、高刚性、高精度、高可靠性的特点。

世界上只有瑞士和德国等国为数不多的公司制造电主轴。

直线电机在 20 世纪末开始用于机床工作台的驱动。它的惯性小,结构简单,精度高,性能比滚珠丝杠好得多。日本、美国和中国在这方面走在了前面。

超精密加工需要设备的支持,这就出现了超精密的车床和磨床。美国于 1984 年研制成

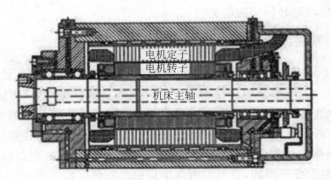

图 12-7　电主轴

功用于加工大型天体反射镜的超精密金刚石车床,其主轴回转精度高于 $0.05\mu m$；在散热、防振、误差补偿等方面都有一些特殊技术。现在精密机床技术的发展方向是：在继续提高精度的基础上采用高速切削以提高效率,同时采用数控使其自动化。瑞士的高速精密五轴加工中心的主轴转速已达 42000r/min,定位精度达到过去坐标镗床的精度。

12.4　特种加工技术的出现和发展

"二战"和其后的几十年间,许多工业部门,尤其是国防工业部门,对产品的要求向高精度、高速度、高温、高压、大功率、小型化等方向发展。为了适应这种要求,各种新结构、新材料和复杂形状的精密零件大量出现。这些零件的加工向制造业提出了如下新的要求。

(1)解决各种难切削材料,如硬质合金、钛合金、金刚石、宝石、淬火钢等高硬度、高强度、高韧性、高脆性材料的加工。

(2)解决各种特殊复杂表面,如喷气涡轮机叶片、各种冲模和冷拔模上特殊截面的型孔、炮管内膛线、各种小孔等的加工。

(3)解决各种超精密、光整或具有特殊要求的零件,如航空航天用的陀螺仪、伺服阀,以及细长轴、薄壁零件等低刚度零件的加工。

这些加工问题很难靠传统的切削加工方法来解决。特种加工(nontraditional machining)技术就是在这种条件下产生并发展起来的。

特种加工的方法很多,主要有电火花加工、电化学加工、超声波加工、高能束流加工、光刻蚀加工等。由于这些加工方法的加工机理以熔化、汽化、溶解、剥离、沉积为主,且多数为非接触加工,因此对于高硬度、高韧性材料和复杂形面、低刚度零件是无法替代的加工方法,也是对传统的机械加工方法的有力补充和延伸。

早在 1770 年,就有人提到电火花的腐蚀效应。苏联科学家拉扎连科(Lazalenko)夫妇在 1943 年受命研究防止电火花造成钨的腐蚀的方法。他们没能完成这一任务,但却发现：如果将电极浸入不导电的液体中,电火花造成的腐蚀可以被更精确地控制。于是,他们发明了一种电火花加工机器,来解决像钨这样的难加工材料的加工问题。大体与此同时,美国也开发出电火花加工机器,用于清除折断在铝铸件中的钻头和丝锥。研制电火花线切割机床最初的目的是为了加工硬质材料的模具。20 世纪 60—70 年代,苏联制造了第一台商用数控线切割机床,美国也开发出对线条进行光学跟踪的技术和数控电火花加工机床。

电化学加工的基本理论在 19 世纪末已经提出,最初的试验则是由苏联人古塞夫(W. Gusseff)进行的,并于 1929 年得到专利。但是,这一构思在随后的几十年里被埋没了。战后,为了对人造卫星和喷气式发动机所使用的高强度、高硬度材料进行加工,1950 年又开始研究电化学加工。1958 年,美国研制出最早的电解加工机。此后逐渐得到大规模的应用。

电加工只能加工金属导电材料,而超声波加工还能加工玻璃、陶瓷、硅片等不导电的非金属硬脆材料。早在 1927 年,美国物理学家就曾做过超声加工试验,利用超声振动对玻璃板进行雕刻和快速钻孔,但当时未应用于工业上。1945 年,美国人巴拉穆斯(L. Balamuth)发现超声波可以对范围广泛的脆性材料进行有效的加工。1951 年,它制成第一台实用的超声加工机。此后一直到 20 世纪 70 年代,美国所有关于超声波加工的专利几乎都是由巴拉穆斯和他的团队获得的。

电火花加工、电化学加工和超声加工也统称为电加工。

激光理论虽然早已出现,但真正获得人类有史以来的第一束激光,是由美国青年科学家梅曼(T. Maiman)在 1960 年 5 月实现的。很快,他又研制出了世界上第一台激光器,在世界上第一个将激光引入实用领域。同年,苏联科学家巴索夫(N. Basov)也发明半导体激光器。早期的激光加工由于功率较小,多用于打小孔和微型焊接。到 20 世纪 70 年代,随着大功率激光器的出现,数千瓦的激光加工机已用于各种材料的高速切割等方面(图 12-8)。

电子束的研究历史可以追溯到 19 世纪下半叶。用电子束进行熔炼出现在 1907 年,但用来加工则要晚得多。1950 年前后,德国工程师在手表的宝石轴承上用电子束钻出直径为 0.2mm 的小孔。1952 年,又研制出电子束加工机床。随后,法国和英国也开发出同类设备。利用电子束的热效应可以对材料进行表面热处理、焊接、刻蚀、钻孔、熔炼。作为加热工具,电子束的特点是功率高和功率密度大,能在瞬间把能量传给工件,电子束的参数和位置可以精确和迅速地调节,能用计算机控制并在无污染的真空中进行加工。

图 12-8　激光加工的零件

20 世纪 50 年代中期,日本、苏联将超声加工与电加工(如电火花加工和电解加工等)、切削加工结合起来,开辟了复合加工的领域。

12.5　增量制造技术

在制造业日趋国际化的今天,缩短产品开发周期和降低开发新产品的投资风险成为企业赖以生存的关键。20 世纪 80—90 年代,相继发展起来两种新颖的制造技术:快速原型技术(rapid prototyping manufacturing,RPM)和 3D 打印技术(3D printing)。

RPM 技术和 3D 打印技术的原理基本相同。它们都是直接根据产品 CAD 的三维实体模型数据,经计算机数据处理后,将其转变为许多平面模型的叠加,然后直接通过计算机进行控制制造这一系列平面模型,并加以连接,形成复杂的三维实体零件。与传统的去除材料的制造相对,这类制造方法被称为"增材制造"或"增量制造"。

分层制造三维物体的思想雏形可追溯到数千年前中国的漆器制造和埃及的木板叠合材料。1890 年就出现了用分层方法制作三维地图模型的专利。1974 年,日本三菱公司用一种可由光控制使光聚合物树脂硬化以形成堆叠起来的薄层,来制造铸模。

20 世纪 70 年代末和 80 年代初,美国和日本的几组学者和工程师各自独立地提出了 RPM 的概念,其中美国的赫尔(C. Hull)完成了第一个 RPM 系统,并在 1986 年获得专利,这是 RPM 发展中的一个里程碑。赫尔还造了一个新词"stereolithography"(立体版印刷术)。这个新单词好像没有叫得太响,很快就被 rapid prototyping 和 3D printing 代替了。"stereolithography"和"3D printing"的英文词义是相同的,只是前者有些文绉绉,后者则更加直白。我们从这个单词可得到的启发是:快速成形和 3D 打印从原理上看实际是一个概念。

随后,许多快速原型的技术和设备陆续出现,其中绝大部分出在美国。

RPM 技术有着广泛的应用领域和良好的经济效益,它的特殊优点是:①制造速度快,利用加工的样品可以迅速地发现结构和外观的缺陷,从而完善设计;②由 CAD 模型直接驱动制造过程,而实体模型比计算机屏幕上的 CAD 模型更具直观性;③可以制造任意复杂程度的三维物品。

顾名思义,RPM 技术是用来制造原型的,并不用来制造真实的零件(图 12-9)。

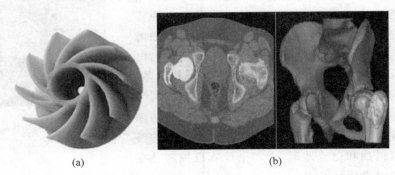

(a)   (b)

图 12-9   快速成型技术制成的零件模型

(a) 涡轮模型;(b) 股骨模型

3D 打印技术和快速原型技术的原理是一样的,区别之处在于:它不仅制造"原型",现已成功地用于直接制造产品。

由于打印精度高,打印出的模型或构件品质自然不错(图 12-10)。除了外形曲线,它还能表现出结构以及运动部件的细部。打印出的实体还可通过打磨、钻孔、电镀等方式进一步加工。

美国空军一下子就被这种新技术吸引了。在航空工业上广泛使用金属钛。如果通过激光将钛熔化并一层层喷制出飞机构件来,无疑将大大提高战机的制造速度。为此,1985 年,在五角大楼主导下,美国秘密地开始了钛合金激光成形技术的研究,1992 年才将这项技术公之于众。

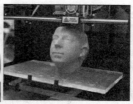

图 12-10　一些 3D 打印制品

中国,直到 1995 年,即美国解密其研发计划 3 年后才开始投入研究,但却后来居上,在大型钛合金结构件激光直接制造技术领域取得令人瞩目的成绩。

用这一技术制造飞机大型构件具有如下优点:①无需大型锻造装备和锻造模具;②高性能金属材料制备与大型复杂零件"近终成形"一体化;③构件综合力学性能优于锻件,材料利用率大幅度提高;④制造周期短、成本低。因此,这是一种革命性的数字化精密成形技术,为飞机钛合金等高性能、难加工大型复杂整体关键构件的制造提供了新途径。中国生产的钛合金结构部件迅速成为中国航空力量的一项独特优势(图 12-11)。

图 12-11　激光快速成形的飞机钛合金大型构件

目前已能用 3D 打印技术生产很复杂的零件;而且,形状越是复杂,越能发挥出它的优势。它可以制造出传统生产技术无法制造出的外形,让人们可以更有效地设计飞机机翼或热交换器。

3D 打印技术的魅力还在于它不需要在工厂操作。桌面打印机可以打印出小物品,人们可以将其放在办公室一角、商店甚至家庭里。

与传统技术相比,3D 打印技术还拥有如下优势:通过摒弃生产线而降低了成本;大幅减少了材料浪费;极大地缩短了产品的研制周期。

互联网与 3D 打印跨界组合将产生更多的创新和创业机会。展望未来,3D 打印将让制造业供应链链条缩短,使得设计、制造、物流更好地整合。这项不同于传统生产模式的新技术,理所当然地引起了业界的高度重视。将其与第三次工业革命联系起来,更成为近年来社会广泛关注的热点。

但是,认为 3D 打印或将全面取代传统的工业生产,则是不科学的过于乐观之论。

12.6　绿色制造技术

12.6.1　绿色制造——从认识到行动

关于绿色制造的研究始自 20 世纪 80 年代；但比较系统地提出绿色制造的概念、内涵和内容的主要文献是美国制造工程师学会于 1996 年发表的蓝皮书《Green Manufacturing》。

从 1966 年提出循环经济的理念，到 1996 年的蓝皮书，历时整整 30 年。可以把这 30 年看作是呼唤绿色制造技术的思想动员阶段。好长的一个思想动员阶段！在"二战"后科学技术高速发展的时代，对这个问题的认识怎么却这样缓慢呢？

在 9.2 节中我们曾指出，两次工业革命给人类生活带来的巨大变化，使人类的欲望极大地膨胀起来。这个欲望列车的速度太大、惯性太大，这个刹车过程持续了几十年。

绿色制造是一种现代制造的理念和模式。它同时应对资源能源、生态环境两大问题的挑战。其目标是使产品从设计、制造、包装、运输、使用到报废处理的整个产品生命周期中，对环境的不良影响最小，资源效率最高。

绿色制造一经提出，便引起世界学术界和工业界极大的关注。工业发达国家和国际组织纷纷制定、出台了很多与绿色制造相关的立法和标准。这些立法和标准对节能、无毒无害、低排放和可回收等提出了严格的限制，逐步形成了国际贸易中的绿色壁垒。

在一些发达国家，广大消费者也已提高了认识，热衷于购买环境无害产品。绿色消费的新动向，反过来促进了绿色制造的发展。产品的绿色标志制度相继建立。凡产品标有绿色标志图形的，表明该产品符合环保要求，并利于资源的再生和回收。目前已有法国、德国、澳大利亚、新加坡等 20 多个国家实施了绿色标志，从而促使这些国家在国际市场竞争中取得更有利的地位和份额。

12.6.2　绿色制造技术的内容

绿色制造中的"制造"是一个大概念，它涉及到产品的整个生命周期；当然，设计过程也包含于其中。一个产品能否成为"绿色"的，首先还要从设计做起。绿色制造具有多方面的内容。

（1）绿色设计　产品本身必须是节能、减排的。为了适应回收和再制造的要求，必须在设计阶段就考虑到产品要易拆卸、易回收、易修理。

（2）绿色材料　要用绿色材料取代污染环境、危害健康的材料。

（3）绿色工艺　采用低能耗制造工艺和无污染环境的生产技术。零件的精确成形和增材制造比传统工艺可提高材料利用率，是典型的绿色工艺。20 世纪 90 年代中期发展起来的干式切削（见 12.3 节）也是一项绿色工艺。

（4）处理回收绿色化　对机械制造业来说，再制造技术是绿色制造中效果最大、最有发展前途的新技术。

12.6.3　再制造技术

近年来兴起了资源循环型的制造和再制造,即美国学者提出的 3R——reuse(再利用)、remanufacture(再制造)和 recycle(再循环)。

3R 和制造商、用户的关系如图 12-12 所示。①、②、③是三个闭环。从废旧产品返回到另一个新产品过程所用的费用、劳动力和材料是不同的。序号最大的闭环——再循环的消耗最大;再制造次之。

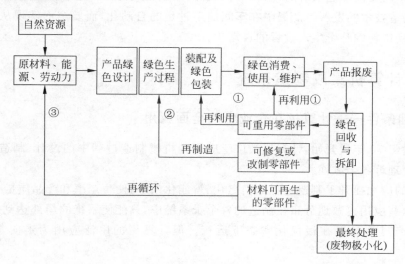

图 12-12　绿色制造过程

再制造产业早在 20 世纪 30 年代即已出现。当时美国遭遇了经济大萧条,由于资金和资源的缺乏,更多的汽车被实施再制造。1942 年,美国参加了第二次世界大战,商用车的生产受到控制,再制造成为轿车和货车维持运转的唯一方法。这类再制造都产生于特定的环境,只是作为一种应急措施而使用的。

进入 21 世纪后的再制造,则是基于对全球未来的认识的提高,已成为具有战略意义的必然选择。

再制造产业已在美国和欧洲的一些国家形成。汽车再制造业是美国最大的再制造产业。再制造的部件包括发动机、传动装置、离合器、转向器、起动机、化油器等许多部件。美国军方也高度重视再制造技术,已将其用于三军装备的各个方面,如直升机、坦克、导弹等。

再制造具有潜在价值的根本原因是:机器中各零部件的使用寿命不相等,而且每个零件的不同表面的使用寿命也不相等。例如:箱体、轴承座等固定件的使用寿命长,而运转件的使用寿命短;在运转件中,承担传递扭矩的主体部分使用寿命长,而摩擦表面的使用寿命短。

在中国,再制造工程的研究和发展已被政府有关部门纳入规划。中国与欧美国家采用了不同的再制造模式。欧美等国的再制造是在原型产品制造工业的基础上发展起来的,主要以尺寸修理和换件修理为主,再制造模式简单易行。我国自主创新的再制造技术则大量应用了寿命评估和表面工程等先进技术,可使旧件的尺寸精度恢复到原设计的要求,能提升零件的质量和性能,还可大幅度提高旧件的再制造率。

12.7 企业活动的信息化、智能化和网络化

计算机普及前的百年间(1870—1970),加工过程的效率提高了数十倍,而生产管理和产品设计的效率的提高却远没有这么大。后二者的效率已成为生产进一步发展的主要制约因素。因此,制造技术的发展不能局限在车间加工过程的自动化,而要全面实现从生产决策、产品设计直到销售的整个生产过程的自动化。

12.7.1 计算机集成制造系统

1. 基础条件——计算机在企业中的全面应用

自 20 世纪 70 年代开始,计算机被广泛应用到机械制造过程中的设计、制造、生产过程控制、经营管理等各个方面。

计算机的应用提升了制造过程的信息化、智能化水平,使生产率和产品质量有了很大提高。但是,这些应用离散地分布在制造的各个子系统中,只能使系统的局部达到优化;而未能使整个生产过程长期在最优化状态下运行。但计算机的广泛应用为走向集成奠定了基础。

2. CIMS 产生的背景和过程

计算机集成制造系统(computer integrated manufacturing system,CIMS)的概念是在 1974 年由美国学者哈林顿(J. Harrington)提出的。

1976 年,美国空军启动了一个研究项目——"集成化的计算机辅助制造"(ICAM)。这一项目正是在哈林顿的帮助下设计出来的。在这一过程中,哈林顿也扩展了他的 CIMS 的概念,使之将整个的制造企业都包括了进来。

ICAM 项目确认数据作为全部集成的中心作用。数据必须是公用的,在各职能间共享。这一概念在当时很超前,因为多数的大公司在 20 世纪 90 年代以前还没有认真地着手改变企业的数据系统。该项目也表明需要建立在制造部门内部对主要的活动进行分析的方法。这样,从这个项目中就产生了为改进管理和商务工作而进行的建模和分析的标准。

集成,需要一个相互关联的网络。该项目将制造从一系列的串行操作转向并行处理,迈出了重要的第一步。但是,由于当时的技术限制,还不足以将企业内部的全部技术、经营活动连接起来;因而,哈林顿的看法并未引起广泛的注意;直到 20 世纪 80 年代,这一概念才被普遍接受。

20 世纪 80 年代 CIMS 被接受还有一个大背景。20 世纪 70 年代,美国的产业政策发生偏差,过分夸大了第三产业的作用,将制造业等传统产业贬为"夕阳产业"、"生了锈的皮带"。这导致美国制造业优势的衰退,并在 80 年代初开始的世界石油危机中暴露无遗。一直到克

林顿时期,美国才重新重视制造业。重视 CIMS,就是想借助其信息技术的优势夺回制造业的霸主地位。

3. CIMS 的内容

哈林顿提出 CIMS 的基本出发点是:企业的各种生产经营活动是不可分割的,要统一考虑;整个生产制造过程实质上是信息的采集、传递和加工处理的过程。

CIMS 是通过计算机软硬件,综合运用现代管理技术、先进制造技术、信息技术、自动化技术、系统工程技术,将企业生产全部过程中有关的人、技术、经营管理三要素及其信息与物流有机集成并优化运行的复杂的大系统(图 12-13)。通过信息集成、过程优化及资源优化,缩短企业新产品开发的时间(T)、提高产品质量(Q)、降低成本(C)、改善服务(S)、清洁环境(E),从而提高企业的市场应变能力和竞争能力。

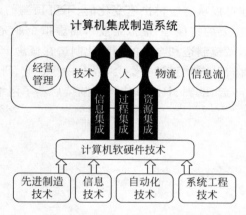

图 12-13　计算机集成制造系统

20 世纪 80 年代中期以来,它逐渐成为制造业的热点。它以其生产率高、生产周期短、在制品少等极有吸引力的优点,给一些大公司带来了显著的经济效益。

从计算机单机运行到集成运行是一个更大的飞跃,是工业自动化的革命性成果。CIMS 代表了当今工厂综合自动化的最高水平,被誉为是未来的工厂。20 多年来,CIM 的概念已被越来越多的人所接受,成为指导工厂自动化的哲理,并从发达国家传播到发展中国家,从离散型的机械制造业扩展到化工、冶金等连续或半连续制造业。但是,CIM 是一项极其复杂的工作,目前它的应用尚有很大的局限性;广泛应用的还是零散的或集成度不太大的计算机应用技术和系统。

12.7.2　制造活动的网络化

1969 年起,美国启动了计算机网络的研究;1991 年,Internet 网私营化,标志着网络大量应用时代的开始(见 8.3.2 节)。

计算机网络一出现,美国制造业界很快就认识到:利用网络可以实现企业乃至整个社会制造资源和知识资源的共享与集成,提高制造业的产品研发、设计与制造的能力。

网络在制造业的应用从网络协同设计开始。最早的工作是美国国家航空航天局和美国自然科学基金会的一个联合研究项目——利用分布在北美多个研究机构的资源共同完成飞机设计中的整体仿真。

1991 年,美国里海大学(Lehigh University)提出"美国企业网"计划。该计划拟利用高速信息网络系统把美国的制造业联系在一起。跨国公司可以通过卫星通信技术进入这一网络。这一计划由美国政府资助实施。里海大学发表了具有划时代意义的《21 世纪制造企业发展战略》报告,提出了虚拟企业(virtual enterprise)和敏捷制造(agile manufacturing,AM)的新概念。

所谓虚拟企业,就是由地理上异地分布的、组织上平等独立的多个企业,在谈判协商的基础上,建立密切合作关系,形成动态企业联盟。在各企业致力于自己核心业务的同时,实现优势互补,实现资源的优化动态组合与共享。

敏捷制造的基本思想是把灵活的动态企业联盟、先进的柔性制造技术和高素质的人员进行全面集成,从而使企业可以从容应付快速变化的、不可预测的市场需求,获得企业的长期经济效益。敏捷制造最主要的特征是"虚拟企业",而虚拟企业完全以计算机网络和信息集成为其技术基础。因此,敏捷制造和今天的网络化制造在概念上没有多大的区别。

此后,美国能源部、国防部、自然科学基金会,以及一些企业、研究所纷纷提出项目、制定计划、开展研究。自 1998 年起,欧洲、日本和中国也陆续启动了网络化制造的研究。

第 13 章

近当代中国的机械工程

把我们的血肉筑成我们新的长城。

——中华人民共和国国歌(田汉词)

近当代中国的历史是一部十分复杂的历史。近当代的中国机械工程,于屈辱中奋发而生,历经曲折后终于崛起。回顾机械工程在中国的发展,令人扼腕而叹,令人瞑目沉思,令人精神抖擞,令人奋起前行。

13.1　洋务运动中的机械工程

13.1.1　鸦片战争以前西方机械技术的传入

前近代的所有文明中,最先进的就是中国。16 世纪时中国的人口为 1 亿～1.3 亿,欧洲只有 5000 万～5500 万。中国的都市,比同时代的欧洲任何都市都大得多。统一大国的气势,令来访的外国人羡慕不已。

但是,中国的发展速度也正是在明朝时减慢下来的。郑和的船队只到了非洲东海岸,他没有进入地中海,没有看到欧洲。所到之处都比中国落后,他的海外见闻助长了统治者和国人的唯我独尊观念。

16 世纪欧洲宗教改革后,为了扩大基督教的影响,欧洲传教士远涉重洋,相继来华传教,这引发了早期的"西学东渐"。明朝中后期,传教士将很多西方天文、地理、物理、化学、数学和矿业方面的书籍译成汉语。西方文艺复兴以后的科学技术使中国人窥见了一个原先全然不知的西方世界。

德国耶稣会士邓玉函(J. Terrentius)和伽利略是同时代人。1621 年,他携带 7000 余册图书来华。1627 年邓玉函著的《远西奇器图说》出版。该书中介绍了阿基米德等欧洲力学与机械科技方面的人物,介绍了数学和三角学、矿物学、各种简单机械、浮力定律、重心、力学,以及起重机、风车、水泵等实用机械。

西方机械钟表在明末传入中国,产生很大影响。明末已出现仿制机械时钟的家庭作坊。传教士还曾传授制作火炮的技术。后来中国从西洋输入了大炮。

13.1.2　洋务运动概况

清朝实行闭关锁国的国策,不愿意开展与欧洲的贸易,同时失去了以传教士为媒介的与洋学的接触。长时期内,清廷不了解欧洲科学技术发展的状况。

中国在第一次鸦片战争(1840—1842)和第二次鸦片战争(1856—1860)中失败。英国享有了最惠国待遇、军舰停泊口岸、领事裁判权等特权,香港岛被割让给英国。

洋务派是清朝统治集团中部分有见识、有胆魄,也有实权的开明人士。在消灭太平军时,他们就认识到西方的"船坚炮利"。鉴于两次鸦片战争的失败,他们提出以"师夷长技以制夷"、"中学为体,西学为用"为方针,展开自强运动。洋务派的代表人物是李鸿章、左宗棠、张之洞等汉族大臣,他们在皇族中的代表是爱新觉罗·奕䜣。

洋务运动的主要内容有如下 4 项:①兴办实业,开办矿山、造船厂、机械厂,其中军械工业占有突出地位;②建立翻译机构,派遣留学生,开办新式教育,培训技术人才;③建立现代银行体系、现代邮政体系,铺设铁路,架设电报网;④建立新式陆军与北洋舰队。

洋务运动是中国最早的近代化运动,它使清朝的国力有了一定程度的恢复和增强。更重要的是,它给后世的志士仁人提供了促使中国走向现代化的经验和教训。

13.1.3 中国近代机械工业的诞生

洋务派开设矿业,建立轮船招商局、江南制造总局与汉阳兵工厂等机械厂与兵工厂。洋务运动中建立的第一个工业企业是曾国藩在 1861 年创办的安庆军械所。洋务运动中所创立的重要工业企业如表 13-1 所示,其中军械工业占相当大比例。

表 13-1　洋务运动时期开办的重要工业企业

时间	创办人	名　　称	主要产品
1861	曾国藩	安庆军械所	武器、枪炮
1862	李鸿章	江南制造局	
		上海洋炮局(机械局)	
1864	曾国藩	南京军机所	
1865	李鸿章	南京洋式机械局	
	曾国藩、李鸿章	上海江南制造局	枪炮、钟表、农机
1866	左宗棠	福州船政局(马尾造船厂)	船舶
	李鸿章	天津机械局、金陵机械局	枪炮、子弹
1871	左宗棠	兰州机器局	枪炮
1872	李鸿章	轮船招商局	船舶
1877		开平矿务局	煤炭
	丁宝桢	四川机器局	兵器
1882	李鸿章	金陵火药制造局	弹药
1890	张之洞	汉冶萍公司(汉阳铁厂、大冶铁矿、萍乡煤矿)	煤炭、铁矿、钢铁

对洋务运动贡献最大的是李鸿章。李鸿章官至直隶总督兼北洋通商大臣。还在与太平军作战的时候,他就对外国的科学技术和国内的经济活动有极大的兴趣。李鸿章组建的淮军需要武器,他引进洋人的机器设备,于 1862 年左右创办了上海洋炮局。19 世纪 70 年代出任直隶总督后,责任愈巨,视野愈阔,综观世界各国的发展,李鸿章痛感中国之积弱不振,原因在于"患贫",得出"富强相因"、"必先富而后能强"的认识。

清中叶以后,由于京杭运河淤塞,南北货物的调运部分改为海路。1872 年,李鸿章抓住

图 13-1　洋务运动中创立的金陵制造局

时机,督办创立了"轮船招商局"。这是中国第一家民营轮船公司,也是中国近代最大的民用企业,承揽了朝廷"官物"运输一半的运量。

其后,在整个 20 世纪 70—80 年代,李鸿章建立了一系列民用企业,涉及矿业、铁路、纺织、电信等行业,促进了中国资本主义的发展,是中国近代化开始的标志。

在李鸿章的主持和参与下,洋务派创办了中国近代第一条铁路、第一座钢铁厂、第一座机器制造厂、第一支近代化海军舰队等。不过李鸿章始终没有逃脱时代对思维的束缚,他所建的企业皆为官督商办体制。企业初建之时官府没有实力独立创办,便与民资合作;待企业步入正轨,官府便想方设法排斥民资,形成官府独霸的企业。

1894 年,引进的转炉和平炉炼钢设备在汉阳制铁所投产。仅上海一地,1866—1891 年间由华人开办的机械制造厂就有 23 家。到辛亥革命前,已建成铁路超过 9000km。

从洋务运动开始,中国建立了自己的机械制造工业。到 20 世纪 30 年代,蒸汽机、内燃机、电动机、车床、铣床、刨床、印刷机、造纸机、织机等许多机械的生产已实现国产化。

13.1.4　中国近代高等工程教育的诞生

早在 19 世纪 40 年代初,中国学者就意识到:中国文人与工匠所谋相分离,缺乏对几何学和力学的研究,因此在"制器"方面"难与西人争胜"。20 年后的洋务派则切实地感受到制器人才的缺乏,开始考虑并实施新式人才的培养。

洋务派主要通过兴办新式教育和派遣留学生来培养新式人才。

1. 兴办新式教育

1862 年,奕䜣开办京师同文馆,教授外语课程,后来也开设自然科学课程。上海、广州等地也开办了类似机构。1866 年,闽浙总督左宗棠在福州马尾设立船政学堂,它是中国最早的海军制造学校,聘请外国人任教,学习外语,开设机器学、机械制图、蒸汽机构造、数学、物理等实用课程。学堂培养了一批优秀的兵舰设计制造人才和海军指挥人才。福建船政学堂是存在时间长、影响大的一所洋务学堂,它的诞生标志着中国教育已由古代封建传统教育开始向近代工业技术教育转化,也揭开了中国机械工程教育的序幕。

开创中国近代高等教育的是盛宣怀。1895 年,时任直隶津海关监督的盛宣怀奏设北洋大学堂（现在天津大学的前身，图 13-2），这是中国第一所近代大学，聘美国人为总教习，以美国哈佛、耶鲁等大学的学制为蓝本，建校之初即设法律、矿冶、机械、土木四科。北洋大学堂的创办，标志着现代高等工程教育在中国的诞生。学堂创办之初所设立的机械工程学门是中国高等学校中设立的第一个机械工程系，开创了中国的高等机械工程教育。

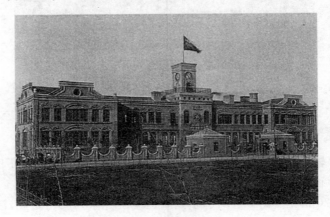

图 13-2　北洋大学建校初期的校园

1896 年，盛宣怀又在上海创立南洋公学（现在上海交通大学、西安交通大学的前身）。同年，盛宣怀向清政府建议在每个省都设立一所学堂，被采纳。1903 年清政府制定《大学学堂章程》，其中规定机器工学科设置 23 门课程。1903 年起，西式学堂陆续多了起来，到民国初年数目已过百，其中有 4 所是大学本科层次。很多学堂都设有机械科。

1911 年，清政府建立留美预备学校，1912 年更名为"清华学校"，1925 年设立大学部，1928 年更名为"国立清华大学"。

2．派遣留学生

近代中国第一位留学生容闳两次向清政府建议派留学生，终被采纳。1872 年，容闳带领 30 名幼童赴美留学，到 1875 年共派遣 120 名幼童。由于担心被"同化"，1881 年清政府统统将他们撤回，使这次留学活动半途而废。仅詹天佑一人学成回国，成为著名的铁路工程师。

1877 年，船政局开始向欧洲派留学生，到 1911 年共派留学生 107 名，其中学习造船、机械制造、飞机者近半。

3．翻译西方科技书籍

1868 年，江南制造局设立翻译馆，40 年间翻译出版了 234 种科技书籍，其中有不少是制图、金工、机床、机器零件、蒸汽机、矿山机械、纺织机械等机械工程学的书籍。

13.1.5　洋务运动的失败

清廷以"天朝上国"自居，因循守旧、盲目排外的积习太重。保守势力坚持中国"数千年相承之治法"，极力反对接受新技术。在这种情势下，李鸿章们能办起"洋务"，也实属不易。

1895 年,北洋水师在甲午海战中全军覆没。甲午之败,也宣告了洋务运动的失败。它说明:不进行全面的政治、经济、文化改革,只想学来"船坚炮利",就能"师夷之长技以制夷",是一条走不通的道路。1898 年,反动的保守势力又扑灭了康梁变法,这就完全堵塞了清廷自救的一切可能。到了 1900 年八国联军侵华后,清廷自己也想变革时,为时已晚——革命党人很快就将共和的旗帜插上了武昌城头。

从未能"师夷之长计以制夷",未能挽救清廷之灭亡的角度看,洋务运动失败了。但是,从创立中国近代工业、兴办近代教育的角度看,洋务派功不可没。这一页应该被历史记住!

13.2　民国时期的机械工程

13.2.1　民国时期的机械工业

1914—1918 年的第一次世界大战使西方列强无暇东顾,这为中国的产业发展提供了机会。五四运动中抵制日货的呼声对机械工业的发展也产生了积极的影响。虽然北洋政府和南京国民政府都没能抓住时机采取有力的支持措施,但在市场需求的刺激下,民营机械厂的数量还是在不断地增加。上海的机器厂从 1914 年的数十家增加到 1936 年的 251 家,全国(不包括东北)的机器厂(不包括造船厂和铁路车辆厂)达 781 家,但与世界水平相比,设备简陋、资金缺少、规模小,绝大多数工厂主要从事修配工作。1933 年中国机械工业的产值仅及美国 1925 年的 1/328。

1919 年,孙中山在其《实业计划》中提出要发展机械工业。20 年代末,国民政府开始筹办机械工业。9·18 事变后,国民政府成立了由许多专家、学者组成的"国防设计委员会";1936 年拟定了《重工业建设计划》,其中在机械工业方面准备先生产飞机发动机、汽车、机床与工具。该委员会在筹建工厂、培训人员、引进技术等方面已做了许多工作。遗憾的是,由于很快抗日战争即全面爆发,这一雄心勃勃的计划未能实现。

这一时期,初步仿制了 20 世纪初以前世界上发明的一般机械,如蒸汽机、内燃机、电动机等动力机械,车床、刨床、钻床、铣床等通用机床,少数铸造和压力加工设备,轮船、机车、棉纺机械、汽车发动机,也仿制出过飞机和汽车。

1917 年冬,一些留学美国的航空工程专业毕业生回国后,强烈要求北洋政府筹款创办飞机制造厂。1918 年,中国第一个正规的飞机制造厂——海军飞机工程处在福建马尾建立。1923 年设计、制造出中国第一架飞机(图 13-3,飞机前为孙中山先生和夫人)。随后,南京、杭州和南昌的飞机制造厂陆续生产出约 30 余架飞机。其中,发动机、螺旋桨等关键零部件由国外提供。

在机械工业方面,尚未形成完整的体系,但已奠定了民营机械工业的基础,形成了动力机械、机车车辆、纺织机械等制造行业,但生产规模小、产品水平低。

在抗日战争中的延安也建立了弱小的战时机械工业。浙江籍青年人沈鸿在 1937 年8·13 事变后不愿沦为亡国奴,带领 7 名青工,10 部机床,从上海辗转奔赴延安。沈鸿带来的机械和工具,对于与世隔绝的延安来讲,弥足珍贵。沈鸿成为新中国机械工业的创始人之一。

图 13-3   中国自行设计制造的第一架飞机

13.2.2   民国时期的机械工程教育与研究

1. 留学生的派遣

从清末以来即向欧美派出留学生,很多学生攻读工学方面的学位。民国时期又扩大了留学生派出的规模。截止到 1949 年,共派出公费留学生约 3 万人,另外,还有许多自费留学生。这些人大部分都回国服务,为开拓中国的科技事业作出了贡献。雷天觉、石志仁等开始投身中国的机械工程事业,他们都有在美国学习和进修实习的经历,新中国成立以后成为机械工业的领军人物。

20 世纪 50 年代中国科学院第一届学部大会选出的自然科学和工程技术三个学部的 155 名委员中,90% 有留学的经历。新中国建国初期科技人才的骨干力量都是民国时期培养的。

2. 高等机械工程教育

从 20 世纪 20 年代起,高等机械工程教育发展较快。由于最早建立的北洋大学按美国模式办学,同时留美归国的学者居多,民国时期的中国高等工程教育主要因袭美国的通才教育模式。

晚清的高校多聘请洋人任教。民国以后,大批留学生回国,为急速扩张的高等工程教育提供了师资,成为教师队伍的主力。当时中国工程师学会倡导高等工程教育的本土化,主张改变高等教育完全因袭欧美的状况。自 20 年代起,教师开始编写部分中文教材。北洋大学教授刘仙洲的成绩最为突出,他自 1921 年起编写了《机械学》、《内燃机》等 10 余本教材。

1921 年,东南大学成立,后经过重新组合,成立了中央大学。到 1936 年,全国已有 19 所学校办起了机械工程系或专业,机械工程高等教育初具规模。其中,清华大学、交通大学、北洋工学院、中央大学的机械工程系实力较强。

1927 年北伐战争后,国民政府纠正"文重实轻"的倾向,发布了提倡理工的一系列法规。日抗争战期间,大学被迫内迁,在艰苦的条件下坚持办学。尽管有战争,1945 年时的工科在校生还是增加到 1936 年时的近 3 倍。由清华大学、北京大学、南开大学合组的西南联合大学更是培养了众多杰出人才。后方的办学十分困难,西南联合大学机械系的学生曾挤在破庙里画图。

民国时期初创了机械工程试验研究机构,但这些机构设备简陋,只是做了一些材料试验、设计制造了一些机床这样的工作。大学中也开展了一些研究工作,但知识性、介绍性的文章居多,真正研究性的论文不多。民国时期始终未形成研究生的批量化培养。

1933—1935 年间,刘仙洲开始了对中外机械发展史的研究,发表了《中国机械工程史料》。

13.2.3　中国机械工程学会的成立

1913 年,中华工程师学会成立,詹天佑任会长;1922 年,开始分股办事,设有机械干事。1936 年,由留美归国的一批著名教授和总工程师发起,成立了中国机械工程学会。学会在出版刊物、联络技术人员、研究学术、促进技术发展方面做了许多工作。

从 1895 年北洋大学堂成立,发展到 20 世纪 30 年代中国高等机械工程教育初具规模;从机械工程研究的起步,发展到 1936 年成立机械工程学会,这 40 年,就是中国的机械工程学科形成和建立的过程。

13.3　当代中国的机械工程(改革开放以前)

13.3.1　新中国成立后的机械工业与机械科技

中华人民共和国在 1949 年成立后,经过三年经济恢复时期,进入快速发展阶段。

新中国成立后,在外交上实行"一边倒"。在 1952 年开始的第一个五年计划期间,全面引进苏联的技术、人才和管理模式,优先发展重工业,主要方向是实现生产的机械化。在苏联援建的 156 个重点项目中,机械制造厂就有 24 个。第一个五年计划期间,建成了长春第一汽车制造厂、沈阳第一机床厂等大型企业,这些企业的绝大多数至今仍然是中国机械工业的骨干力量。在工农业总产值中,工业总产值的比重由 1949 年的 30% 上升到 1957 年的 56.7%,为中国的工业化奠定了初步基础。

图 13-4　50 年代沈阳第一机床厂生产的 C620 车床

几乎所有后发展起来的国家都是从引进和模仿先进国家的科技起步的,这是一条捷径。机械工业的技术引进是中国技术引进的主体和缩影。中国近代以来有几次技术引进的高潮;第一次是洋务运动,中国的近代机械工业诞生;第二次就是 20 世纪 50 年代引进苏联的技术,奠定了中国现代机械工业的基础;第三次,就到了 20 世纪 80 年代的改革开放时期了。

第一个五年计划期间,以引进苏联产品的设计图纸与制造工艺、测绘国外样机为基础,共试制成功 4000 余种新产品,其中有一些比较重大的产品。在这些成果中自主开发的比重还很小,但在消化吸收和仿造的基础上,逐步掌握了一些机械产品的设计方法和工艺技术。

为了能使中国的机械工业从修配、仿造向自行设计、制造转变,从 1953 年起,机械工业部开始建立试验研究机构。1951 年,中国机械工程学会恢复活动。

在 1958—1960 年的"大跃进"中,虽然也试制了一批重要新产品,但由于贪多求快,导致整体质量下降。1961 年后通过重点项目联合攻关,机械科技有了突飞猛进的发展,研制了一大批关键产品和重大成套设备,如原子能设备、精密机床、大型冶金设备、汽车和电力、炼油方面的成套设备。

20 世纪 50 年代初,吴仲华院士创立了叶轮机械三元流动通用理论,这是被国际公认的成果。60 年代中期,在与外界隔绝的情况下,冯康院士独立地开创了有限元方法,后也被国际学术界承认。

为延安的机械工业作出特殊贡献的沈鸿,在新中国成立后曾任第一机械工业部副部长。1958—1961 年间,他领导研制了中国第一台 12000t 锻造水压机,并组织领导了其他许多重大机械设备的设计与制造工作。

这一时期中国机械工业的产品设计、研制、开发能力和水平得到了很大提高,短短几年内,便从测试、仿制和研制一般性中小型机械产品或单机,跃进到自行设计和向系列化、大型化、精密化方向发展的新阶段,掌握了一批大型、精密、高效、自动化装备的设计制造技术,标志着中国机械工业的科技水平与当时国际先进水平的差距已开始缩小。

1958 年以后,在左倾思想指导下搞起了"大跃进",提出了脱离实际的建设任务和过高的生产指标。执行的结果,第二个五年计划时期农业、工业大幅度减产,社会总产值下降,国民经济比例关系严重失调,人民生活遇到很大困难。

13.3.2　新中国成立后的高等机械工程教育

1. 留学生的派遣

新中国成立后较大规模地向苏联和东欧国家派遣留学生、实习生和进修教师,达万余名,理工科是重点。1960 年后,中苏关系恶化,留学生数量锐减。

新中国成立初期,科学技术的领军人物以民国年间归国的留学人员为主。派往苏联和东欧国家的留学生归国后,都成为中级科研队伍的骨干;在改革开放后,他们都成为了学术带头人。例如,1997 年的中国科学院院士中有 78 名、中国工程院院士中有 63 名留苏归国人员。

2. 指定重点大学

1954 年,中央政府指定 6 所大学为全国重点大学,其中理工科大学有清华大学和哈尔滨工业大学两所。1959 年,又指定中国科学技术大学、北京工业学院(现北京理工大学)、北京航空学院(现北京航空航天大学)、天津大学、西安交通大学、上海交通大学、哈尔滨军事工程学院(国防科技大学等校的前身)、军事通讯工程学院(现西安电子科技大学)等 8 所理工科大学为全国重点大学。1960 年,又指定一批理工科大学为全国重点大学,使重点理工科大学达到 36 所。"文革"前确定的这些重点大学中的绝大多数现在仍然是中国高等工程教育的骨干力量,而且这些大学中一般都设有实力较强的机械工程学科。

1954 年,全国高等学校机械专业在校生达到 2 万人,1965 年近 9 万人。

3. 工程教育的全盘苏化

清末和民国时期,中国的高等工程教育是在西方的影响下建立起来的。到 20 世纪 50 年代,和其他方面的"一边倒"相同,全盘学习苏联的极端化专才培养模式。从 1952 年起,开始执行全国统一的教学计划和每门课程的教学大纲,这是和中国当时的计划经济体制相适应的。要培养大批学生,以满足大规模工业化建设对人才的迫切与大量的需求。

极端化专才培养模式具有如下一些特点:负荷量超大,比目前我国机械专业的负荷多出 50% 以上;与专业直接相关的基础课、技术基础课和专业课学时都相当大,这有利于学生毕业后到对口单位可较快地开始工作,正适合工程教育为计划经济服务的目标。其缺点是学生的知识面偏窄,对于工作变动的适应性不强,这成为改革开放后教育改革的内容之一。

大量苏联教科书被译成中文,在教学中直接使用。不少重点大学聘请苏联教育专家指导教学工作。

20 世纪 50 年代末期,中苏关系渐行渐远。中国在学习苏联的过程中也逐渐积累起来一些经验,高等教育开始走向"独立"。这和民国年间的高等教育"本土化"有些类似。区别是:民国时期是民间倡导,而这次是政府主导。60 年代初,中国开始编写自己的教材。

4. 研究生培养

从 1950 年开始,中国就开始少量招收研究生。1953—1956 年间形成制度,到"文革"前已较为完善,每年招收研究生千余人,但对毕业的研究生未冠以任何学位称号。

5. "大跃进"时期的"教育革命"

1956 年,中苏关系开始出现裂纹。1957 年中国开展了整风、反右运动。在这样的背景下,在 1958 年的"大跃进"中,发动了一场"教育革命"。这场"教育革命"的主旨原意中有一点是正确的:突破苏联模式,建立独立自主的中国式的教育模式。但最终的结局却把探索性的教育改革变成了一场政治运动,完全违背了教育改革和发展的客观规律。这场所谓的"教育革命",从总体上应予否定。

这场"教育革命"中,仅在涉及高等教育的方面就出现如下一些大错误:以搞红专大辩论为名,鼓吹"卑贱者最聪明,高贵者最愚蠢",批判、打击知识分子;片面解释"教育与生产劳动相结合",鼓吹"知识分子劳动化",打乱教学秩序,降低了教学质量;不顾客观条件,县也办大学、公社也办大学,虚夸成风。

左倾路线加小资产阶级狂热性,使"大跃进"中的"教育革命"成为中国当代教育史上荒唐而又可笑的一页。这个经验教训必须记取。

13.3.3　文化大革命中的机械工业和教育

文化大革命(1966—1976)是由领导者错误发动,给国家和人民带来严重灾难的内乱,是

"大跃进"以来的左倾路线发展到极端的结果。它使中国的经济、教育和科技发展受到一次长达 10 年的严重破坏。全面阐述文化大革命带来的破坏不是本书的任务,但作为机械工程当代史的一环,我们又无法越过与回避。

自 1966 年初夏开始,各大学即开始持续 3 年左右的"停课闹革命"。

教师受到冲击和迫害。那些在民国时期回国服务的老留学生、那些在 20 世纪 50 年代赴苏联学习的新一代留学生,被诬为"特务"和"修正主义分子",受到的冲击尤为严重。

新中国成立 17 年来的高等教育被诬为"反革命修正主义教育路线"。从 1966 年文化大革命开始,到 1977 年恢复高考,中国的本科教育停滞了 11 年,研究生教育当然更被污蔑为"培养修正主义苗子"而完全中断,高等学校的科研工作也几乎完全停滞。

又一轮"教育革命"开始了,还都是"大跃进"时代的老调子,只是更加政治化、"革命"的调门更高。

机械工业也和全国各行各业一样,秩序极度混乱。

1965 年以后出生的中年人基本上没有关于"文革"的记忆,1975 年以后出生的青年人根本没有经历过"文革",中国发展的事业已经并将进一步地传递到他们的手中。我们必须牢牢地记取文化大革命的历史教训。

13.4　当代中国的机械工程(改革开放以来)

1976 年的粉碎"四人帮"和 1978 年的中共八届十一中全会,是当代中国伟大的历史转折。从 1978 年起,中国实行改革开放的方针。

13.4.1　改革开放以来中国机械工业的跨越式发展

1. 伟大的成绩

在历史的新时期,机械工业实现了由计划经济向社会主义市场经济体制的转变,实现了超高速的跨越式发展。

改革开放的 30 年间,机械工业产值年均增长 19.6%,主要产品的产量大幅度提升:2007 年发电设备产量达到 1978 年的 27 倍;2011 年数控机床产量达到 1978 年的 400 多倍。中国发电设备年产量已占世界总产量的 50% 左右。中国机床工业产量在世界上的排名从 1978 年第 12 位提高到 2005 年的第 3 位。汽车产量从 2009 年以来一直位居世界第一。2009 年中国制造业在全球制造业总值中所占比例已达 15.6%,成为仅次于美国的全球第二大工业制造国。

利用开放的机遇,加强了与跨国公司的合作与

图 13-5　中国生产的大型模锻压力机

合资,引进了先进的管理经验,促进了企业的发展,提高了产品的档次和水平。机械产品的出口贸易由净进口变为净出口。

文化大革命以前,中国开发的一些新产品以仿制为主。在改革开放的新时期,机械工业抓住自主创新,坚持引进、消化、吸收、再创新的路线,实现了在一些重要领域中技术的跨越发展。国内市场机械产品自给率已从改革开放之初的不到 60%,发展到 2007 年的 80% 以上;已建成大型发电机组、特深井石油钻机、大型钢铁企业全流程技术装备、特大型露天矿成套设备;生产了世界上最大的模锻压力机;数控加工中心、盾构机等先进技术装备得到了广泛应用。

2. 存在的问题

中国已经成为"制造大国",但还不是"制造强国"。中国制造业的主要差距是:

(1) 生产能耗和物耗高。装备制造业每万元产品的能耗是发达国家的 8 倍;钢铁材料的消耗是发达国家的 5 倍。工业企业对环境的污染非常严重。

(2) 劳动生产率低下,平均只相当于发达国家的 1/15~1/20。我国工程技术人员总数已居世界之首,但其人均产值水平低下,每百万元产值的工程师人数大约是美国的 16 倍。相当多的企业仍停留在劳动密集型、生产经营粗放型的发展阶段。

(3) 工业产品质量差,技术含量低,缺乏市场竞争力。装备工业主要产品达到国际水平的不到 5%,基础机械、大型成套设备的综合技术水平落后 20 余年。出口的机电产品多数是技术含量较低、价格亦较低的产品,而进口的则是技术水平高、价格昂贵的产品。

(4) 企业研发投入严重不足,技术创新活动薄弱。在 512 家国家重点企业中,一半以上还没有真正建立起自己的研究开发机构。工业企业的科技经费不足发达国家的 1/30。

(5) 科技创新成为发展的关键制约因素。在生产环节,"中国制造"的能力尚可;而在研发、工艺和销售领域,"中国制造"缺乏足够的竞争实力,技术引进还是基本手段。光纤制造、集成电路芯片制造以及石油化工、轿车工业的设备,绝大部分被进口产品挤占;多数核心零部件严重依赖发达国家。"中国制造"开始崛起,但科技实力没有显著提高。

我国廉价劳动力的优势正在迅速丧失。我国必须加强自己的制造科技创新体系和创新能力建设,提高制造工业的技术水平,研发和生产先进的高水平精密产品。只有这样,才能从"制造大国"转变成一个真正的"制造强国"。

13.4.2　改革开放以来中国的机械科学与技术

1978 年改革开放开始后,中国迎来了科学发展的春天。

1986 年 3 月,中国提出了"863 计划",选择了生物技术、航天技术、信息技术等作为中国发展高技术的重点。该计划的总体目标是:集中精干,瞄准前沿,缩小差距,造就人才,为形成高技术产业准备条件,为我国经济和社会向更高水平发展和国防安全创造条件。

先进制造技术在我国受到了前所未有的重视,科技部将先进制造技术与信息技术、生物技术、新材料技术同列为我国重点发展的四大支柱技术。

中国的机械科学研究主要集中在高等学校有博士学位授予权的机械工程学科中,科研院所和企业主要从事技术开发工作。由于多数企业还没有建立起研究开发机构,许多科技开发的工作是通过"产学研相结合"的方式进行的,其技术核心部分的主导力量一般都是高等学校。

　　表 13-2 是 2001—2012 年获得国家级奖的部分机械工程方面的项目(只列入了一般机械制造、机械学理论、一般机械结构方面的项目,专门化机械方面的多数获奖项目未列入)。从表中可以看出,自然科学奖全部由高等学校获得;在技术发明奖中,由企业获得或高校为主、校企合作的项目只有少数几项。这既说明了高校在科技发展中的重要地位,也说明了中国企业研发力量的薄弱。

表 13-2　2001—2012 年以来获得国家级自然科学奖和技术发明奖的部分机械工程方面的项目

年度	名称	主要获奖人	完成单位
自然科学奖			
2001 年	纳米润滑的研究和实验	温诗铸	清华大学
2003 年	复杂非线性系统的某些动力学理论与应用	陈予恕	天津大学等高校
2006 年	微动摩擦学研究	周仲荣	西南交通大学
2006 年	振动控制系统的非线性动力学	胡海岩	南京航空航天大学
2012 年	复杂曲面数字化制造的几何推理理论和方法	丁汉	华中科技大学
技术发明奖			
2003 年	柔性转子全频谱现场动平衡技术及其应用	屈梁生	西安交通大学
2004 年	先进制造中空间几何尺寸测量现场校准方法和装置	叶声华	天津大学
2005 年	螺旋式浮环密封装置	王玉明	天津鼎名密封有限公司
2006 年	超精密特种形状测量技术与装置	谭久彬	哈尔滨工业大学
2007 年	纳米级精密定位及微操作机器人关键技术	孙立宁	哈尔滨工业大学
2008 年	硬脆材料复杂曲面零件精密制造技术与装备	郭东明	大连理工大学 航天科工集团二院
2011 年	柔性在线自动测量方法、技术及应用	郏继贵	天津大学
2011 年	月球车移动系统关键技术	邓宗全	哈尔滨工业大学
2011 年	微机电系统的泛结构化设计方法与技术	苑伟政	西北工业大学
2012 年	微型构件微成形技术与装备	单德彬	哈尔滨工业大学
2012 年	超精密光学零件可控柔体抛光技术与装备	李圣怡	国防科学技术大学
2012 年	纳米精度多自由度运动系统关键技术及其应用	陈学东 袁志扬	华中科技大学,上海微电子装备有限公司

　　除了这些获奖项目以外,在机械科学基础理论探索和先进、高新制造技术发展方面,还取得了一批重大科技成果。例如,金属切削非线性颤振理论、快速原型制造方法研究、独立制造岛理论等研究成果都在国内外产生了较大影响。"863"高技术项目 CIMS 试验工程,3 次获得了国际学术权威机构——美国制造工程师学会颁发的 CIMS 开发"大学领先奖"和"工业领先奖"。我国在工业机器人、微型机械、仿生机械、数控系统、模具型腔制造、电火花线切割等领域的一些技术成果达到了世界先进水平。

　　理论学科的整体水平进入世界最前列的是机构学和摩擦学。

　　1994 年,中国工程院成立,它是中国工程科技界的最高荣誉性、咨询性学术机构,截止 2014 年底拥有 802 名院士,其中机械与运载工程学部有院士 117 名。

　　1 个多世纪以来,中国机械科技事业在曲折前进中不断发展壮大,不同时期中国机械科技的发展速度和水平与该时期中国政治、经济背景和机械工业发展水平息息相关。只有政治清明、社会稳定、经济繁荣,机械科学技术才能获得快速、健康发展。反之,机械科技的发展就会停滞不前甚至出现颓势。

13.4.3　改革开放以来中国的高等机械工程教育

1. 大批学者出国留学、访问

自 1872 年清政府派出首批官费赴美留学生至 1978 年开始改革开放,106 年间,中国出国留学生总数只有 14 万人。改革开放 30 年来,我国各类出国留学人员总数已达 121 万人。出国留学的规模和力度前所未有。

截至 2007 年底,留学回国人员已达 32 万人,在我国教育、科技、经济、国防等各方面发挥了重要作用。改革开放初期,派遣的公费人员主要是访问学者。这些人在高校中已有相当的工作经历,外出进修 1~2 年后回国,可立即在科研工作中发挥作用。后来大量派出的是攻读学位的留学生。这些人中的许多佼佼者,在国家"长江学者"和"千人计划"的召唤下回国工作,发挥着创新团队带头人的作用。近年来更有许多留学生带着科研成果和产品回国创业。

在 1978 年全国科学大会开幕式上,邓小平曾经预言:"一个人才辈出、群星灿烂的新时代必将很快到来。"他的期望正在变成现实。

2. 高等工程教育的发展与改革

改革开放以后,中国的高等工程教育取得如下成绩。

1) 本、专科教育规模大发展,实现了从精英教育向大众教育的转变

特别是在 21 世纪初的几年间,高等学校大幅度扩大招生,从学生人数看,已经是世界最大规模的高等教育。2005 年,机械工程类专业的研究生、本科生和高职生在学人数达到 86.7 万人,当年招生 32.1 万人。机械工程是工科类专业中规模第二大的专业。

2005 年,中国有 1792 所大学,其中有 890 所大学设有机械类专业,如表 13-3 所示。

表 13-3　2005 年全国机械工程各层次专业点数目和在校生人数

类别	高职	本科	硕士	博士
专业点数目	880	1274	454	171
在校生人数	44.1 万	39.3 万	3.3 万	

注:本表中数字尚未包括工程硕士的专业点数。

2) 在改革开放新形势推动下,开始改革工程教育

一方面,适应经济体制的改革,加强基础,拓宽专业,增强人才的适应性。在学习苏联的时期,机械类专业有几十个。1984 年,减少到 28 个(包括铸造、焊接等 4 个热加工专业)。后来热加工部分的几个专业统一为"材料成型及控制工程"专业,其余的机械专业统一为"机械设计制造及其自动化"专业。

另一方面,既不再像 20 世纪 50 年代那样"学习苏联一边倒",也不再像文化大革命期间那样关起门来瞎折腾,而是睁开眼睛看世界,了解、学习欧美发达国家的一些教育思想和做法。

改革开放以来,高等机械工程教育界在教学方面的研究和探索很活跃,包括教学内容的更新、教学方法的改革、实践能力的加强等。教育部高等学校机械基础课程教学指导委员会倡议举办了"全国大学生机械创新设计大赛",到 2014 年已历 6 届;其他机构和学校也举办了多种设计竞赛。这些竞赛对培养学生的创新能力、理论联系实际的能力、工程实践能力和团队合作能力是很有益的。

3) 建设一批重点高等学校和重点学科

为了迎接世界新技术革命的挑战,政府集中中央、地方各方面的力量,实施"211 工程"(重点建设 100 所左右的高等学校和一批重点学科、专业)和"985 工程"(建设若干所世界一流大学和一批国际知名的高水平研究型大学)。位列其中的学校中有半数左右都设置有机械工程学科。

国务院学位委员会还通过评审确定了一批重点学科。

4) 研究生教育大发展,师资的学历层次大幅度提高

开始改革开放的当年即恢复了研究生教育,1981 年开始招收博士生。

1999—2003 年间,研究生招生数的年递增率接近 30%。2005 年全国机械工程专业的在校研究生(包括硕士生和博士生)共 3.3 万人,它可以理解为近似是 3 年的招生总数。而 1950—1965 年的 15 年间,全国所有专业的研究生招生总共才 2.27 万人。

2014 年,全国机械工程一级学科下设的 4 个二级学科共有约 438 个硕士学位授予点、339 个博士学位授予点招生。绝大多数的省区至少都有了一个机械工程二级学科的博士学位授予点。

由于研究生教育的大发展,现在绝大多数的高等学校的机械工程专业都仅招聘具有博士学位者担任教师。很多学校在师资队伍建设中都同时注意年龄结构、知识结构和学缘结构。

3. 中国的高等工程教育尚问题多多

(1) 尚未形成独立、成熟、适合国情的工程教育思想。我国的高等教育先后受到苏联、美国的影响。近年来工程教育的大思路转向,推行"卓越工程师计划",主要学习欧洲大陆,特别是德国的工程教育做法来构建中国的高等工程教育,这是正确的选择。但这也恰恰说明:改革开放以来的长时期内,没有形成独立的、成熟的、适合我国国情的工程教育大思路。

(2) 同质化倾向严重。片面追求高层次、大规模,办学定位不明、培养目标趋同、培养模式单一。

(3) 创新精神、创新能力的培养不足。伟大的科学家钱学森两次向国家领导人提出"为什么我们的学校总是培养不出杰出人才"的问题。"钱学森之问"涉及到我国教育传统,甚至思想文化方面的深层次问题,教育界和整个社会应该就"钱学森之问"展开深入的讨论。

(4) 教育-工程疏离,校企合作缺乏制度和法律保障,工程教育弱化。

2010 年,国家领导人在全国教育工作会议讲话中指出:"有学上的问题基本解决,但上好学的问题依然突出。""教育观念相对落后,内容方法比较陈旧。""学生适应社会和就业创业能力不强,创新型、实用型、复合型人才紧缺。""要适应经济社会发展对人才的多样化需求,引导高等学校合理定位,克服同质化倾向,形成独具特色的办学理念和风格。"

中国的高等工程教育还有很多亟待解决的问题,任重而道远。

附录 A　人名表

原文名	中文译名	生卒年	国籍	所在章	俄文原名
Al-Jazari	雅扎里	1136—1206	库尔德族	2	
Altshuller, G.	阿奇舒勒	1926—1998	苏联	11	Альтшуллер, Г.
Amontons, Guillaume	阿芒顿斯	1663—1705	法国	3	
Ampère, André-Marie	安培	1775—1836	法国	7	
Archimedes of Syracuse	阿基米德	前287—前212	希腊	2	
Aristotle	亚里士多德	前384—前322	希腊	2	
Assur, L.	阿苏尔	1878—1920	俄罗斯	7	Ассур, Л.
Babbage, Charles	巴贝奇	1791—1871	英国	4	
Balamuth, Lewis	巴拉穆斯		美国	12	
Basov, N.	巴索夫	1922—2001	苏联	12	Басов, Н.
Benz, Karl F.	本茨	1844—1929	德国	5	
Bernoulli, Daniel	丹尼尔·伯努利	1700—1782	瑞士	6	
Bernoulli, Johann	约翰·伯努力	1667—1748	瑞士	3	
Bertalanffy, Karl von	贝塔朗菲	1901—1972	奥地利裔-美国	8	
Bessemer, Henry	贝塞麦	1813—1898	英国	5	
Bi Sheng	毕昇	990—1051	中国	2	
Blake, Eli Whitney	布雷克	1795—1886	美国	5	
Boulton, Matthew	博尔顿	1728—1809	英国	4	
Boyle, Robert	波义耳	1627—1691	英国	4	
Bramah, Joseph	布瑞玛	1748—1814	英国	4, 5	
Braun, Wernher von	冯·布劳恩	1912—1977	德国-美国	8	
Brown, Joseph	布朗	1810—1876	美国	4	
Brown, R.	布朗	1852—1911	美国	5	
Brunel, Marc	布鲁内尔	1769—1849	法裔-英国	4	
Bruno, Giordano	布鲁诺	1548—1600	意大利	3	
Burmester, Ludwig	布尔梅斯特	1840—1927	德国	7	
Carlson, Chester	卡尔森	1906—1968	美国	5	
Carnot, Nicolas	卡诺	1796—1832	法国	4, 5	
Cauchy, A.-L.	柯西	1789—1857	法国	6	
Chebyshev, P.	契贝雪夫	1821—1894	俄罗斯	6	Чебышев, П.
Clausius, Rudolf	克劳修斯	1822—1888	德国	4	
Clough, Ray	克拉夫	1920—	美国	8	
Colt, Samuel	柯尔特	1814—1862	美国	4	
Constantinesco, George	康斯坦丁涅斯库	1881—1965	罗马尼亚	7	
Copernicus, Nicolaus	哥白尼	1473—1543	波兰	3	
Coulomb, C.-A. de	库伦	1736—1806	法国	3	

原文名	中文译名	生卒年	国籍	所在章	俄文原名
Curie, Marie	玛丽·居里	1867—1934	波兰裔-法国	8	
Curie, Pierre	皮埃尔·居里	1859—1906	法国	8	
D'alembert, Jean	达朗贝尔	1717—1783	法国	3,6	
Daguerre, Louis	达盖尔	1787—1851	法国	4	
Daimler, Gottlieb	戴姆勒	1834—1900	德国	5	
Descartes, René	笛卡儿	1596—1650	法国	3	
Devol, George Jr.	戴沃尔	1912—2011	美国	9	
Diesel, Rudolf	狄塞尔	1858—1913	德国	5	
Edison, Thomas	爱迪生	1847—1931	美国	5	
Einstein, Albert	爱因斯坦	1879—1955	犹太裔-美国	8	
Euler, Leonhard	欧拉	1707—1783	瑞士	3, 5, 6	
Faraday, Michael	法拉第	1791—1867	英国	5	
Fellows, Edwin	费罗斯	1865—1945	美国	5	
Feng Kang	冯康	1920—1993	中国	8,13	
Fermi, Enrica	费米	1901—1954	意大利-美国	8	
Feynman, Richard	费因曼	1918—1988	美国	0	
Fischer, Friedrich	菲希尔	1849—1899	德国	7	
Ford, Henry	福特	1863—1947	美国	5	
Fourier, Joseph	傅里叶	1768—1830	法国	3, 7, 8	
Francis, James	弗朗西斯	1815—1892	英国-美国	5	
Freudenstein, Ferdinand	福如登斯坦	1926—2006	德国-美国	10	
Fulton, Robert	富尔顿	1765—1815	美国	4	
Galilei, Galileo	伽利略	1564—1642	意大利	3, 6	
Gates, Bill	比尔·盖茨	1955—	美国	8	
Gates, John	约翰·盖茨		美国	7	
Genichi Taguchi	田口玄一	1924—2012	日本	11	
Gochman, Chaim	郭赫曼	1851—1916	俄罗斯	7	Гохман, Х.
Gough, V.	高夫		罗马尼亚	9	
Gramme, Zénobe	格拉姆	1826—1901	比利时	5	
Griffith, Alan A.	格瑞菲斯	1893—1963	英国	7, 10	
Gusseff, Wladimir	古塞夫		苏联	12	Гуссев, В.
Gutenberg, Johannes	谷腾堡	1395—1468	德国	3	
Hargreaves, James	哈格里夫斯	1720—1778	英国	4	
Harrington, Joseph	哈林顿		美国	12	
Helmholtz, Hermann von	赫姆霍茨	1821—1894	德国	4	
Hero of Alexandria	希罗	10—70	希腊	2	
Hertz, Heinrich	赫兹	1857—1894	德国	6, 7	
Hoe, Richard	霍伊	1812—1886	美国	5	
Holz, Frederick	霍尔兹		美国	7	

原文名	中文译名	生卒年	国籍	所在章	俄文原名
Hooke, Robert	胡克	1635—1703	英国	3	
Howe, Elias	豪	1819—1867	美国	4	
Huang Daopo	黄道婆	1245—1330	中国	2	
Huber, Maksymilian	胡贝尔	1872—1950	波兰	6	
Hull, Charles	赫尔	1939—	美国	12	
Hussey, Obed	胡塞	1790—1860	美国	4	
Huygens, Christiaan	惠更斯	1629—1695	荷兰	3,6	
Irwin, George	埃尔文	1907—1998	美国	10	
Jacquard, Joseph	雅卡尔	1752—1834	法国	4	
Janney, Reynolds	詹尼		美国	7	
Jeffcott, Henry	杰夫考特	1877—1937	英国	7	
Jeme, Tien Yow	詹天佑	1861—1919	中国	13	
Joule, James	焦耳	1818—1889	英国	4	
Kálmán, Rudolf E.	卡尔曼	1930—	匈牙利裔-美国	8	
Kaplan, Viktor	卡普兰	1876—1934	奥地利	5	
Kármán, Theodore von	冯·卡门	1881—1963	匈牙利裔-美国	6	
Kay, John	凯伊	1704—1779	英国	3,4	
Kepler, Johannes	开普勒	1571—1630	德国	3	
Kirsch, G.	基尔施		德国	6	
Koenig, Friedrich	柯尼希	1774—1833	法国	4	
Kolmogorov, A.	柯尔莫哥洛夫	1903—1987	苏联	8	Колмогоров, А.
Lagrange, Joseph—Louis	拉格朗日	1736—1813	法国	3,6	
Lasche, O.	拉斯克		德国	7	
Lazalenko, B. ;N.	拉扎连科夫妇		苏联	12	Лазаленко, Б. ；Лазаленко, Н.
Lee, Tsung-Dao	李政道	1926—	美国	1	
Lei Tianjue	雷天觉	1913—2010	中国	13	
Leibniz, Gottfried von	莱布尼兹	1646—1716	德国	3	
Leonardo da Vinci	列奥纳多·达·芬奇	1452—1519	意大利	3	
Lewis, W.	路易斯		美国	7	
Lilienthal, Otto	李林塔尔	1848—1896	德国	5	
Liu Xianzhou	刘仙洲	1890—1975	中国	2, 13	
Lorenz, Edward	洛伦兹	1917—2008	美国	8	
Lumière, Louis	路易斯·卢米埃尔	1864—1948	法国	5	
Lumière, Auguste	奥古斯特·卢米埃尔	1862—1954	法国	5	
Lyapunov, A.	李雅普诺夫	1857—1918	俄罗斯	6	Ляпунов, А.
Lysholm, Alf	李硕姆	1893—1973	瑞典	7	

续表

原文名	中文译名	生卒年	国籍	所在章	俄文原名
Ma Jun	马钧	三国时期	中国	2	
Maiman, Theodore	梅曼	1927—2007	美国	12	
Martin, Pierre—mile	马丁	1824—1915	法国	5	
Mauchly, John	莫克莱	1907—1980	美国	8	
Maudslay, H.	莫兹利	1771—1831	英国	4	
Maxim, Hiram	马克辛	1840—1916	英国	5	
Maxwell, James	麦克斯韦	1831—1879	英国	5	
McCormick, Cyrus	麦考密克	1809—1884	爱尔兰裔-美国	4	
Miner, A.	迈纳尔			7，10	
Minorsky, N.	米诺尔斯基		美国	7	
Mises, Richard von	米泽斯	1883—1953	奥地利-美国	6	
Mitrovanov, C.	米特洛凡诺夫		俄罗斯，苏联	12	Митрофанов, C.
Moissan, Henri	穆阿桑	1852—1907	法国	5	
Monge, Gaspard	蒙日	1746—1818	法国	7	
Mushet, Robert	穆舍特	1811—1891	英国	5	
Musser, C.	马瑟	1909—1998	美国	10	
Nasmyth, John	内史密斯	1808—1890	英国	4	
Navier, C. -L.	纳维	1785—1836	法国	6	
Needham, Joseph	李约瑟	1900—1995	英国	2	
Neklutin, Constantine	奈克卢亭		美国	10	
Neumann, John Von	冯·诺依曼	1903—1957	匈牙利裔-美国	8	
Newcomen, Thomas	纽可门	1664—1729	英国	3，4	
Newton, Isaac	牛顿	1642—1727	英国	3	
Niemann G.	尼曼		德国	10	
Norton, Charles	诺顿	1851—1942	美国	5	
Novikov, M	诺维科夫	1915—1957	苏联	10	Новиков, M.
Ohain, Hans von	奥海因	1911—1998	德国	5	
Olivier, Theodore	奥利佛	1793—1853	法国	7	
Osborn, Alex	奥斯本	1888—1966	美国	11	
Otis, Elisha	奥蒂斯	1811—1861	美国	4	
Otto, Nikolaus	奥托	1832—1891	德国	5	
Palmgren, A.	帕姆格伦		芬兰	7，10	
Papin, D.	巴本	1647—1712	法国	3，4	
Parsons, Charles	帕森斯	1854—1931	英国	5	
Parsons, John	帕森斯	1913—2007	美国	12	
Pascal, Blaise	帕斯卡	1623—1662	法国	7	
Pelton, Lester	佩尔顿	1829—1908	美国	5	
Petrov, Nikolai	彼得罗夫	1836—1920	俄罗斯	7，10	Петров, H.

续表

原文名	中文译名	生卒年	国籍	所在章	俄文原名
Pfauter, Robert	普福特	1854—1914	德国	5	
Plank, Max	普朗克	1858—1947	德国	8	
Poincaré, H.	庞加莱	1854—1912	法国	6, 8	
Poisson, Siméon	泊松	1781—1840	法国	6	
Poncelet, J.-V.	彭赛利	1788—1867	法国	6	
Qian Xuesen	钱学森	1911—2009	中国	8	
Rankine, William	蓝金	1820—1872	英国	6, 7	
Rayleigh, John	瑞雷	1842—1919	英国	6, 11	
Reeves, Milton O.	瑞夫斯	1864—1925	美国	7	
Renard, Charles	勒纳尔	1847—1905	法国	5	
Renold, Hans	莱诺	1852—1943	瑞士	7	
Reuleaux, Franz	卢莱	1829—1905	德国	7	
Reynolds, Osborne	雷诺	1842—1912	爱尔兰裔-英国	6, 7, 10	
Rochas, Alphonse de	德罗夏	1815—1893	法国	5	
Saint-Venant, Barré de	圣维南	1797—1886	法国	6	
Salomon, Carl	萨洛蒙		德国	12	
Savery, Thomas	塞维里	1650—1715	英国	3	
Serensen, S.	谢联先	1905—1977	苏联	10	Серенсен, С.
Shannon, Claude	申农	1916—2001	美国	8	
Shen Hong	沈鸿	1906—1998	中国	13	
Shi Zhiren	石志仁	1897—1972	中国	13	
Siebel, Erich	西贝尔		德国	10	
Siemens, Carl	卡尔·西门子	1823—1883	德国	5	
Siemens, Werner von	维纳·西门子	1816—1892	德国	5	
Singer, Isaac	星格尔	1811—1875	美国	4	
Sokolovsky, A.	索克洛夫斯基		苏联	7	Соколовский, А.
Song Yingxing	宋应星	1587—1661	中国	2	
Spencer, Christopher	斯宾塞	1833—1922	美国	5	
Starley, John	斯塔利	1854—1901	英国	5	
Steele, Jack	斯蒂尔	1924—2009	美国	11	
Stephenson, George	史蒂文森	1781—1848	英国	4	
Stevin, Simon	斯梯芬	1548—1620	荷兰	3	
Stewart, D.	斯图尔特		英国	9	
Stokes, George	斯托克斯	1819—1903	英国	6	
Stribeck, Richard	斯特里伯克	1861—1950	德国	7, 10	
Su Song	苏颂	1020—1101	中国	2	
Sutherland, Ivan	萨瑟兰	1938—	美国	11, 12	
Tabor, David	泰伯尔	1913—2005	英国	10	
Taylor, Frederick	泰勒	1856—1915	美国	5, 7	
Thimonnier, Barthélemy	提门尼埃	1793—1857	法国	4	

原文名	中文译名	生卒年	国籍	所在章	俄文原名
Timoshenko, Stephan	铁摩辛柯	1878—1972	乌克兰-美国	7	Тимошенко, С.
Tresca, Henri	特莱斯卡	1814—1885	法国	6, 7	
Trevithick, Richard	特列维茨克	1771—1833	英国	4	
Tsiolkovsky, K.	齐奥尔科夫斯基	1857—1935	俄罗斯，苏联	8	Циолковский, К.
Turing, Alan	图灵	1912—1954	英国	8	
Vickers, Harry	威克斯	1898—1977	美国	7	
Videky, E.	威德基		德国	7	
Watt, James	瓦特	1736—1819	英国	4, 7	
Wen Shizhu	温诗铸	1932—	中国	10	
Whitney, Eli	惠特尼	1765—1825	美国	4	
Whitworth, Joseph	惠特沃斯	1803—1887	英国	4, 5	
Wiener, Norbert	维纳	1894—1964	美国	8	
Wildhaber, Ernst	威德哈伯尔	1893—1979	美国	7	
Wilfley, Arthur	维尔弗雷	1860—1927	美国	5	
Wilkinson, John	威尔金森	1728—1808	英国	4	
Willis, R.	威利斯	1800—1875	英国	7	
Wittenburg, Jens	维登堡		德国	8	
Whler, August	沃勒	1819—1914	德国	7	
Wright, Orville	莱特兄弟	1871—1948	美国	5	
Wright, Wilbur	莱特兄弟	1867—1912	美国	5	
Wu Zhonghua	吴仲华	1917—1992	中国	13	
Yang Shuzi	杨叔子	1933—	中国	12	
Zhang Heng	张衡	78—139	中国	2	
Zhang Qixian	张启先	1925—2002	中国	10	
Zheng He	郑和	1371—1433	中国	2	
Zheng Xuan	郑玄	127—200	中国	6	
Zhuravsky, D.	茹拉夫斯基	1821—1891	俄罗斯	6	Журавский, Д.

参 考 文 献

[1] 李约瑟. 中国科学技术史[M]. 北京：科学出版社,1975.

[2] 路甬祥,等. 走进殿堂的中国古代科技史(中,下)[M]. 上海：上海交通大学出版社,2009.

[3] 陆敬严. 中国古代机械文明史[M]. 上海：同济大学出版社,2012.

[4] 中山秀太郎. 世界机械发展史[M]. 石玉良,译. 北京：机械工业出版社,1986.

[5] 鲁道夫·吕贝尔特. 工业化史[M]. 戴鸣钟,等,译. 上海：上海译文出版社,1983.

[6] 姜振寰. 科学技术史[M]. 济南：山东教育出版社,2010.

[7] 张春辉,游战洪,吴宗泽,刘元亮. 中国机械工程发明史[M]. 北京：清华大学出版社,2004.

[8] 乔利昂·戈达德. 科学与发明简史[M]. 迟文成,主译. 上海：科学技术文献出版社,2011.

[9] Singer C,Holmyard E,等. 技术史(第Ⅳ卷)[M]. 辛元欧,主译. 上海：上海科技教育出版社,2004.

[10] Singer C,Holmyard E,等. 技术史(第Ⅴ卷)[M]. 远德玉,丁云龙,主译. 上海：上海科技教育出版社,2004.

[11] Williams T I,等. 技术史(第Ⅵ卷)[M]. 姜振寰,赵毓琴,等,译. 上海：上海科技教育出版社,2004.

[12] Williams T I,等. 技术史(第Ⅶ卷)[M]. 刘则渊,孙希忠,主译. 上海：上海科技教育出版社,2004.

[13] 中国科学院自然科学史研究所近现代科学史研究室. 20 世纪科学技术简史[M]. 北京：科学出版社,1985.

[14] 潘际銮,汪广仁,等. 彩图科技百科全书(第五卷)——器与技术[M]. 上海：上海科学技术出版社,上海科技教育出版社,2005.

[15] 武际可. 力学史[M]. 重庆：重庆出版社,2000.

[16] 梁宗巨,王青建,孙宏安. 世界数学通史[M]. 沈阳：辽宁教育出版社,2005.

[17] 张柏春. 中国近代机械简史[M]. 北京：北京理工大学出版社,1992.

[18] 王章豹. 中国近代机械工程教育机构发展史略[J]. 机械工业高教研究,1999(4)：1-5.

[19] 张柏春,姚芳,等. 苏联技术向中国的转移(1949—1966)[M]. 济南：山东教育出版社,2004.

[20] 国家自然科学基金委员会工程与材料科学部. 机械工程学科发展战略报告(2011—2020)[M]. 北京：科学出版社,2010.

[21] 温诗铸,黎明. 机械学发展战略研究[M]. 北京：清华大学出版社,2003：21-55.

[22] 邹慧君,高峰,等. 现代机构学进展(第二卷)[M]. 北京：高等教育出版社,2011.

[23] 李瑞琴,郭为忠,高峰,戴建生,等. 现代机构学理论与应用研究进展[M]. 北京：高等教育出版社,2014.

[24] 朱孝录,鄂中凯. 齿轮承载能力分析[M]. 北京：高等教育出版社,1992.

[25] 李舜酩. 机械疲劳与可靠性设计[M]. 北京：科学出版社,2006.

[26] 陈复民,等. 材料科学[M]. 天津：天津科学技术出版社,1997.

[27] 李壮云. 液压元件与系统[M]. 3 版. 北京：机械工业出版社,2011.

[28] 陈予恕. 非线性振动系统的分岔和混沌理论[M]. 北京：高等教育出版社,1993.

[29] 谢友柏,张嗣伟. 摩擦学科学及工程应用现状与发展战略研究[M]. 北京：高等教育出版社,2009.

[30] 张策. 机械动力学史[M]. 北京：高等教育出版社,2009.

[31] 檀润华. 创新设计-TRIZ：发明问题解决理论[M]. 北京：机械工业出版社,2002.

[32] 丁文镜. 减振理论[M]. 北京：清华大学出版社,1988.

[33] 杨叔子,吴波. 先进制造技术及其发展趋势[J]. 机械工程学报,2003,39(10)：73-78.

[34] 朱剑英. 机电工程科学前沿与发展的思考(1-5)[J]. 江苏机械制造与自动化,2001(1):1-6,(2):1-3,(3):1-4,(4):1-7,(5):1-4.

[35] 索科洛夫斯基. 机器制造工艺学教程[M]. 浙江大学机械制造教研室,译. 北京:高等教育出版社,1958.

[36] 熊光楞. 并行工程的理论与实践[M]. 北京:清华大学出版社,海德堡:施普林格出版社,2001.

[37] 宁汝新,赵汝佳. CAD/CAM 技术[M]. 2 版. 北京:机械工业出版社,2005.

[38] 宾鸿赞,王润孝. 先进制造技术[M]. 北京:高等教育出版社,2006.

[39] 白基成,刘晋春,等. 特种加工[M]. 6 版. 北京:机械工业出版社,2014.

[40] 袁哲俊,王先逵. 精密和超精密加工技术[M]. 2 版. 北京:机械工业出版社,2007.

[41] 彭树智. 第二次世界大战与第三次技术革命[J]. 西北大学学报:哲学社会科学版,1995,25(3):3-10.